Spielgeräte – Sicherheit auf Europas Spielplätzen

Jetzt diesen Titel zusätzlich als E-Book downloaden und 70 % sparen!

Als Käufer dieses Buchtitels haben Sie Anspruch auf ein besonderes Kombi-Angebot: Sie können den Titel zusätzlich zum Ihnen vorliegenden gedruckten Exemplar für nur 30 % des Normalpreises als E-Book beziehen.

Der BESONDERE VORTEIL: Im E-Book recherchieren Sie in Sekundenschnelle die gewünschten Themen und Textpassagen. Denn die E-Book-Variante ist mit einer komfortablen Volltextsuche ausgestattet!

Deshalb: Zögern Sie nicht. Laden Sie sich am besten gleich Ihre persönliche E-Book-Ausgabe dieses Titels herunter.

In 3 einfachen Schritten zum E-Book:

❶ Rufen Sie die Website **www.beuth.de/e-book** auf.

❷ Geben Sie hier Ihren persönlichen, nur einmal verwendbaren E-Book-Code ein:

31669452F8F94C7

❸ Klicken Sie das „Download-Feld“ an und gehen dann weiter zum Warenkorb. Führen Sie den normalen Bestellprozess aus.

Hinweis: Der E-Book-Code wurde individuell für Sie als Erwerber dieses Buches erzeugt und darf nicht an Dritte weitergegeben werden. Mit Zurückziehung dieses Buches wird auch der damit verbundene E-Book-Code für den Download ungültig.

**Spielgeräte –
Sicherheit auf Europas Spielplätzen**

Georg Agde
Günter Beltzig
Franz Danner
Julian Richter
Detlef Settelmeier
Steffen Strasser

Spielgeräte – Sicherheit auf Europas Spielplätzen

Erläuterungen in Bildern zu DIN EN 1176

6., vollständig überarbeitete und erweiterte Auflage 2023

Herausgeber:
DIN Deutsches Institut für Normung e. V.

Beuth Verlag GmbH · Berlin · Wien · Zürich

Herausgeber: DIN Deutsches Institut für Normung e. V.

© 2023 Beuth Verlag GmbH
Berlin · Wien · Zürich
Am DIN-Platz
Burggrafenstraße 6
10787 Berlin

Telefon: +49 30 588 857 00-00
Internet: www.beuth.de
E-Mail: kundenservice@beuth.de

Maßgebend für das Anwenden jeder in diesem Werk erläuterten oder zitierten Norm ist deren Fassung mit dem neuesten Ausgabedatum. Den aktuellen Stand zu jeder DIN-Norm können Sie im Webshop des Beuth Verlags unter www.beuth.de abfragen. Dort finden Sie insbesondere etwaige Berichtigungen und Warnvermerke, welche bei der Anwendung der jeweiligen Norm unbedingt zu beachten sind.

Titelbild: © Imgorthand, Nutzung unter Lizenz von istockphoto.com

Satz: B & B Fachübersetzergesellschaft mbH, Berlin

Druck: Plump Druck + Medien GmbH, Rheinbreitbach

Gedruckt auf säurefreiem, alterungsbeständigem Papier nach DIN EN ISO 9706

ISBN 978-3-410-31669-5
ISBN (E-Book) 978-3-410-31670-1

Vorwort

Kinder sind eigenständige kleine Persönlichkeiten. Wir sollten sie in den Fällen unterstützen und Hilfestellung geben, in denen ihr Intellekt oder ihre körperlichen Fähigkeiten noch nicht so weit entwickelt sind, dass sie Aufgaben alleine lösen können.

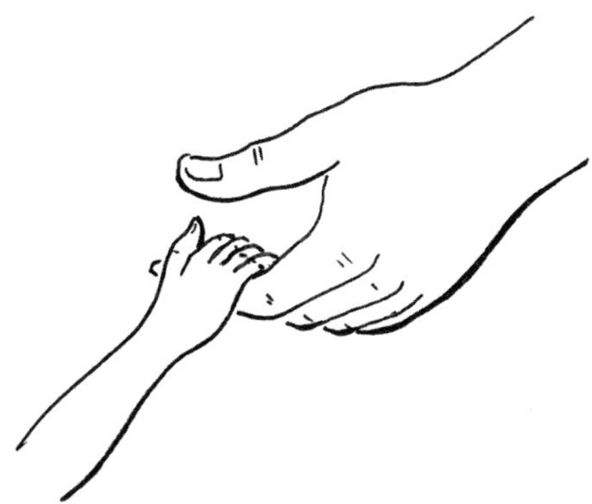

Immer dann, wenn Sicherheitsrisiken vorhanden sind, die von Kindern nicht erkannt werden können, sind wir Erwachsenen gefordert.

Jedoch müssen wir uns bewusst sein, dass Kinder notwendigerweise Freiräume benötigen, um eigene Erfahrungen machen zu können und um sich zu selbstbewussten und eigenständigen Persönlichkeiten entwickeln zu können.

„So viel Sicherheit wie nötig, so viele Freiräume wie möglich" leistet als Leitgedanke für die Gestaltung von Spielräumen und Ausstattung sicherlich gute Dienste.

Die in diesem Buch dargestellten Interpretationen der aktuellen Normen stellen die Meinung der Autoren dar, die sich seit Jahrzehnten mit dem Thema Spielplatzsicherheit beschäftigen.

Frasdorf, April 2023
Die Verfasser

Besonderer Dank gebührt den Koautoren für ihre Unterstützung und Mithilfe bei der Zusammenstellung dieses Buches:

Rob Davis

Dipl.-Ing. **Rolf Ehlers**

Dipl.-CA **Harry Harbottle**

Dipl.-Ing. **Armin Hensel**

Dipl.-Ing. **Luc Mas**

Hermann Städtler

Dipl.-Ing. **Andreas Strupp**

Seit Erscheinen der ersten Ausgabe der EN 1176 und EN 1177 im Jahre 1998 wurden zahlreiche Anfragen und Korrekturvorschläge an das zuständige europäische Unterkomitee CEN/TC 136/SC 1 gestellt. Diese wurden in einem „Interpretation Panel" beraten und entschieden. Die wichtigsten Änderungen wurden in eigenen Ausgaben veröffentlicht. In Deutschland wurden die DIN EN 1177 im Jahr 2002 und die DIN EN 1176 im Jahr 2003 einschließlich dieser Änderungen veröffentlicht.

Alle weiteren Änderungswünsche führten 2008 zur Neuausgabe der EN 1176 mit den zusätzlichen Teilen 10 und 11 sowie der EN 1177 als reine Prüfnorm für Bodenbeläge. Die letzten Überarbeitungen der Normenreihe EN 1176 wurden zwischen 2017 und 2020 veröffentlicht.

Die in diesem Praxisbuch gemachten Verweise auf Abschnitte, Bilder oder Tabellen der Normen beziehen sich auf die im Anhang 1 aufgelisteten Ausgaben der Normen.

Maße in Zentimeter, falls nicht anders angegeben.

Die Autoren bedanken sich bei Herbert Hartmann, Unfallkasse Hessen, für seine Beiträge zu den Anforderungen der Norm und der Betrachtung der Kinder unter drei Jahren. Siehe auch Abschnitt III, Kapitel 1.5.

Die Inhalte der Teile der Normenreihe DIN EN 1176 beziehen sich im Wesentlichen mehrheitlich auf sicherheitstechnische Anforderungen an Kinderspielplatzgeräte. Dies trifft insbesondere auf die Festlegungen für die jeweiligen, für die Konstruktion maßgeblichen, Bauteile, ihre jeweiligen Kombinationen und die bestimmten Details für die kompletten Einzelgeräte-Typen zu. Diese Anforderungen und Prüfverfahren und auch die jeweiligen Berechnungsgrundlagen sind ausgerichtet auf die vom Produkt-Entwerfer, dem Konstrukteur und dem Hersteller einzuhaltenden Bedingungen für Kinderspielplatzgeräte. Zu dem Thema Spielwert an sich kann in den festgelegten Regeln der Sicherheitstechnik und somit in den Produktnormen-Inhalten nichts ausgesagt werden. Hier würden das menschliche Verhalten und die kindliche Entwicklung berührt. Beides ist nicht „normbar“. Im Vorwort zu diesen Kommentaren der Normenreihe sollte trotzdem darauf hingewiesen werden, dass die maßgeblich an der Fertigung von Kinderspielplatzgeräten Beteiligten darauf aufmerksam gemacht werden müssen, auch an die wichtigen entwicklungsfördernden Aufgaben der Kinderspielplatzgeräte zu denken. Die heute üblichen vielfältigen Produktarten sollen dafür Sorge tragen, das körperliche und geistige Vermögen bei der kindlichen Entwicklung zu fördern. Kinder sollen mit Hilfe der Kinderspielplatzgeräte Gefühle zumindest für Balance, für Höhe und für Geschwindigkeit bekommen. Außerdem ist es auch wichtig, dass Kinder im Zusammenhang mit der sportlichen und spielerischen Betätigung ihre Leistungsgrenzen erfahren, körperliche Defizite ausgleichen und ihr persönliches Vermögen durch häufiges Spielen auf Spielplatzgeräten verbessern und erweitern. Auch ein sinnvolles Zuordnen und die Kombination vielfältiger Spielmöglichkeiten auf dem Spielplatz selbst tragen zum Erreichen dieser wichtigen entwicklungsfördernden und pädagogischen Zielsetzung bei. Hier kommt auch den Spielplatzeignern und -ausstattern eine hohe Verantwortung zu.

Autoren

Dr. jur. **Georg Agde**, Jahrgang 1929, Jurist, Mitarbeiter im Arbeitsausschuss des DIN NASport „Kinderspielgeräte“ von 1972 bis 2000, Obmann des Arbeitsausschusses DIN 18034 „Spielplätze und Freiräume zum Spielen“ von 1984 bis 2000.

Günter Beltzig, Jahrgang 1941, Dipl.-Designer, Spielplatzpraktiker und Referent, viele Fachbeiträge zum Thema Spielen, Spielplatzgerät, Sicherheit beim Spiel, therapeutische Spielplatzgeräte, Kindergarten-, Schulen-, Freizeitparkspielgeräte, Autor vom „Spielplatzbuch“ im Spielraum Verlag (ISBN 3-9804878-1-4).

Franz Danner, Jahrgang 1958, Dipl.-Ing. (FH), Prüfingenieur beim TÜV SÜD Product Service, München, ehemaliger Mitarbeiter im Arbeitsausschuss des DIN NASport „Kinderspielgeräte“, seit Beginn der europäischen Normungsarbeit 1990 in vielen CEN-Arbeitsgremien (Spielplatzgeräte, Spielzeug, Kindersicherheit) tätig. Den Schwerpunkt seiner Arbeit bilden neben Baumusterprüfungen die Beratung und Schulung von Spielplatzgestaltern.

Julian Richter, Jahrgang 1941, Dipl.-Ing. (FH), Fachrichtung Holztechnik, seit über 30 Jahren Mitarbeiter im Arbeitsausschuss des DIN NASport „Kinderspielgeräte“, seit 1990 Mitarbeit im CEN/TC 136/SC 1, von 1996 bis 2002 Vorsitzender dieses Unterkomitees, Referent für Fragen rund ums Spielplatzgerät – „Spielwert, Konstruktion, Sicherheit und Wartung“, Hersteller von Spielplatzgeräten vorwiegend aus Holz.

Detlef Settelmeier, Jahrgang 1953, Dipl.-Industriedesigner, Gestalter und Planer von Spielplatzgeräten, ehemaliger Mitarbeiter im Arbeitsausschuss des DIN NASport „Kinderspielgeräte“, freie Tätigkeit für verschiedene Hersteller von Spielplatzgeräten, ehemaliges Mitglied der deutschen Delegation von CEN/TC 136/SC 1, Mitarbeiter im Arbeitsausschuss DIN 33942 „Barrierefreie Spielplatzgeräte“, Mitinitiator der DIN EN 14682 „Sicherheit von Kinderbekleidung“.

Steffen Strasser
Jahrgang 1975, Dipl.-Kaufmann, seit über 15 Jahren Mitarbeiter im DIN NASport und CEN/TC 136 sowie seit einigen Jahren im ISO/TC 83, Mitinitiator der DIN EN 16630 (Bewegungsparcours) und Vorsitzender des dazugehörigen deutschen Ausschusses, Mitarbeiter in deutschen und europäischen Ausschüssen für „Kinderspielplatzgeräte“

Koautoren

Rob Davis
Dipl.- Ing., (HND), Mitglied im CEN/TC 136/SC 1 „Playground equipment for children“

Rolf Ehlers
Dipl.-Ing., Prüfingenieur a. D. beim TÜV SÜD Product Service, Hamburg

Harry Harbottle
Dipl.-CA, Dipl.-Mgt., langjähriger Vertreter der ANEC im CEN/TC 136/SC 1
(ANEC ist die europäische Verbraucherschutzvertretung)

Armin Hensel
Dipl.-Ing., ehemaliger Vertreter des Verbraucherrats des DIN, Geschäftsstelle, Berlin

Luc Mas
Dipl.-Ing., I.N.P.G., langjähriger Vertreter Frankreichs im CEN/TC 136/SC 1

Hermann Städtler
Leiter des Kultusministeriumsprojekt „Bewegte Schule“ Niedersachsen

Andreas Strupp
Dipl.- Ing. (FH) Holztechnik, Obmann im DIN, NA 112-07-01 AA “Spielplatzgeräte“ sowie langjähriges Mitglied im CEN/TC 136/SC 1 „Playground equipment for children“

Inhaltsverzeichnis

Abschnitt I Risiken, Sicherheit, Normung und Recht

1 Normung und Recht

1.1 Die Entstehung der DIN EN 1176 – Spielplatzgeräte

Die Sicherheit spielender Kinder in Spielbereichen im Freien auf und mit Spielplatzgeräten ist schon seit Jahrzehnten ein wichtiges Anliegen zur Unfallverhütung.

In Deutschland wurde hierzu DIN 7926 „Kinderspielgeräte" erarbeitet. Sie war seit 1976 in Kraft. Barrierefreie Spielplatzgeräte sind in Deutschland seit 1998 genormt (siehe hierzu DIN 33942) und werden auch zu einer Europäischen Norm führen.

Im Rahmen der Vereinheitlichung europäischer Normung ist DIN 7926:1985 durch eine in ganz Europa geltende EN 1176 „Spielplatzgeräte" und EN 1177 „Stoßdämpfende Spielplatzböden" ersetzt worden.

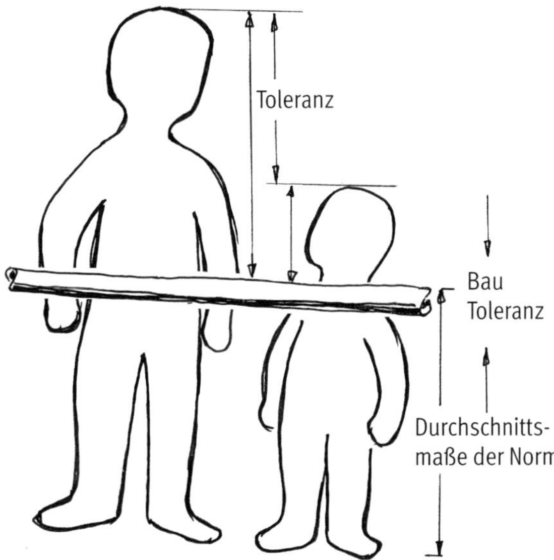

Eine Reihe grundsätzlicher Anforderungen, die in DIN 7926 enthalten waren, sind auch in der Normenreihe EN 1176 enthalten und gelten weiter.

Dieses Buch verdeutlicht durch zeichnerische Darstellungen, welche Anforderungen durch DIN EN 1176 an Spielplatzgeräte gestellt werden.

Der Inhalt der Norm – einschließlich der ergänzenden DIN EN 1177 – wird in Grundzügen dargestellt. Alle Maße, die der Sicherheit von Kindern dienen, beziehen sich auf Körpermaße von Kindern, die älter als drei Jahre sind. Auch Kinder unter drei Jahren müssen bei der Berücksichtigung der Körpergrößen einbezogen werden (U3). Siehe auch Abschnitt III, Kapitel 1.2.

Damit sind die Anforderungen nicht an ein definiertes Alter gebunden, sondern für alle Kinder einzuhalten, die ein Spielangebot selbstbestimmt nutzen können (etwa ab dem Laufalter).

Die Autoren sind sich bewusst, dass es in den nationalen Regionen kulturelle Unterschiede bei der Begleitung und Erziehung von Kindern gibt und man seitens der Normung gut daran tut, diese zu bewahren.

Die Maße in der DIN EN 1176 sind nur sehr selten mit Toleranzen belegt. Lediglich im Anhang D der DIN EN 1176-1 wird als Toleranz ± 1 mm für Maße und $\pm 1°$ für Winkel genannt. Diese Toleranzangaben bezogen sich bisher immer auf die angesprochenen Prüfkörper.

Für die Maße, die in diesem Buch in Zentimetern angegeben werden, kann man aufgrund der Herkunft der Anforderungen (grobe Schätzung menschlicher Körpermaße, Übereinkunft bei schon länger verwendeten Maßen ohne wissenschaftliche Verifizierung) häufig deutlich größere Toleranzen zulassen. Die Bewertung von etwaigen Abmessungen in der Praxis ist im Zuge der Risikobewertung vom Sachverstand des Prüfers abhängig. Toleranzgenauigkeiten, wie im Maschinenbau üblich, sind nicht anzuwenden.

Eine Ursache für das teilweise schwierige Verstehen der Norm liegt in der stellenweise unglücklichen Wahl der Zeichnungsmaßstäbe und in der häufigen Darstellung von Grenzzuständen, die den Regelzusammenhang nur schwer erkennen lassen. Wir haben uns daher bemüht, die Zeichnungen so darzustellen, dass die Regeln klar hervortreten.

Es wird in vielen Fällen erforderlich sein, den Original-Normtext hinzuzuziehen. Dazu wird u. a. auf das DIN-Taschenbuch 105, Ausgabe 2021 verwiesen.

Sicherheitsfragen, die die Gestaltung der Spielplätze betreffen, werden in DIN 18034-1 „Spielplätze und Freiräume zum Spielen", Ausgabe 2020-10 behandelt.

1.2 Erfolge und Auswirkungen der Sicherheitsnormung

Aus dem Bereich der für Spielplätze zuständigen Versicherer kann bestätigt werden, dass die Sicherheitsnormung einen nachhaltigen unfallverhütenden Effekt gehabt hat.

Technische Maßnahmen haben dauerhaft dafür gesorgt, dass bestimmte, sich wiederholende Unfallmuster nicht mehr auftreten.

Ein gewisses Restrisiko bleibt, wie im täglichen Leben überall.

DIN EN 1176/1177 werden den bisher erreichten Stand der Unfallverhütung stabilisieren.

Eine völlige Unfallfreiheit wird nicht möglich sein, zumal nach der Rechtsprechung in Deutschland das spielerisch-sportliche Risiko – im Sinne der Norm das „kalkulierbare Risiko" – zulässig ist und im Rahmen dieses Risikos immer entsprechend dem Verhalten bzw. Fehlverhalten des Spielenden Unfälle auftreten können (siehe DIN EN 1176-1 – Anwendungsbereich und Beiblatt zu DIN EN 1176:2009).

1.3 Rechtliche Bedeutung von Normen

Normen sind Regeln der Technik, die grundsätzlich empfehlenden Charakter haben und deren Anwendung daher freiwillig ist. Sie können jedoch verbindlichen Charakter durch vertragliche Vereinbarung oder auch Bezugnahme durch den Gesetzgeber erhalten.

Für Kinderspielplatzgeräte galt bis 2004 das Gerätesicherheitsgesetz. Hersteller und Vertreiber mussten dem Gesetz folgen, d. h. ihre Geräte mussten der in Bezug genommenen DIN 7926, jetzt DIN EN 1176/1177, entsprechen oder genauso sicher sein.

Nationale Sicherheitsnormen sind gleichzeitig Maßstab für Artikel 100 des EWG-Vertrages, denen die in den Verkehr gebrachten Erzeugnisse genügen müssen, bis Europäische Richtlinien (Gesetze) und Europäische Normen vorliegen; daraus folgt, dass für diese Erzeugnisse der freie Warenverkehr in der Gemeinschaft gewährleistet sein muss.

Die Europäischen Richtlinien geben den gesetzlichen Rahmen und wesentliche Anforderungen vor, die durch aufgelistete (= harmonisierte) Europäische Normen konkretisiert werden.

Diese technischen Spezifikationen sind daher grundsätzlich einzuhalten. Bei Abweichungen von einer Norm trägt der Hersteller die Beweislast, dass das Produkt die grundlegenden Sicherheitsanforderungen dennoch erfüllt.

Bis etwa 2009 fielen Kinderspielplatzgeräte unter keine Europäische Richtlinie. Seit 2004 fallen Kinderspielplatzgeräte in den Geltungsbereich der Allgemeinen Produktsicherheitsrichtlinie, die allerdings keine „wesentlichen Anforderungen" auflistet, was bei einer solchen Richtlinie auch kaum möglich wäre. Nach und nach wird eine Liste harmonisierter Normen erarbeitet und die EN 1176 und EN 1177 stehen ganz oben auf der Anwärterliste.

In Deutschland wurde das Gerätesicherheitsgesetz (GSG) mit Wirkung vom 01.05.2004 durch das Geräte- und Produktsicherheitsgesetz (GPSG) abgelöst. Das GPSG wurde 2011 durch das Produktsicherheitsgesetz (ProdSG) ersetzt. Dieses sieht weiterhin die Anwendung von Sicherheitsnormen vor.

Nach § 3 Abs. 1 ProdSG darf ein Produkt, soweit es einer oder mehreren Rechtsverordnungen nach § 8 Abs. 1 ProdSG unterliegt, „nur auf dem Markt bereitgestellt werden, wenn es 1. die darin vorgesehenen Anforderungen erfüllt und 2. die Sicherheit und Gesundheit von Personen oder sonstige in den Rechtsverordnungen nach § 8 Absatz 1 aufgeführte Rechtsgüter bei bestimmungsgemäßer oder vorhersehbarer Verwendung nicht gefährdet".

Bei der Beurteilung, ob ein Produkt den Anforderungen entspricht, können Normen und andere Spezifikationen zugrunde gelegt werden.

Entspricht eine Norm, die vom Ausschuss für Produktsicherheit (AfPS) (vorher vom AtAV) ermittelt und von der beauftragten Stelle im Bundesanzeiger bekannt gemacht worden ist, den Anforderungen an Sicherheit und Gesundheit, wird bei einem nach dieser Norm hergestellten Produkt vermutet, dass es den betreffenden Anforderungen an Sicherheit und Gesundheit gemäß § 5 Abs. 2 ProdSG genügt.

Als Ersatz für das Verzeichnis A der allgemeinen Verwaltungsvorschrift zum Gerätesicherheitsgesetz von Juli 2003 wurde das „Verzeichnis 2: Nicht harmonisierter Bereich“ geschaffen. In den Teil 1 dieses Verzeichnisses werden alle vom AfPS ermittelten Normen aufgenommen und deren Aktualität regelmäßig überprüft.

Zz. sind aufgeführt: DIN EN 1176 – Teile 1, 2, 3, 4, 5, 6, 10, 11, DIN EN 1176 Beiblatt, DIN EN 1177

(Veröffentlicht im Bundesanzeiger 24 vom 03.02.2007, S. 1230, Untertitel S. 6 durch die Bundesanstalt für Arbeitsschutz und Arbeitsmedizin)

1.4 Gleiche Sicherheit auf andere Weise

Das Gerätesicherheitsgesetz enthielt den Grundsatz, dass Abweichungen von Sicherheitsnormen dann zulässig waren, wenn die gleiche Sicherheit auf andere Weise hergestellt werden kann. Ein ähnlicher Passus ist im Produktsicherheitsgesetz nicht enthalten.

Man muss aber unterstellen, dass dieser Grundsatz als Gewohnheitsrecht weitergilt, denn er widerspricht nicht dem Zweck des Gesetzes.

Nur so können neue Entwicklungen vorangetrieben werden. Die Normung folgt der Entwicklung. Sie beschreibt bewährte, sichere Produkte, entwickelt sie aber nicht weiter.

Ob ein Gerät „sicher“ ist, kann letzten Endes von den Prüfstellen geprüft und entschieden werden, wenn es um die Kennzeichnung mit dem GS-Zeichen geht. Auch wenn der Grundsatz „gleiche Sicherheit auf andere Weise“ im Produktsicherheitsgesetz in dieser Form nicht mehr enthalten ist, wird es immer deutlicher, dass es bei der Sicherheitsbewertung von Spielplatzgeräten nicht mehr alleine darum gehen kann, die Normenübereinstimmung zu prüfen, sondern zusätzlich immer eine Risiko-Bewertung vorzunehmen – die ja schon immer Bestandteil des Prinzips „gleiche Sicherheit auf andere Weise“ gewesen ist.

Für die Anwender, also für die Erwerber von Spielplatzgeräten, bleiben DIN EN 1176/1177 anerkannte Regeln der Technik, deren Einhaltung geboten ist, aber nicht öffentlich-rechtlich erzwungen werden kann.

Im Rahmen der gesetzlichen Verkehrssicherungspflicht sind die Anwender verpflichtet, den Einbau regelgerecht gemäß Einbauanleitung durchzuführen.

Fehler werden sich haftungsrechtlich auswirken (Schadenersatz bei Verschulden und Fahrlässigkeit).

DIN EN 1176-7 – Anleitung für Installation, Inspektion, Wartung und Betrieb – ist eine technische Regel mit Empfehlungscharakter (für Hersteller jedoch zwingend), deren Beachtung aber für den Anwender/Betreiber dringend angeraten wird.

1.5 GS-Kennzeichnung

Die Vergabe des GS-Zeichens ist seit 01.05.2004 im Produktsicherheitsgesetz geregelt.

Für die Prüfung von Kinderspielplatzgeräten bleiben DIN EN 1176/1177 maßgebend.

Das GS-Zeichen wird verliehen, wenn durch die Baumusterprüfung die Übereinstimmung des Baumusters mit den relevanten Sicherheitsnormen bestätigt werden kann.

1.6 Bestandschutz

DIN-Normen und DIN-EN-Normen sind Regeln der Technik und geben den allgemeinen Stand der Technik zum Zeitpunkt ihrer Veröffentlichung wieder. Technik schreitet immer fort. Normen werden daher regelmäßig überarbeitet und dann als Neufassung für die Zukunft verbindlich.

Die DIN EN 1176 ist also eine Neufassung der Spielplatz-Gerätenorm. Gleiches gilt auch für die bisherigen und jetzigen Ergänzungen und Überarbeitungen einzelner Abschnitte verschiedener Teile der DIN EN 1176:2017.

Eine Neufassung einer Norm bringt zwangsläufig Verbesserungen – nicht überall, aber an manchen Details von Kinderspielplatzgeräten. „Neue“ Konstruktionen machen frühere Konstruktionen zwangsläufig zu „alten“ Geräten. Das gilt für alle Bereiche der Normung.

Der Gesetzgeber hat sich schon im Produkthaftungsgesetz vom 01.01.1990 damit auseinandergesetzt, wann ein Produkt einen „Fehler“ hat. In § 3 Abs. 1 des Gesetzes heißt es (verkürzt), „dass ein Produkt dann einen Fehler hat, wenn es nicht die Sicherheit bietet, die unter Berücksichtigung aller Umstände berechtigterweise erwartet werden kann“. Ergänzend heißt es in § 3 Abs. 2:

„Ein Produkt hat nicht allein deshalb einen Fehler, weil später ein verbessertes Produkt in den Verkehr gebracht wurde.“

Technische Produkte, also auch Spielplatzgeräte, werden am Stand der Normung und dem Wissensstand gemessen, die zur Zeit der Herstellung gültig waren. Das bedeutet, dass die unter Einhaltung der DIN 7926 und nachfolgenden Normen gebauten Spielplatzgeräte „sicher waren und auch bleiben“.

Juristisch wird dieser Tatbestand als „Bestandschutz“ bezeichnet. Bedeutung hat dieser vor allem im Bauwesen. Es gibt über Jahre hinweg immer wieder neue gesetzliche Anforderungen in den Landesbauordnungen, die jedoch nur für Neubau oder Sanierung umzusetzen sind. Eine rechtmäßig errichtete bauliche Anlage bleibt auch dann rechtmäßig, wenn die Anlage dem geänderten Recht nicht mehr entspricht.

Nur in besonderen Ausnahmefällen besteht demnach eine Änderungs- und Anpassungspflicht.

Diese allgemeine Rechtsansicht gilt in allen Bundesländern, wenn sie auch nicht ausdrücklich in den Landesbauordnungen verankert worden ist. Man wird nicht sagen können, dass die DIN EN 1176 ein höheres Sicherheitsniveau hat als die Vorgänger-Norm DIN 7926. Z. B. war die DIN 7926 Leitlinie bei den Beratungen für die DIN EN 1176.

Die Grundsätze bezüglich der Sicherheitsanforderungen wurden beibehalten. Dies gilt u. a. für die Anforderungen bei Maßen zum Schutz von Kopf und Körper, beim Fallschutz bei Sicherheitsfreiräumen und bei etlichen Konstruktionsdetails.

Daher genießen alle Geräte, die der DIN 7926 entsprochen haben, Bestandschutz, außer Geräte, bei denen sich z. B. durch neu hinzugewonnene Erfahrungen/Erkenntnisse herausgestellt hat, dass Gefahr für das Leben bestehen kann.

Dieser Bestandschutz ist auch zeitlich unbegrenzt. Ein früherer höchstrichterlicher Fall (BGH, Urteil v. 01.03.1988 – VI ZR 190/87 – NJW 1988, S. 2667 ff.) lag anders.

Das Gerät, das seinerzeit eine Rolle spielte, war bereits vor Beginn der Normung von Spielplatzgeräten gebaut worden.

Es verstieß in seiner Konstruktion gegen wesentliche Sicherheitsanforderungen der DIN 7926, dennoch war es sieben Jahre nach Erscheinen der DIN 7926 weder geändert noch ausgemustert worden.

Bestandschutz gilt auch dann, wenn ein der DIN 7926 entsprechendes Gerät umgesetzt wird, d. h. an einem anderen Standort eingebaut wird. Die Anforderungen an die Stoßdämpfung des Bodens im Verhältnis zur freien Fallhöhe, an den Freiraum und Fallraum richten sich dann aber nach DIN EN 1176/1177. Der Bestandschutz ist somit eingeschränkt.

Eine etwas differenziertere Situation ergibt sich in den Fällen, in denen bei Reparatur- und Wartungsarbeiten Teile eines Spielplatzgerätes ersetzt werden müssen.

In Bezug auf bauliche Anlagen enthalten die Landesbauordnungen eine Ausnahme vom Bestandschutz bei wesentlichen Änderungen. So heißt es in Abs. 2 des bereits zuvor zitierten § 87 LBO Mecklenburg-Vorpommern sinngemäß, dass bei einer wesentlichen Änderung baulicher Anlagen gefordert werden kann, dass auch die nicht unmittelbar berührten Teile der baulichen Anlage mit dem Gesetz in Einklang zu bringen sind, wenn ein konstruktiver Zusammenhang besteht und die Durchführung keine unzumutbaren Mehrkosten verursacht.

Das bedeutet für Spielplatzgeräte, dass z. B. beim Austausch von kompletten Leitern, kompletten Brüstungen in Spielplatzgerätekombinationen, kompletten Hängebrücken oder Kletternetzen der aktuelle Stand der Technik herzustellen ist.

In diesen Fällen sind die geänderten sicherheitstechnischen Festlegungen der Normenreihe DIN EN 1176 zu beachten und die gerätespezifischen Anforderungen zu erfüllen. Erfordert die Instandhaltung bzw. -setzung lediglich den Austausch von Ersatzteilen oder Ersatz einfacher Bauteile, ist die Wiederherstellung des ursprünglichen Zustandes ausreichend.

Zusammenfassung:

Spielplatzgeräte, die der DIN 7926 entsprochen haben, gelten über das Jahr 1998 hinaus als sicher und haben Bestandschutz.

Das Gleiche gilt für Spielplatzgeräte, die nach der derzeit geltenden DIN EN 1176 hergestellt wurden, falls sich in Zukunft die Anforderungen bei einzelnen Geräten ändern oder verschärfen sollten.

1.7 CEN-Guide 4 – Leitfaden zur Behandlung von Umweltproblemen in Produktnormen

Gedanken zu Ökonomie und Ökologie

CEN und CENELEC haben das strategische Beratungsgremium für Umwelt (SABE – Strategic Advisory Body on Environment) eingerichtet, um sich mit den strategischen Fragen im Zusammenhang mit dem Schutz der Umwelt und des Klimawandels zu befassen und auf die Herausforderungen zu reagieren, die sich aus den Entwicklungen in den verschiedenen Sektoren durch die Entwicklung der Gesetzgebung innerhalb der Europäischen Union ergeben.

Der folgende Abschnitt wendet sich vorwiegend an die Hersteller und soll der Reflexion dienen. Spielplatzgeräte beschaffende Stellen können allein über die Auswahl der Geräte etwas bewirken.

In Zeiten, in denen Ressourcenverwendung als Thema im Mittelpunkt der öffentlichen Diskussion steht, kann man solche Betrachtungen über den Einsatz von Material und Herstellungsmethode auch für Spielplatzgeräte anstellen.

Kreislaufwirtschaft soll das Gebot der Stunde sein. Herstellungsprozesse und Produkte sollen so entwickelt werden, dass sie in das Ökosystem der Erde integrierfähig sind. Dabei werden sich bisherige Wirtschaftstechniken wie „geplante Obsoleszenz" aus dem ökonomischen Denken der Marketingstrategen verabschieden müssen, wenn man unter dem Aspekt einer sinnvollen ökologischen Nutzung von Ressourcen produzieren möchte. Der Begriff Ökologie versteht sich da als „behutsames Wirtschaften" in Relation zu einer gedachten intakten unbeschädigten Umwelt. Die ökonomischen Zusammenhänge zur Gewinnmaximierung treten dabei mehr in den Hintergrund. Der Begriff Ökonomie ist aus verschiedenen Perspektiven von anderer Bedeutung:

- aus Sicht eines Herstellers: Erwirtschaftung von Gewinnen zur Aufrechterhaltung des Betriebs;
- aus Sicht eines Spielplatzbetreibers: für Beschaffung, Wartung und Wiederbeschaffung möglichst wenig Geld auszugeben;
- aus Sicht eines Benutzers (Kind, betreuende Erwachsene): im Spielangebot Bedürfnisse fürs Heranwachsen befriedigen zu können.

Da Spielplätze überwiegend in künstlichen Wohnstrukturen (Stadt, dörfliche Neubausiedlungen) errichtet werden, benötigt man nahe gelegene Plätze, um Kindern die notwendigen Erfahrungsräume bieten zu können. Die Erde ist ein belebter Planet. Alle Versuche, mit totem Material eine attraktive Spielumgebung für Kinder zu schaffen, stehen dem Prinzip einer lebendigen Natur entgegen. Deshalb kann der Auswahl von Spielplatzgeräten und der Planung von Spielräumen nicht genug Aufmerksamkeit gewidmet werden.

1.8 Aufgabe der europäischen Normung und die nationale Abweichung

Europäische Normungsanträge werden von der Mehrheit der Mitglieder der zuständigen Technischen Komitees beschlossen oder von der EU dem CEN in Auftrag gegeben (Mandate) und sollen den freien Warenverkehr innerhalb Europas fördern und Handelshemmnisse abbauen.

Die europäische Normung befasst sich daher mit Waren (austauschbaren Gütern) und Dienstleistungen. CEN hat somit keine Normungskompetenz, wenn diese Bereiche überschritten werden oder wo nationale Gesetze andere Regelungen vorschreiben.

Auch die EN-Normen bleiben Regeln der Technik, d. h. Empfehlungen unterhalb der Gesetzgebungsebene der beteiligten Nationen.

Für den Fall, dass nationale Gesetze einem europäischen Normungsvorhaben entgegenstehen, sieht die CEN-CENELEC-Geschäftsordnung – Teil 3:2022 Anhang ZB.2 A-Abweichungen die sogenannte Nationale A-Abweichung vor. Sie ist so formuliert:

„A-Abweichung: Nationale Abweichung, die auf Vorschriften beruht, deren Veränderung zum gegenwärtigen Zeitpunkt außerhalb der Kompetenz des CEN- und/oder CENELEC-Mitglieds liegt."

Gemeint ist damit, dass EN-Normen zwar nationale Normen ändern oder ersetzen können, nicht aber an die Stelle von nationalen gesetzlichen Bestimmungen treten können oder im Widerspruch dazu stehen dürfen.

Auf Antrag werden die zugrunde liegenden gesetzlichen Bestimmungen und die abweichenden nationalen Normbestimmungen im Anhang der EN-Norm im vollen Wortlaut abgedruckt/veröffentlicht, die innerhalb der Nation (z. B. Bundesrepublik Deutschland) nicht gelten.

Es scheint sich mittlerweile der politische Wille durchzusetzen, alle Bereiche des öffentlichen und privaten Lebens EU-weit zu harmonisieren, sodass der Bedeutung der A-Abweichungen im Lauf der Zeit wohl immer weniger Geltung zuzumessen sein wird.

1.9 A-Abweichung (DIN EN 1176-1)

Da bei der Überarbeitung des Jahres 2008 der DIN EN 1176/1177 alle Anforderungen der DIN EN 1177 in die DIN EN 1176-1 übertragen wurden, findet sich die deutsche nationale Abweichung zu Böden wie folgt in DIN EN 1176-1, Anhang I:

Für Deutschland ist im Anhang I der DIN EN 1176-1 die Abweichung festgelegt worden, dass die Bodenarten im Bereich von und unter Spielplatzgeräten sich nach der im Anhang I abgedruckten Tabelle F.1 – „Bodenarten in Abhängigkeit von den zulässigen freien Fallhöhen" richten.

In der Tabelle I.1 ist die bisherige nationale Regelung weitgehend erhalten geblieben.

Die in DIN EN 1176-1 auf europäischer Ebene festgelegte Regelung dagegen verstößt gegen nationales Recht:

Spielplätze unterliegen in allen 16 deutschen Bundesländern dem Bauordnungsrecht.

Die Bauhoheit liegt nach dem Grundgesetz der Bundesrepublik Deutschland bei den Bundesländern. Deren Landesbauordnungen sind in vielen Punkten identisch oder ähnlich. In allen Landesbauordnungen sind Spielplätze als „Bauliche Anlagen" ausgewiesen, sodass sie unter die baurechtlichen Landesgesetze fallen. Bodengestaltung von Spielplätzen oder Teilen davon (z. B. im Spielplatzgerätebereich) kann daher nur auf nationaler gesetzlicher Grundlage erfolgen. Die (verschärfende) europäische Regelung widerspricht nationalen Gesetzen (Bauordnungen), sodass die A-Abweichung erfolgen musste.

Böden aus Naturmaterialien sind keine Handelswaren im Sinne der europäischen Normung und daher stellt die Regelung für Spielplatzböden in Deutschland kein Handelshemmnis dar. Die Frage gehört somit nicht zu den Bereichen (Waren und Dienstleistungen), die der europäischen Normung unterliegen.

1.9.1 Texte der deutschsprachigen A-Abweichung

DIN EN 1176-1

Nationales Vorwort

Diese Norm enthält sicherheitstechnische Festlegungen im Sinne des Produktsicherheitsgesetzes (ProdSG).

Dieses Dokument (EN 1176-1:2017) wurde vom Technischen Komitee CEN/TC 136 „Sport-, Spielplatz- und andere Freizeitanlagen und -geräte" erarbeitet, dessen Sekretariat von DIN (Deutschland) gehalten wird.

Das zuständige deutsche Normungsgremium ist der Arbeitsausschuss NA 112-07-01 AA „Spielplatzgeräte" im DIN-Normenausschuss Sport- und Freizeitgerät (NASport).

Sofern die Norm vom Ausschuss für Produktsicherheit ermittelt und deren Fundstelle von der Bundesanstalt für Arbeitsschutz und Arbeitsmedizin im Gemeinsamen Ministerialblatt bekannt gegeben worden ist, wird bei Spielplatzgeräten, die nach dieser Norm hergestellt werden, vermutet, dass sie den betreffenden Anforderungen an Sicherheit und Gesundheit von Personen genügen.

Aufgrund der Gesetzgebung ist im Anhang I für Deutschland eine nationale Abweichung aufgeführt.

In Bezugnahme auf die in 5.2 „Bestätigung des angemessenen Maßes an Stoßdämpfung nach der Installation des stoßdämpfenden Bodens“ enthaltenen Anforderungen, findet der Nationale Anhang NA „Bestätigung des angemessenen Maßes an Stoßdämpfung nach der Installation des stoßdämpfenden Bodens“ anstatt Anhang H in Deutschland als nationale Regelung Anwendung.

Für fest eingebaute Spielplatzgeräte und Spielplatzböden in öffentlichen Bereichen in Deutschland ist im Rahmen der Inklusion (Zugehörigkeit) das Behinderten-Gleichstellungsgesetz (BGG) sowie die UN-Behindertenrecht-Konvention (2009) anzuwenden und zu beachten. Barrierefreiheit ist somit eine Grundvoraussetzung für Inklusion. Entsprechende Planungshinweise und Maßnahmen zur Sinnes- und Bewegungsförderung sind in DIN 18034, *Spielplätze und Freiräume zum Spielen, Anforderungen für Planung, Bau und Betrieb,* enthalten. Technische Anforderungen für öffentliche fest installierte Spielplatzgeräte zur Förderung von Nutzern mit besonderen Fähigkeiten sind in DIN 33942, *Barrierefreie Spielplatzgeräte,* enthalten.

DIN EN 1176-1 Anhang I (informativ)

I.3 Deutschland

I.3.1 Allgemeines

In Deutschland sind die folgenden Abweichungen von dieser Norm bindend.

Die Überarbeitung der DIN EN 1176, Teil 1, Ausgabe 2008, hat dazu geführt, dass im Anhang F (Deutsche Nationale Abweichung) der Teil F 3.2 betreffend Kinder unter 3 Jahren ersatzlos gestrichen worden ist. Diese Änderung verändert die Rechtsposition der Norm allerdings nicht. Der Grundsatz der Aufsichtspflicht der Eltern bleibt natürlich unabhängig von dieser Überarbeitung im Bürgerlichen Gesetzbuch (BGB, § 1631, Abschnitt 1) unberührt und damit in vollem Umfang wie bisher gültig.

Teil F:

Leider ist der ehemalige Teil F der deutschen A-Abweichung ersatzlos gestrichen worden. Da keine neuen sicherheitsrelevanten Erkenntnisse vorliegen, scheint der politische Wille zugrunde zu liegen, Anforderungen aus nationalen Abweichungen wegfallen zu lassen.

I.3.2 Stoßdämpfende Böden

Die Anforderungen an den Bodenbelag innerhalb der Aufprallfläche von Spielplatzgeräten und ihre Zuordnung zu Fallhöhen sind durch die deutsche nationale Gesetzgebung vorgegeben:

a) Spielplätze unterliegen als bauliche Anlagen dem deutschen Bauordnungsrecht. Die Einzelausgestaltung von baulichen Anlagen kann nur durch deutsche nationale Normen geschehen;

b) Gesetz zur Neuordnung der Sicherheit von technischen Arbeitsmitteln und Verbraucherprodukten (Artikel 1, Gesetz über die Bereitstellung von Produkten auf dem Markt [Produktsicherheitsgesetz — ProdSG]);

c) Festlegungen der Deutsche Gesetzlichen Unfallversicherungen (GUV).

Sie müssen daher, wie in Tabelle I.1 dargestellt, weiterhin erhalten bleiben.

Die Zuordnung des Bodenbelags zu den freien Fallhöhen stellt kein Handelshemmnis dar.

In Deutschland gilt daher anstelle Tabelle 4 die Tabelle I.1.

Tabelle I.1 — Bodenarten in Abhängigkeit von den zulässigen freien Fallhöhen

Nr.	Bodenmaterial[a]	Beschreibung	Mindest-schichtdicke[b] mm	Größtmögliche freie Fallhöhe mm
1	Beton/Stein	—	—	≤ 600
2	Bitumengebundene Oberflächen	—	—	≤ 600
3	Oberboden	—	—	≤ 1 000
4	Rasen	—	—	≤ 1 500[d]
5	Rindenmulch	zerkleinerte Rinde von Nadelhölzern, 20 mm bis 80 mm Korngröße	200	≤ 2 000
			300	≤ 3 000
6	Holzschnitzel	mechanisch zerkleinertes Holz (keine Holzwerkstoffe) ohne Rinden- oder Laubanteile, 5 mm bis 30 mm Korngröße	200	≤ 2 000
			300	≤ 3 000
7	Sand[c]	0,2 mm bis 2 mm Korngröße	200	≤ 2 000
			300	≤ 3 000
8	Kies[c]	2 mm bis 8 mm Korngröße	200	≤ 2 000
			300	≤ 3 000
9	Andere Materialien oder andere Schichtdicken	nach HIC-Prüfung (siehe EN 1177)	—	Kritische Fallhöhe wie geprüft

a Sorgfältig vorbereitet Bodenmaterial für die Nutzung bei Kinderspielplätzen.

b Bei losem Schüttmaterial werden 100 mm zur Mindesttiefe hinzugefügt, um die Verdrängung auszugleichen (siehe 4.2.8.5.1).

c Keine schluffigen oder tonigen Partikel. Korngröße kann unter Verwendung des Siebverfahrens, wie EN 933-1, bestimmt werden.

d Siehe 4.2.8.5.2, ANMERKUNG 2.

1.9.2 Bedeutung der A-Abweichungen

Die A-Abweichung erlaubt es Deutschland, Bodenarten entsprechend Tabelle I.1 zu verwenden. Ein Nachweis des HIC-Wertes ist bei Entsprechung der Materialien zu dieser Tabelle nicht notwendig.

1.10 Die elterliche Aufsichtspflicht

Die elterliche Aufsichtspflicht ist in Deutschland gesetzlich verankert. Entsprechend verhält sich die Rechtsprechung bei Unfällen. Hier können die Eltern oder Begleitpersonen eventuell verantwortlich gemacht werden, wenn der Unfall eines Kindes unter 36 Monaten durch grobe Fahrlässigkeit der Begleitperson geschieht.

In den restlichen Ländern Europas ist die Rechtslage in diesem Punkt schwächer. In den meisten anderen europäischen Ländern betrachtet man Spielplatzgeräte als Nutzungsangebote für Kinder ab 1 Jahr.

Dabei werden die Fähigkeiten und Bedürfnisse der Kinder zu wenig beachtet. (Siehe Abschnitt I, Kapitel 2.2, Textabschnitt „Die Aufsichtspflicht für Kinder und technische Schutzmaßnahmen".)

Die Risiken, die für Kinder entstehen, wenn sie ohne Begleitung oder Beaufsichtigung spielen, können nach unserer Meinung auch nicht durch die normgerechte Ausführung der Geräte ausgeschaltet werden, die nur Teilaspekte bei der Benutzung der Geräte durch Kleinkinder berücksichtigt. Dennoch hat der deutsche Normenausschuss beschlossen, die Regelungen der EU für Kinder unter 3 Jahren auch in Deutschland gültig werden zu lassen. Kinder unter 3 Jahren (U3) müssen bezüglich der Körpermaße bei Gestaltung und Auslegung der Geräte einbezogen werden.

1.11 Prüfen und Zertifizieren

1.11.1 Verfahren zum sicheren Betreiben von Spielplatzgeräten nach europäischen Normungsvorgaben

Nach den in Europa ratifizierten multilateralen Übereinkommen zur gegenseitigen Anerkennung von Produkt-Zertifizierungen sind in Deutschland durch die DAP (Deutsches Akkreditierungssystem Prüfwesen GmbH) Prüfstellen wie z.B. die TÜV SÜD Product Service GmbH oder andere berechtigt, Spielplatzgeräte zu zertifizieren.

Diese Prüfstellen, sogenannte Erstprüfer, unterliegen speziellen Regeln, müssen bestimmte Anforderungen erfüllen und werden regelmäßig wieder kontrolliert und ihre Zertifikate bestätigt. Derartige akkreditierte Prüfstellen gibt es in jedem europäischen Land. Sie werden in offiziellen Listen geführt.

Spielplatzgeräteprüfer vor Ort sind sogenannte Zweitprüfer und müssen das vom Erstprüfer erstellte Zertifikat zunächst einmal anerkennen, solange das Gerät dem zertifizierten Original entspricht und keine Veränderungen vorgenommen wurden.

Sollte der Zweitprüfer dennoch Zweifel an der Sicherheit des zertifizierten Gerätes haben, hat er dadurch nicht automatisch das Recht, das Gerät für unsicher zu erklären und das Betreiben zu untersagen. Er muss sich vielmehr mit einer geeigneten Risikoanalyse an die Stelle wenden, die das Gerät zertifiziert hat (Erstprüfer).

Dabei muss auf fachlicher Ebene geklärt werden, ob die neue Risikoeinschätzung bei der Erstprüfung nicht bedacht worden ist. Falls in diesem Prozess keine Einigung erzielt werden kann, geht der Fall zur nächsthöheren Instanz usw. (Europäisches Normungskomitee, Europäischer Gerichtshof).

Der Spielplatzprüfer (Zweitprüfer) ist verpflichtet, diese Schritte einzuhalten.

Entstehen dem Gerätehersteller durch unkorrektes Verhalten des Spielplatzprüfers wirtschaftliche Nachteile, ist er nach europäischem Recht berechtigt, Schadenersatzforderungen gegenüber dem Zweitprüfer zu stellen.

1.11.2 Verhaltenskodex für zertifizierte Spielplatzprüfer

Dieser Verhaltenskodex legt Standesrichtlinien fest, die von zertifizierten Spielplatzprüfern (Certified Playground Safety Inspectors) nach Zulassung durch die Zertifizierungsstelle des nationalen Instituts für Sicherheit auf Spielplätzen (Certification Board of the National Playground Safety Institute) bei der Ausübung ihrer Tätigkeit zu beachten sind.

Zertifizierte Prüfer haben bei der Ausübung ihrer beruflichen Tätigkeit durch Einhaltung folgender Verhaltensgrundsätze ihre Integrität, Eignung und Aufrichtigkeit im Hinblick auf die Zertifizierung zu wahren und zu fördern:

- Oberste Priorität gilt bei allen professionellen Dienstleistungen der Sicherheit der Spielplatzbenutzer.
- Es wird immer nach dem aktuellen, vom National Playground Safety Institute anerkannten Sorgfaltsmaßstab gehandelt.
- Die Prüfer halten sich mit den Abläufen zur Prüfung der Spielplatzsicherheit vertraut, auch was die Anwendung von Prüfwerkzeugen und aktuelle Sicherheitskriterien betrifft, und sind in dieser Hinsicht immer auf dem neuesten Stand.
- Jede Nichtübereinstimmung mit dem Sorgfaltsmaßstab wird nach einem standardisierten Ablauf zur Überprüfung der Sicherheit identifiziert und dokumentiert, wobei auch der jeweils zutreffende Abschnitt des Referenzdokuments zu nennen ist.
- Alle identifizierten Nichtübereinstimmungen werden den möglichen Konsequenzen entsprechend einer standardisierten Priorität zugeordnet.
- Mitarbeiter bzw. Kunden werden über Zustände, die ernsthafte Gefahren bedeuten können, so schnell wie möglich informiert, und zwar in Form eines schriftlichen Berichts mit lückenloser Darstellung negativer Ergebnisse aus der offiziellen Dokumentation der Sicherheitsüberprüfung.

- Eine Sicherheitsprüfung wird niemals ohne Wissen und Zustimmung des Spielplatzeigentümers ausgeführt.
- Den Ergebnissen eines anderen zertifizierten Spielplatzprüfers wird niemals widersprochen, ohne sich zuvor mit ihm über die Grundlage dieser Ergebnisse direkt beraten zu haben.
- Eine Sicherheitsprüfung wird niemals mit der Absicht ausgeführt, das Ansehen eines Eigentümers oder Herstellers zu beschädigen oder Vorteile für den Verkauf anderer Geräte oder Produkte zu erwirken.
- Die Ergebnisse einer Prüfung werden niemals einer anderen Person als dem Spielplatzeigentümer selbst mitgeteilt, es sei denn, der Eigentümer hat seine Zustimmung hierzu erteilt.

Zertifizierten Prüfern, die sich nicht an diese professionellen Richtlinien halten, wird nach einer entsprechenden negativen Feststellung gemäß den vom Vorstand des National Playground Safety Institute eingeführten Überprüfungs- und Vollstreckungsabläufen die professionelle Zertifizierung aberkannt.

2 Betrachtungen zu Sicherheit und Spielrisiko

Die Sicherheit des Menschen ist vor allem durch sein richtiges Verhalten bestimmt. Dennoch haben die technische Sicherheit, Art und Zustand von Gegenständen eine gewisse Bedeutung. Wenn er sich falsch verhält, können als völlig sicher eingestufte Gegenstände für ihn zur Gefahr werden – eine Kugel z. B. wird halb geschluckt, bleibt im Hals stecken und beschwert die Atemwege – oder ein Kugelschreiber wird als Stoßwaffe benutzt usw. Wenn der Mensch sich allerdings richtig verhält, ist er durchaus in der Lage, auch mit gefährlichen Gegenständen umzugehen, ohne sich oder andere damit zu gefährden, z. B. bei der Benutzung von Messern, beim Fahren eines Autos, Umgang mit Elektrizität, beim Öffnen eines Fensters im 10. Stock usw. Das Bestreben des Menschen, keinen Schaden zu erleiden, führt zum Selbstschutzverhalten (sich richtig verhalten, sich nicht in Gefahr bringen, keinen Schaden erleiden). Dieses Selbstschutzverhalten setzt voraus, dass die Risiken

- rechtzeitig gesehen werden,
- rechtzeitig verstanden werden,

und dass der Mensch dann in der Lage ist, sich in Bezug auf die erkannten Risiken selbstschützend zu verhalten. Man spricht in diesem Fall von kalkulierbaren Risiken. Die Normenkonformität reicht allein nicht aus, um festzustellen, ob es sich um ein kalkulierbares Risiko handelt.

Ohne eine Risiko-Bewertung (risk assessment) ist eine Sicherheits-Zertifizierung nicht machbar. Kalkulierbare Risiken sind prinzipiell für Mensch, Staat und Gesellschaft akzeptabel. Ohne sie und den verbundenen Lerneffekt wäre die Menschheit nicht imstande zu überleben. Wenn der Mensch also die Risiken sehen und verstehen kann und richtig darauf reagiert, können sie nicht zur Gefahr werden. Dennoch besteht die Notwendigkeit in einer technisierten Welt, eine gewisse technische Sicherheit aufzubauen und zu regeln. Besonders für Menschen, die in hohem Maße noch Erfahrung sammeln müssen, vor allem Kinder, muss es Hilfen geben, damit dieses Erfahrungsammeln ohne ernsthafte Gefährdung stattfinden kann. Der kleine Schmerz (Aua-Effekt) ist in der Regel eine wichtige Lernhilfe und kann somit akzeptiert werden, besonders deshalb, weil über diese Erfahrung der Mensch, das Kind, der Spielende, in die Lage versetzt wird, das erforderliche Selbstschutzverhalten zu entwickeln und zu trainieren. Die Quellen des kleinen Schmerzes lösen keinen technischen Regelungsbedarf aus. Der große Schmerz (z. B. Verlust von Leben, Beweglichkeit, Sinneswahrnehmung, Körperteilen) ist nicht akzeptabel und bedarf der Regelung, wobei auch hier erst dann Regelungszwang besteht, wenn zur Schwere eines möglichen Unfalls auch die Wahrscheinlichkeit des Eintritts groß ist. Die theoretische Möglichkeit oder das nur sehr unwahrscheinliche Vorkommnis allein löst noch keinen Regelungszwang aus (Hochhausfenster, Steckdose usw.). Diese Zusammenhänge gelten natürlich auch für den Zusammenhang Kind, Spiel und Spielplatz. Auch hier gilt der Grundsatz:

Der überwiegende Teil der Sicherheit wird durch das richtige – selbstsichernde – Verhalten der Kinder bestimmt und ein kleiner, jedoch sehr wichtiger Teil durch die „technische Sicherheit“, der vor allem verhindern soll, dass nicht kalkulierbare Risiken fallenartig zur Gefahr werden.

Dieser kleine, jedoch wichtige Teil technischer Sicherheit wird im Wesentlichen durch entsprechende Normen bestimmt. Bis Ende 1998 galt für Spielplätze maßgeblich die DIN 7926, die dann durch die auf DIN 7926 basierenden DIN EN 1176/1177 ersetzt wurde. Der Mangel an entsprechender Selbstsicherungsfähigkeit bei den Kleinen wird aus deutscher Sicht durch die Ersatzsicherungspflicht (gesetzl. Aufsichtspflicht) der Eltern ausgeglichen. In vielen Fällen allerdings ist es die Ängstlichkeit der Eltern – die häufig Risiko mit Gefahr verwechseln – die die natürliche Bildung der Selbstsicherungsfähigkeit der Kinder behindern. Neben entwicklungsfördernden Spielangeboten wie für Kinder gilt es also Eltern/Erwachsenen zu helfen, selbst ein gesundes Risikobewusstsein zu entwickeln. Im Vergleich zwischen alter Norm DIN 7926 und neuer Norm DIN EN 1176 sind neben der Geltungsbereichseinschränkung die meisten der Anforderungen gleich oder sehr ähnlich.

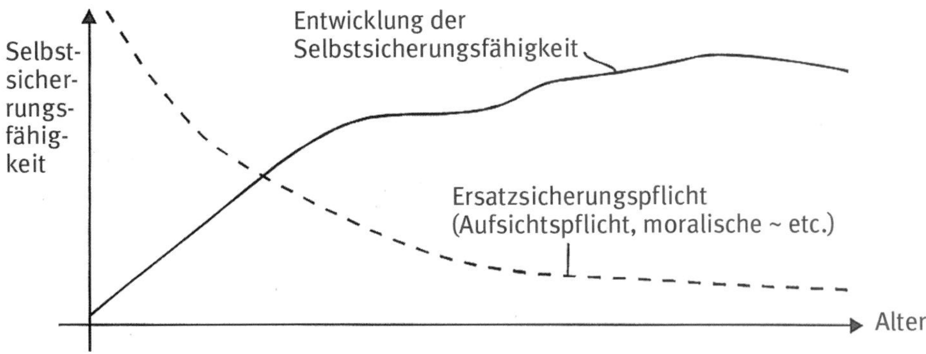

Wenn wir im Zusammenhang mit Kinderspielplatzgeräten/Kinderspielplätzen von „risk assessment“ sprechen, dann handelt es sich dabei nicht um eine Risiko-Analyse einzelner Bauteile im technischen Sinne (ISO 31000:2018 Risikomanagement – Allgemeine Anleitung zu den Grundsätzen und zur Implementierung eines Risikomanagements), sondern vielmehr um eine Sicherheitsbewertung eines Spiel(geräte)-Angebots.

Diese Art Risikobewertung soll zeigen, ob die vorhandenen Risiken kalkulierbar (vom Benutzer) und akzeptabel (seitens Hersteller/Betreiber/Zertifizierer) sind.

In unserem Sinne heißt „kalkulierbar“, dass die Spielenden in der Lage sind, die vorhandenen Risiken

- zu sehen
- zu verstehen
- und auf diese Risiken – sich und andere schützend – zu reagieren.

Die für eine Geräte-Zertifizierung erforderliche Risikobewertung ist ohne Kenntnisse über die Selbstsicherungsfähigkeiten von Kindern nicht kompetent durchführbar.

Das wird besonders deutlich bei der Spielfunktion „Klettern“. In der Norm wird eine allgemeine Gerätehöhe von 3 m festgeschrieben. Beim Klettern aber gibt es unter dem Gesichtspunkt der Risikobewertung – im Hinblick auf die Selbstsicherung der Benutzer – die Möglichkeit, auch größere Fallhöhen zuzulassen. Dies, weil das Greifen der Hand in der selbstsichernden Wirkung (= bewusster Vorgang) höher einzuschätzen ist als die Risiken in anderen Spielsituationen.

Als Beispiel für die Risikobewertung kann man die Begrenzung der Fallhöhe auf harte Geräteteile innerhalb eines Spielplatzgerätes auf 60 cm betrachten. Um die Bewertung eines Schutzzieles der Norm vernünftig durchführen zu können, benötigt man Informationen, woher diese Anforderungen kommen.

Auslöser für diese Anforderungen waren klassische Metallklettergeräte aus den siebziger Jahren des vorherigen Jahrhunderts. Diese waren meist aus ½- oder ¾-Zollrohren gefertigt, hatten ein Rastermaß von 50 cm und waren an den Ecken verschweißt oder mit Muffen verbunden. Bei manchen Geräten war die Absturzmöglichkeit auf eine solche Eckverbindung über 2 Raster möglich, die Fallhöhe betrug 100 cm. Dabei wurden Anfang der 80er-Jahre Unfälle bekannt, wo sich Kinder beim Absturz Verletzungen an inneren Organen (Milz, Leber, Nieren) zugezogen hatten. Daher wurde in der DIN 7926 von 1985 die Absturzhöhe auf ein Raster, maximal 50 cm, beschränkt. Mit Einführung der EN 1176 wurde diese Anforderung übernommen. Allerdings wurde sie auf 60 cm erhöht, um in einem dreidimensionalen Gerät die Zugänglichkeit für Erwachsene ($d = 50$ cm) sicherzustellen! Zusätzlich wurde in der EN 1176-1 im Abschnitt 4.2.8.4 „Schutz gegen Verletzungen im Fallraum“ erläutert, welche Gegenstände sich im Fallraum befinden dürfen!

Die folgenden Geräteteile dürfen sich im Fallraum befinden:

— angrenzende Geräteteile mit einer Differenz in der freien Fallhöhe von weniger als 600 mm;

— Geräteteile, die den Nutzer tragen oder aufnehmen, oder ihm helfen, das Gleichgewicht zu halten;

— Geräteteile mit einer Neigung von 60° oder mehr zur Horizontalen.

Dabei ist wichtig zu verstehen, dass es sich um eine Aufzählung möglicher Geräteteile handelt. Deshalb sind Geräteteile, die den Nutzer tragen oder aufnehmen oder ihm helfen, das Gleichgewicht zu halten, nicht auf 60 cm beschränkt!

Vergleicht man nun zusätzlich die möglichen Verletzungsrisiken des ursprünglichen Schutzzieles mit dem Risiko des Absturzes auf großflächige, runde Balken, so wird klar, dass eine zwanghafte Reduzierung der Fallhöhe auf 60 cm nicht im Sinne der Norm ist. Vielmehr ist es im Sinne des **ProdSG**, dass eine Bewertung der Situation durch eine **akkreditierte Prüfstelle** durchaus auch Abweichungen von Normen erlaubt, wenn die Einhaltung der Schutzziele erfolgt.

Wichtig ist die Erläuterung, wie Normen zu werten sind. Für viele stellen Normen die Ultima Ratio dar. In Wirklichkeit ist der Entstehungsprozess aber sehr stark mit Kompromissen und Ungenauigkeiten verbunden. Daher ist oft eine Risikobewertung wichtiger als eine reine Normenbetrachtung!

Die Normenautoren können weder all die Nutzerszenarien noch die Konstruktionskombinationen vorhersehen, wo kombinierte Wirkung verschiedener Faktoren das Gesamtrisiko entweder erhöhen oder vermindern. Die Norm betrachtet Konstruktionen, indem sie jedes Detail von anderen Geräteteilen trennt und für jedes Detail einzeln technische Anforderungen festlegt. Dagegen bewertet die Risikobeurteilung das gesamte Nutzungsszenario, wie z.B. die gesamte technische Konstruktion, die Zugänglichkeit, die Altersgruppen, die Region, die Art und Weise wie die Nutzer spielen und auch die Umgebung. Die Normen und die Risikobeurteilungen ergänzen sich gegenseitig; die Norm schafft die Kriterien zur Erkennung der potenziellen Risiken, während die Risikobeurteilung bei der Bestimmung hilft, ob korrektive Maßnahmen erforderlich sind oder nicht. Der Bedarf an Risikobeurteilung wird deutlich, wenn man die Beschaffenheit der Sicherheitsanforderungen versteht, die in den Normen dargelegt sind. Die in den Normen aufgeführten Sicherheitsanforderungen stellen weder die minimalen noch die maximalen Anforderungen dar, sie sind immer nominale Vereinbarungen:

Wenn die Normen Mindestanforderungen festlegen würden, würde dies bedeuten, dass die Anforderung unter allen Umständen eingehalten werden muss; daher könnte sogar eine geringe Abweichung als eine potenzielle Gefahrenquelle angesehen werden, was deutlich unzutreffend und praxisfern ist. Würden die Normen maximale Anforderungen aufführen, würde dies bedeuten, dass ihre Einhaltung mutmaßlich ausreichende Sicherheitsniveaus unter allen Umständen garantieren würde; auch diese Darstellung ist offensichtlich falsch. Die Anforderungen, die die Normen darlegen, sind folglich nominale Anforderungen, die in grundsätzlichen Fällen gelten; andere Faktoren können das Risiko erhöhen oder aber auch verringern. Als Folge dessen können sich Anforderung als zu locker oder als unnötig einschränkend erweisen.

2.1 Betrachtungen zu Spielplatzgeräten für Kinder unter 36 Monaten und Seniorenspielangeboten

In der DIN EN 1176-1 sind Sicherheitsanforderungen für alle Kinder zu finden. Es wird unterschieden in „leicht zugängliche Geräte“ und „nicht leicht zugängliche Geräte“.

Sicherheitstechnisch bedeutet das, dass die Regelsetzer davon ausgehen, dass für

„kleine Kinder und weniger geschickte oder leistungsunfähige Kinder“

zusätzlich die Notwendigkeit der Aufsichtspflicht besteht. Dabei gelten z. B.:

- Treppen und
- Rampen als leicht zugänglich.

Als „nicht leicht zugänglich“ gelten z. B.:

- Leitern, deren 1. Sprosse höher als 40 cm über dem Boden liegt, und/oder
- Podeste, Plattformen, die höher als 60 cm über dem Boden liegen.

Dabei ist zu beachten, dass Kinder unter drei Jahren durchaus in der Lage sein können, solche „nicht leicht zugänglichen“ Geräte zu bespielen. Sie benötigen dafür lediglich eine längere Zugangszeit. Das wiederum ermöglicht dem Ersatzsicherungspflichtigen (wie z. B. Eltern, Erzieher, begleitende Erwachsene), den Vorgang sichernd zu begleiten, da dadurch die Reaktionszeit des „Aufsichtführenden“ länger wird.

Dazu kommt, dass Konzentration und Anstrengung der Spielenden, die eine solche „Nichtleicht-Zugänglichkeit“ überwinden wollen, ansteigen und dadurch eine erhöhte Selbstsicherungsfähigkeit entsteht – sie verhalten sich vorsichtiger. Bei der Bemessung des gewollten Risikos – auch als unverzichtbarer Teil des Spielwertes – ist es von großer Bedeutung, das Risiko so anzubieten, dass sich daraus keine Fallensituation (unkalkulierbares Risiko) ergibt. Das der jeweiligen Entwicklungsstufe entsprechende Risiko zu definieren, ist nicht einfach. Immerhin gibt die Norm hierzu Orientierungshilfen (s. o.). Es ist insbesondere darauf zu achten, dass die Spielangebote in ihrem Risikogehalt die Kinder weder überfordern noch unterfordern. Die Situation des Überforderns ist besonders dann gegeben, wenn die Spielenden das Risiko als zu gering einschätzen und dadurch beim Auftreten des Risikos darauf nicht mehr in ausreichender Weise selbstschützend reagieren können. Das Unterfordert-Sein führt fast immer zum Verlust der Aufmerksamkeit. Das Selbstschutzverhalten der Spielenden ist dann nicht mehr ausreichend aktiv. Außerhalb des Geltungsbereiches dieser Norm muss der Staat/die Gesellschaft natürlich durch Regelsetzung (z. B. Verkehrssicherungspflicht) dafür sorgen, dass im öffentlichen Raum ausreichende Sicherheit gegeben ist. In den letzten Jahren werden verstärkt unter Stichworten wie „integrativ, generationsübergreifend, Seniorenspielplätze, Play for all“ Nutzungsangebote gemacht. Seit Juni 2015 existiert für Fitnessgeräte im Außenbereich die Sicherheitsnorm DIN EN 16630, die spezifische Risiken von so genannten Outdoor-Fitness- & Bewegungsgeräten berücksichtigt. Diese Norm bezieht sich auf die Nutzung durch Menschen, die älter sind als 14 Jahre und größer als 1,40 m. Viele Gefährdungsmaße wurden jedoch von der DIN EN 1176 adaptiert, um eine Gefährdung von Kindern zu vermeiden.

Werden jedoch Geräte, die der DIN EN 16630 entsprechen, in direktem Zusammenhang mit Kinderspielplatzgeräten installiert und können Kinder aus baulicher oder inhaltlicher Sicht keinen Unterschied zu Kinderspielplatzgeräten erkennen, sollten die Elemente auf jeden Fall der DIN EN 1176 entsprechen. Immer dann, wenn es sich dabei um Einrichtungen und Angebote handelt,

- die öffentlich zugänglich sind,
- die Spielplatzähnlichkeit haben,
- die wie Parks von Groß und Klein gemeinsam genutzt werden können,

muss neben der Berücksichtigung anderer Technischer Regeln die DIN EN 1176 Orientierungshilfe sein, um ausreichend Sicherheit für eventuelle Nutzung durch Kinder zu bieten.

Alle Geräte (z. B. auch Geräte für Erwachsene), deren Risiken für Kinder sicherheitstechnisch nicht kalkulierbar sind, müssen so aufgebaut sein, dass sie nicht wie Spielplatzgeräte verstanden/genutzt werden können.

2.2 Die Aufsichtspflicht für Kinder und technische Schutzmaßnahmen

Es war ein besonderes Anliegen des CEN TC 136/SC 1 „Spielplatzgeräte für Kinder“, auch Kinder im Alter von weniger als 36 Monaten davor zu schützen, dass sie Spielplatzgeräte benutzen oder benutzen können, die für diese Altersgruppe völlig ungeeignet sind. Entsprechende Anforderungen wurden in die Norm aufgenommen.

Im gesamten Kindesalter sind die Fähigkeiten altersbedingt unterschiedlich. Innerhalb der Altersgruppe unter drei Jahren ist auf jeden Fall die Fähigkeit der Selbstsicherung nicht oder ganz unzureichend ausgeprägt. Auch die Entwicklungsstufe kann nicht schematisch nach dem Alter beurteilt werden. Was ein Kind mit zweieinhalb Jahren kann, kann ein anderes Kind erst mit dreieinhalb Jahren.

Man kann sicher ohne Umschweife sagen, dass Kinder unter 12 Monaten überhaupt nicht auf Spielplatzgeräte gehören.

Babys können die Geräte selbst nicht erreichen, und auch das „Daraufsetzen“ durch Begleitpersonen bringt keine Mobilitätseffekte, keine Heiterkeit des Kindes, sondern eher Angstgefühle.

Die Entwicklungsstadien kann man so einschätzen:

Übersicht über die körperlichen Fertigkeiten von Kleinkindern in den verschiedenen Entwicklungsstadien	
1 Monat	Kopf heben, Finger greifen und zum Mund führen
2 Monate	Kopf beim gehaltenen Sitzen bis 5 Sekunden halten
3 Monate	in Bauchlage kann es sich leicht auf Unterarme stützen
4 Monate	kann sich im unterstützten Sitzen weiter aufrichten
5 Monate	Kopfhaltung sicher; Hand-Fuß-Koordination beginnt
6 Monate	dreht sich vom Rücken auf den Bauch; sitzt ohne Hilfe
7 Monate	Vorstufe zum Krabbeln; beginnt, mit der Hand zu essen
8 Monate	sitzt länger als 1 Minute, beginnt zu krabbeln
9 Monate	beginnt, sich an Möbeln hochzuziehen und zu stehen
10 Monate	krabbelt überall hin; geht an der Hand erste Schritte
11 Monate	läuft an der Hand; setzt sich und steht auf
12 Monate	geht die ersten Schritte alleine

Übersicht über die körperlichen Fertigkeiten von Kleinkindern in den verschiedenen Entwicklungsstadien	
13 bis 15 Monate	kann frei stehen und lernt, ohne Hilfe sicher zu gehen
15 bis 18 Monate	steigt Treppen mit Handunterstützung; entdeckt Spaß am Klettern
19 bis 24 Monate	frei laufen, um die Ecken gehen, sich bücken, aufrichten
25 bis 36 Monate	stehen auf einem Bein, erste Versuche auf Roller

Auch Kinder unter 3 Jahren (U3) müssen bei der Berücksichtigung der Körpergrößen einbezogen werden.

Damit sind die Anforderungen nicht an ein definiertes Alter gebunden, sondern für alle Kinder einzuhalten, die ein Spielangebot selbstbestimmt nutzen können (etwa ab Entwicklung des Laufens).

Das Bewegungsverhalten der Kinder in dieser Altersgruppe kann entwicklungsgemäß etwa so aussehen:

- 6 bis 9 Monate

- 8 bis 12 Monate

- 9 bis 18 Monate

- 12 bis 24 Monate

- 15 bis 30 Monate

- 25 bis 36 Monate

- 30 bis 36 Monate

Die Altersgrenze von drei Jahren darf nicht schematisch gesehen werden.

Ein drei Jahre altes Kind hat die sogenannte Kindergartenreife erreicht, eine altersgerechte Selbständigkeit, die eine gewisse Selbstsicherungsfähigkeit im Spielplatzgerätebereich bewirkt.

Im CEN-Ausschuss ist von einigen Delegierten, insbesondere aus den skandinavischen Ländern, geltend gemacht worden, dort seien Kinder unter drei Jahren auf „Spielplätzen" unterwegs, die nicht oder nicht genügend begleitet und beaufsichtigt würden. Kleine Kinder kämen oft ohne Begleitung von Erwachsenen oder Jugendlichen nur zusammen mit Geschwistern im Alter von sechs bis acht Jahren.

Sicherheitsverantwortung für Kleinkinder können außer Erwachsenen auch Jugendliche ab einem Alter von etwa zwölf bis vierzehn Jahren tragen, nicht aber jüngere Jahrgänge.

Um die Kinder, die nicht oder unzureichend begleitet werden, zu schützen, müssten für die Kinder unter drei Jahren technische Vorkehrungen (Erschwerung des Zuganges) mit dem Ziel getroffen werden, dass Kinder unter drei Jahren an der Benutzung von Spielplatzgeräten gehindert werden, die für diese Altersgruppe völlig ungeeignet sind. (Sinngemäß: Kindersicherung wie bei Medikamenten oder Haushaltssäuren/Putzmitteln).

Auf diese Weise wird den Herstellern von Spielplatzgeräten und den Aufstellern eine Verantwortung übertragen, die man allein durch technische Vorsorge nicht erfassen kann.

Kleinkinder bedürfen der Betreuung, der Zuwendung, der „Aufsicht“ (wie der Gesetzgeber dies z.B. in Deutschland formuliert hat). Auch ohne gesetzliche Regelungen haben sich Menschen schon immer um das Wohlergehen und das Vermeiden von Unfällen gekümmert (von der Steinzeit über das Mittelalter bis heute).

Das kann auch in den Ländern, die den verstärkten technischen Schutz im Spielplatzgerätebereich gefordert und im Normenwerk durchgesetzt haben, nicht anders sein.

In Deutschland ist die gesetzliche Aufsichtspflicht in § 1631 Absatz 1 BGB geregelt.

Dort heißt es: „Die Personensorge umfasst insbesondere die Pflicht und das Recht, das Kind zu pflegen, zu erziehen, zu beaufsichtigen und seinen Aufenthalt zu bestimmen.“

Eine Altersgrenze ist im Gesetz nicht enthalten. Die Aufsichtspflicht ist dem Lebensalter des Kindes und seiner „Reife“ anzupassen.

Die Aufsichtspflicht kann von den Eltern an Erwachsene übertragen werden (Großeltern, Verwandte, Nachbarn, Erzieherinnen in Kindertageseinrichtungen), auch an Jugendliche, wenn sie entsprechend zur Sicherheitsvorsorge in der Lage sind (etwa ab zwölf bis vierzehn Jahren).

Bei Kindern unter drei Jahren wird eine ständige Aufsicht bei Besuchen von Kinderspielplätzen – beim Spiel in unterschiedlichen Reichweiten (Sichtkontakt – manchmal auch Griffkontaktmöglichkeit) – gefordert werden müssen.

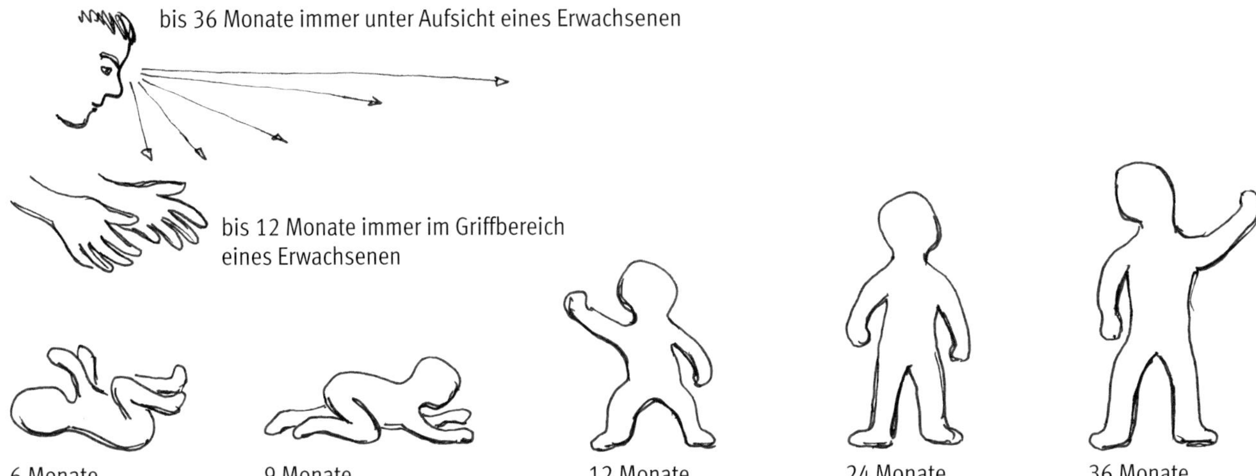

Die Aufsichtspflicht erstreckt sich nicht nur auf Kinder unter drei Jahren. Auch Kinder im Alter von etwa vier oder fünf Jahren brauchen die begleitende Aufsicht.

Die Begleitperson muss bei kritischen Situationen eingreifen, z. B. mit Hilfestellung oder Maßnahmen, dass das Kind ein Gerät nicht benutzt, das für größere Kinder (z. B. Schulkinder) geeignet ist.

Sicherungsmaßnahmen sind an kein Alter gebunden, sondern müssen sich an den Fähigkeiten des Benutzers orientieren, aus eigener Kraft und selbstbestimmt ein Gerät nutzen zu können.

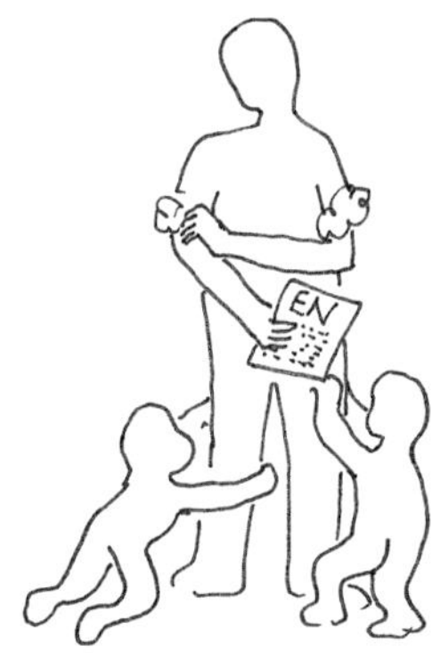

Nie ohne Aufsicht eines Erwachsenen

Die Begleitung von gleichaltrigen oder unwesentlich älteren Kindern reicht zur Gefahrenabwehr nicht aus.

2.3 Spielplatzgeräte im Sinne der Norm

Spielplatzgeräte im Sinne der Norm sind alle Kinderspielplatzgeräte, die für die Nutzung in öffentlich zugänglichen Bereichen hergestellt und aufgestellt worden sind.

DIN EN 1176-1 schließt keine ortsveränderbaren Geräte aus. Es ist jedoch anhand aller Anforderungen der Norm ableitbar, dass es kein Spielplatzgerät im Sinne dieser Norm geben kann, welches von Kindern von seinem Standort wegbewegt werden kann.

Auf alle diese Geräte wird die Norm angewendet.

Auf alle diese Geräte wird die Norm angewendet.

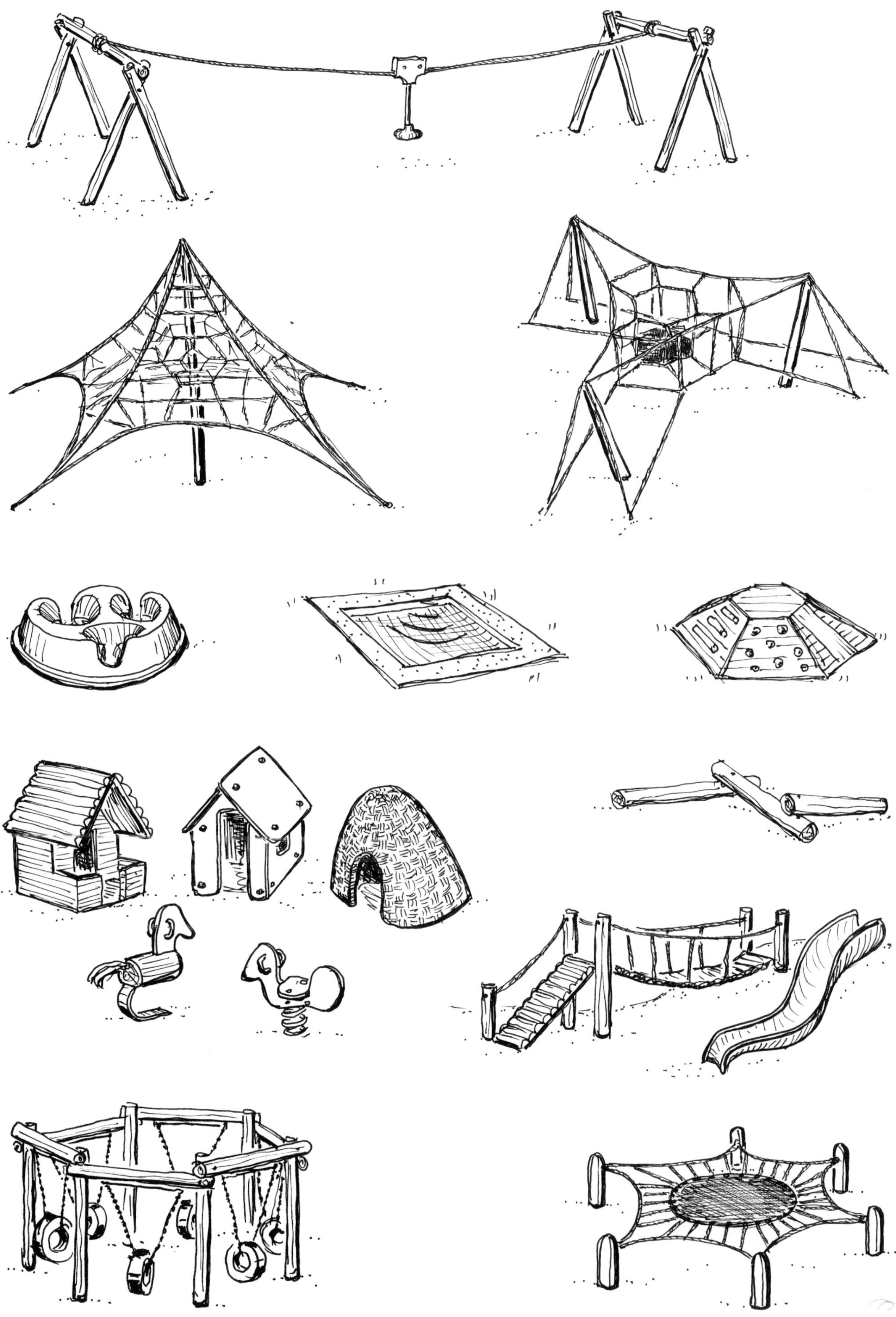

2.4 Keine Spielplatzgeräte im Sinne der Norm

Natur und gestaltete Natur

Mit all diesen Anlagen und Gegenständen lässt es sich wunderbar spielen, aber es sind keine Dinge, die im Sinne der Norm regelbar oder beschreibbar wären.

Für alle diese Bereiche gibt es allgemeine Sicherungsgrundsätze.

Denkmäler, Springbrunnen oder zum Spielen aufgestellte, aber nicht dafür hergestellte Dinge etc. Sie dürfen für Kinder keine versteckten Gefahren haben, wenn sie bespielbar sind.

Parkmöblierungen, Papierkörbe, Abfallcontainer etc. Regelungen hierzu stehen in DIN 18034, Ausgabe 2020-10.

Alle Situationen, in denen es zu irreversiblen Schäden durch Verletzungen kommen kann, sind auszuschließen.

Zum Spielen mitgebrachte Gegenstände, wie z. B. Spielzeuge, gelten nicht als Spielplatzgeräte im Sinn der Norm. Ihre Verwendung hat öfter zu Unfällen auf Spielplätzen geführt.

Absperrelemente, Zäune, Zugänge zu Spielbereichen etc. sind keine Spielplatzgeräte im Sinne von DIN EN 1176 und unterliegen nicht deren Anforderungen. Es gelten hier allgemeine Sicherungsgrundsätze.

Spielplätze sind nicht immer mit Absperrungen umgeben. Wenn jedoch Zäune vorhanden sind, wie es z.B. bei Abgrenzungen zu verkehrsstarken Straßen notwendig sein kann, so gehören sie dennoch nicht in den Geltungsbereich der DIN EN 1176.

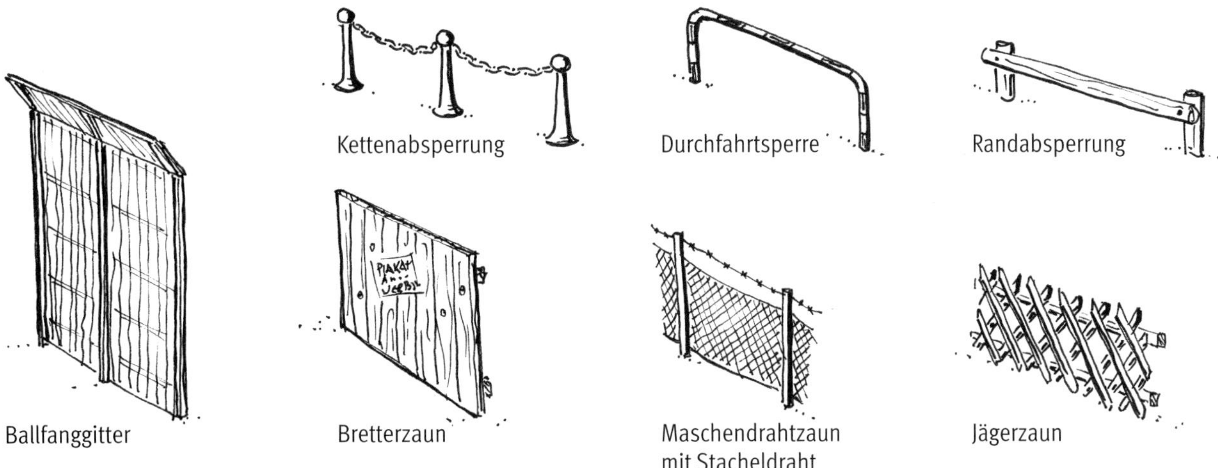

Bestimmte Zaunarten sollten für den Einsatz an Spielplätzen nicht verwendet werden: Jägerzäune mit Spitzen, Zäune mit Stacheldrahtabgrenzungen etc. Auch gilt im Rahmen der DIN 33942 und DIN 18034, dass Zugänge zu Spielplätzen barrierefrei auszuführen sind.

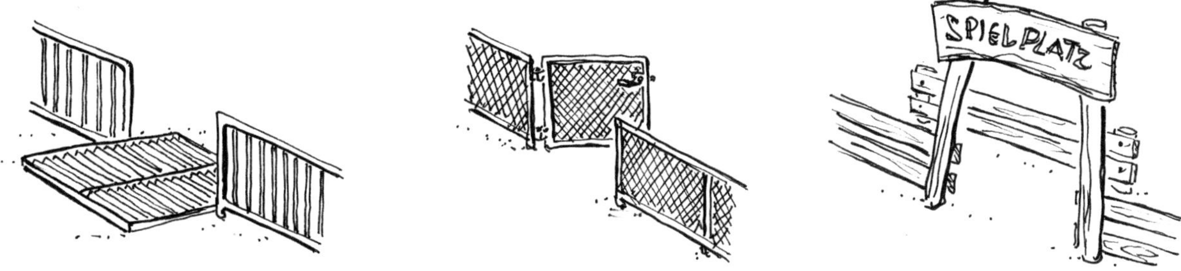

Spielzeug, das geeignet ist, das Gewicht eines oder mehrerer Kinder zu tragen und für den privaten und häuslichen Bereich vorgesehen ist, ist durch andere Normen wie z.B. DIN EN 71 beschrieben. Eine Aufstellung in öffentlich zugänglichen Bereichen ist nicht zulässig. Geräte, die in Eigenbauweise entstanden sind, müssen der Norm entsprechen, wenn sie öffentlich zugänglich betrieben werden. Sie sind besonders zu betrachten und gegebenenfalls zu prüfen.

Geräte und Einrichtungen, die anderen Zwecken dienen, wie z.B. Fluchtrutschen an Kindertagesstätten oder Fluchtrutschstangen, sind keine Spielplatzgeräte im Sinne der DIN EN 1176.

3 Unfallsituationen und Risiken

Die kritischsten Gefahrenstellen an Spielplatzgeräten sind Stellen, an denen Kinder sich so verletzen, dass sie ernsthafte oder dauerhafte Schäden davontragen.

Für Kinder nicht vorhersehbare, unkalkulierbare Risiken sollen ausgeschlossen sein. Bewertung dieser Gefahrenstellen in der Reihenfolge der Bedeutung:

- Hals- und Genickverletzungen;
- Strangulieren;
- Hängenbleiben mit Körper und Kleidung – Abstürzen;
- Abscheren und Verlust von Gliedmaßen, Quetschen;
- Drauffallen;
- Dagegenlaufen.

3.1 Hals- und Genickverletzungen

(siehe DIN EN 1176-1, Abschnitt 4.2.7.2)

Mögliches Hängenbleiben mit dem Kopf und Abstürzen des Körpers – Lebensgefahr:
nicht akzeptierbares Risiko

3.2 Strangulieren

(siehe DIN EN 1176-1, Abschnitte 4.2.7.2 und 4.2.7.3 sowie DIN EN 14682)

Mögliches Hängenbleiben mit der Anorakschnur – Strangulationsgefahr für den Hals – Lebensgefahr:
nicht akzeptierbares Risiko

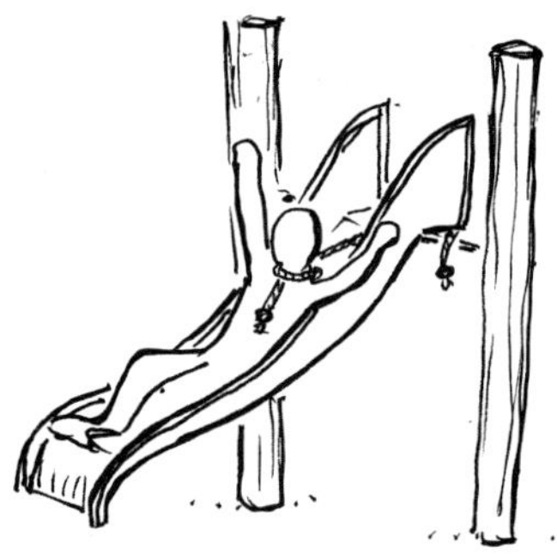

Alle Situationen, in denen durch Verletzungen irreversible Gesundheitsschäden absehbar sind, sind auszuschließen.

3.3 Hängenbleiben mit Körper und Kleidung – Abstürzen

(siehe DIN EN 1176-1, Abschnitte 4.2.7.4 und 4.2.7.3)

• Fangstellen für Kleidungsstücke sind auszuschließen:

hohes Risiko

• Absturzmöglichkeiten z. B. an Rutschen auf harte Geräteteile sind zu vermeiden:

Risiko

• In Laufbereichen sind unvorhergesehene Hindernisse auszuschließen, vorstehende Geräteteile sind zu vermeiden:

kleines Risiko

• Hängenbleiben von Kleidungsstücken ist zu vermeiden:

Risiko

• Möglicher Fall in Klemmstellen:

Risiko

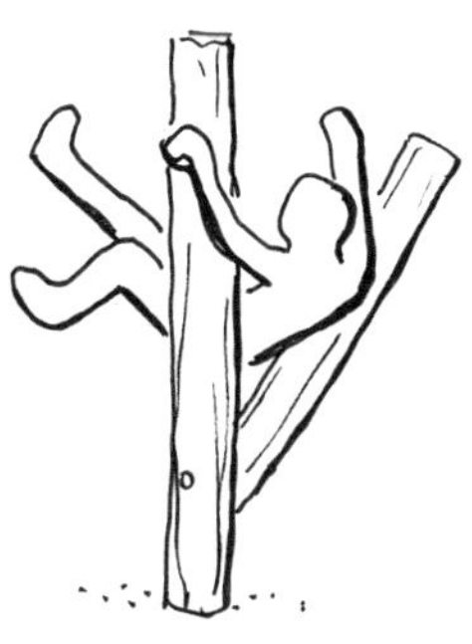

• Kopf zwischen zwei vertikal leicht schräg sich verjüngenden Pfosten; das Problem besteht darin, den Kopf herauszubekommen:

Risiko

Alle Situationen, in denen durch Verletzungen irreversible Gesundheitsschäden absehbar sind, sind auszuschließen.

3.4 Abscheren und Verlust von Gliedmaßen, Quetschen

(siehe DIN EN 1176-1, Abschnitte 4.2.6 und 4.2.7.4 bis 4.2.7.6)

- Mögliches Abscheren von Körperteilen:

hohes Risiko

- Mögliches Quetschen von Körperteilen:

Risiko

- Mögliches Quetschen des Körpers oder von Körperteilen durch schwere Geräteteile:

hohes Risiko

- Mögliches Hängenbleiben mit Gliedmaßen und Absturz des Körpers:

Risiko

- Möglicher Abriss von Gliedmaßen, Hängenbleiben mit Fingern:

hohes Risiko

⚠ *Alle Situationen, in denen durch Verletzungen irreversible Gesundheitsschäden absehbar sind, sind auszuschließen.*

3.5 Drauffallen

(siehe DIN EN 1176-1, Abschnitt 4.2.8.4)

• Möglicher Fall auf Rohrelement:
nicht akzeptierbares Risiko

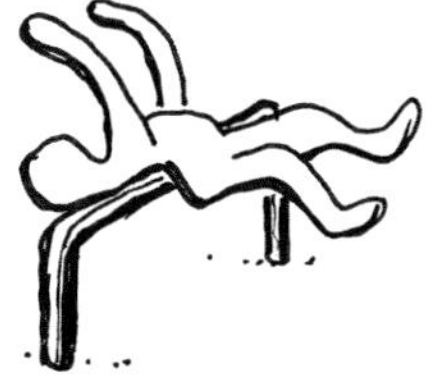

• Möglicher Fall auf vorstehende harte Einfassung oder Kante:
nicht akzeptierbares Risiko

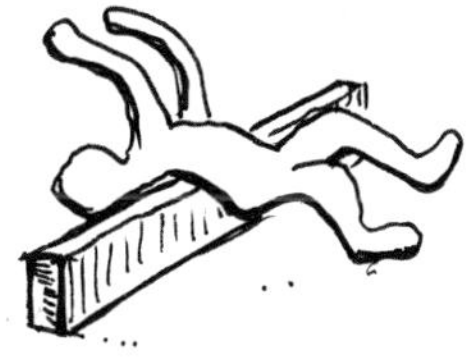

• Möglicher Fall auf Stufenkante:
hohes Risiko

• Möglicher Fall ins Netz:
kein Risiko

Sturz akzeptabel, jedoch sind die Öffnungsmaße der Maschen im Hinblick auf die Fallhöhen und Kopfmaße zu prüfen, ebenfalls der Zusammenhang zwischen Fallhöhe und Flexibilität des Netzes.

• Möglicher Fall auf flexibles federndes (weiches) schmales Teil:
kein Risiko

• Möglicher Fall auf nachgiebiges Seil:
kein Risiko

• Möglicher Fall auf gerundete Stufe/Balken:
kein Risiko

• Möglicher Fall auf scharfkantige Sockel:
Risiko

• Möglicher Fall auf Boden:
kein Risiko

Die Erfahrung mit „Drauffallen" hat gezeigt, dass die falldämpfende Qualität der Aufprallfläche bei großflächigem Aufprall nur einen sehr geringen Einfluss auf die Unfallschwere hat.

• Fall auf abgerundete(n) Betonpoller/-kante
kein Risiko

Situationen, in denen eine Verletzung wie Hautabschürfung, leichte Prellung, leichte Verstauchung etc. eintreten kann, sind ein akzeptables Risiko.

3.6 Dagegenlaufen

(siehe DIN EN 1176-1, Abschnitt 4.2.5 und 4.2.8.6)

- Möglicher Aufprall gegen harte Spitze:
nicht akzeptierbares Risiko

- Möglicher Aufprall gegen weiche dünne Kante:
akzeptabel

- Möglicher Aufprall gegen harte dünne Kante:
hohes Risiko

- Möglicher Aufprall gegen harte, runde dünne Kante:
Risiko

- Möglicher Aufprall gegen runde dicke Kante:
kein Risiko

- Möglicher Aufprall gegen dicke Kante:
kein Risiko

- Unerwarteter möglicher Aufprall mit dem Kopf (Augenhöhle) gegen Geräteteile:
hohes Risiko

- Möglicher Aufprall gegen Fläche:
kein Risiko

- Unerwarteter möglicher Aufprall mit Gliedmaßen gegen Geräteteile:
geringeres Risiko

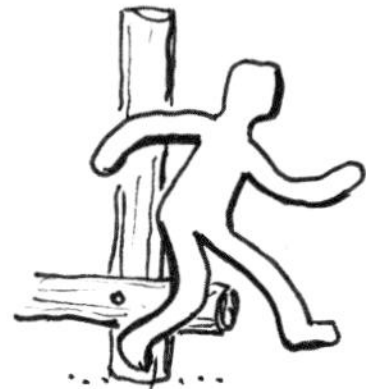

- Grundsätzlich sollte berücksichtigt werden: Statt harter und spitzer/scharfkantiger Kantenausbildung sind immer runde, abgerundete oder weiche Kanten bevorzugt einzusetzen, um Verletzungen zu vermeiden.

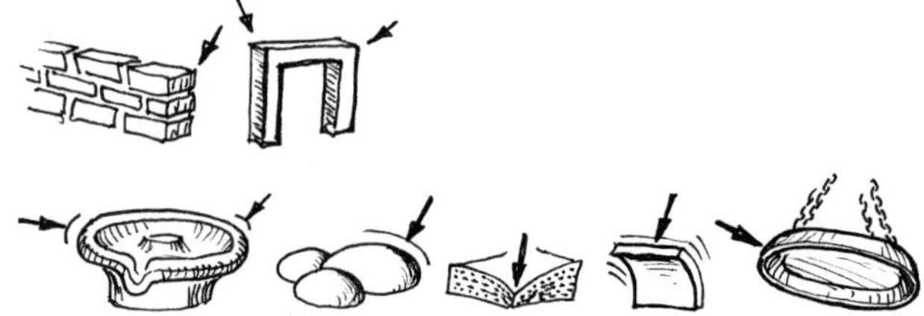

Situationen, in denen eine Verletzung wie Hautabschürfung, leichte Prellung, leichte Verstauchung etc. eintreten kann, sind ein akzeptables Risiko.

Abschnitt II Die Normenreihe DIN EN 1176 – Spielplatzgeräte und Spielplatzböden

1 DIN EN 1176-1 – Allgemeine sicherheitstechnische Anforderungen und Prüfverfahren

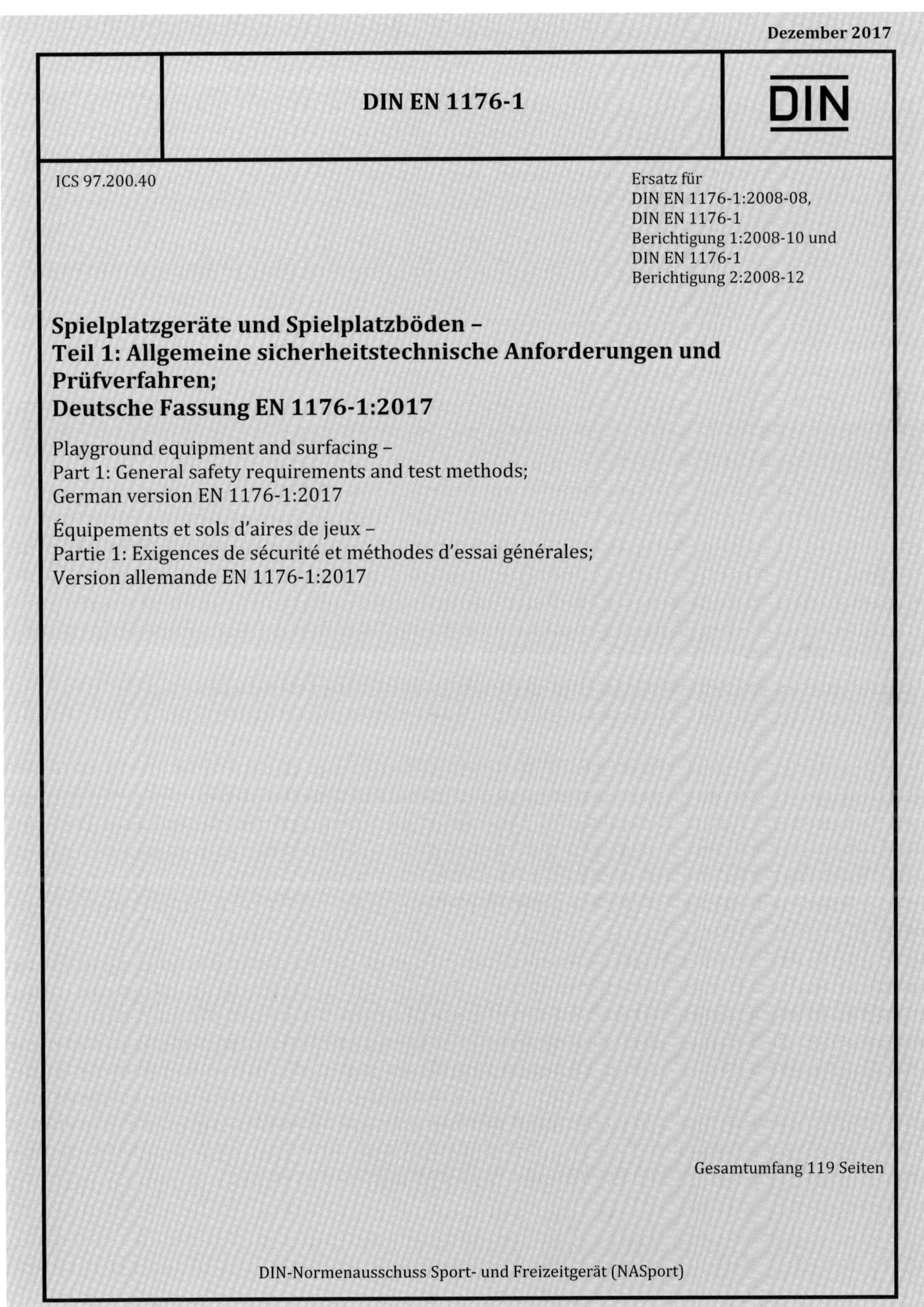

Dezember 2017

DIN EN 1176-1

DIN

ICS 97.200.40

Ersatz für
DIN EN 1176-1:2008-08,
DIN EN 1176-1
Berichtigung 1:2008-10 und
DIN EN 1176-1
Berichtigung 2:2008-12

Spielplatzgeräte und Spielplatzböden –
Teil 1: Allgemeine sicherheitstechnische Anforderungen und Prüfverfahren;
Deutsche Fassung EN 1176-1:2017

Playground equipment and surfacing –
Part 1: General safety requirements and test methods;
German version EN 1176-1:2017

Équipements et sols d'aires de jeux –
Partie 1: Exigences de sécurité et méthodes d'essai générales;
Version allemande EN 1176-1:2017

Gesamtumfang 119 Seiten

DIN-Normenausschuss Sport- und Freizeitgerät (NASport)

1.1 Anwendungsbereich

Dieser Teil der EN 1176 legt die allgemeinen Sicherheitsanforderungen für standortgebundene öffentliche Spielplatzgeräte und Spielplatzböden fest. Zusätzliche Sicherheitsanforderungen für spezielle Spielplatzgeräte sind in nachfolgenden Teilen dieser Norm festgelegt.

Dieser Teil der EN 1176 gilt für Spielplatzgeräte für alle Kinder. Er wurde in voller Anerkennung der Notwendigkeit von Aufsicht für Kleinkinder und weniger geschickte oder leistungsfähige Kinder erstellt.

Der Zweck dieses Teils der EN 1176 besteht darin, ein geeignetes Sicherheitsniveau beim Spielen in, an oder um Spielplatzgeräte herum sicherzustellen und gleichzeitig Aktivitäten und Eigenschaften zu fördern, die bekanntermaßen den Kindern nützen, da sie wertvolle Erfahrungen liefern, die sie in die Lage versetzen, Situationen außerhalb der Spielplätze zu bewältigen.

Dieser Teil der EN 1176 gilt für Spielplatzgeräte, die für einzelne und gemeinsame Benutzung durch Kinder vorgesehen sind. Er gilt auch für Geräte und Elemente, die als Spielplatzgeräte aufgestellt wurden, obwohl sie nicht als solche hergestellt sind, schließt aber die Geräte aus, die nach EN 71 und der Spielzeug-Richtlinie als Spielzeug definiert sind.

Er gilt nicht für Abenteuerspielplätze, mit Ausnahme von dort befindlichen Geräten kommerziellen Ursprungs.

ANMERKUNG Abenteuerspielplätze sind eingezäunte, gesicherte Spielplätze, die entsprechend den pädagogischen Grundsätzen betrieben und personell ausgestattet sind; sie fördern die Entwicklung von Kindern und sind oft mit selbst gebauten Geräten ausgestattet.

Dieser Teil der EN 1176 legt diejenigen Anforderungen fest, die das Kind vor Gefahren schützen, die es möglicherweise nicht voraussehen kann, wenn es das Gerät bestimmungsgemäß oder in einer Art benutzt, die vernünftigerweise erwartet werden kann.

Die Nutzung von Elektrizität bei Spielplatzgeräten, entweder als Spielaktivität oder als Bewegungskraft, befindet sich außerhalb des Anwendungsbereichs dieser Norm. Die Nutzer werden auf die Europäischen und jeweiligen nationalen Normen und Vorschriften hingewiesen, die bei der Nutzung von Elektrizität einzuhalten sind.

Spielplatzgeräte, die sich im Wasser befinden und bei denen Wasser als stoßdämpfender Boden angesehen werden kann, werden in dieser Norm nicht vollständig behandelt. Solche nassen Umgebungen bergen zusätzliche Risiken.

Das Risiko der Aussetzung exzessiver UV-Strahlung wird in dieser Norm nicht behandelt.

Der Begriff des „kalkulierbaren Risikos" bedarf einer Erläuterung:

Zum einen gibt es das Verhalten, das von Herstellern und Betreibern für eine Benutzergruppe vorhergesehen wird und als kalkulierbares Risiko bezeichnet wird. Hier fließen die Erfahrungen und Erkenntnisse der Spielplatzgeräte-Experten in Konstruktion, Aufstellung der Geräte etc. ein. Diese Risikofaktoren waren Grundlage für die Aufstellung der Anforderungen in DIN EN 1176. Hierbei ist darauf zu achten, dass die Gruppe der Kinder unter 3 Jahren (U3) als neu definierte Benutzergruppe bei der Erarbeitung neuer Anforderungen (Norminhalte) zu berücksichtigen ist.

Zum anderen gibt es das Spielrisiko jedes Benutzers, das individuell von jedem Kind für die eigene Person eingeschätzt wird und jeder Entscheidung zugrunde liegt: „Benutze ich das Gerät jetzt so oder so oder nicht." Diese persönliche Risikoeinschätzung kann von derjenigen abweichen, die bei der Planung eines Gerätes vorhergesehen wurde. Ein Beispiel hierfür mag ein Dach sein, das so gestaltet wurde, dass man nicht damit rechnen muss, dass Kinder darauf klettern. Es kann jedoch Kinder geben, die sich so fit und mutig fühlen, dass sie dennoch den Versuch unternehmen, das Dach zu besteigen. Ein anderes Beispiel mag der Querbalken einer einzeln stehen Schaukel sein. Der Querbalken ist nicht zum Beklettern vorgesehen. Man kann (und will) jedoch nicht ausschließen, dass es manchen Kindern gelingt, auch diese Stelle zu erklimmen. Dennoch müssen in diesen Fällen keine Vorkehrungen zur Absicherung getroffen werden.

1.2 Begriffe

(die in allen Normteilen gleich verwendet werden)

Klettergerät

Spielplatzgerät oder Geräteteile, die keine Flächen zum ungestützten Stehen aufweisen und deren Benutzung daher ein Festhalten mit den beiden Händen erfordert.

Zu Klettern an Netzen und Seilstrukturen sind in der DIN EN 1176-11 weitergehende Anforderungen entwickelt worden ①.

Als charakterisierendes Merkmal für ein Klettergerät kann die Fixierung des Körpers an mindestens drei Punkten des Gerätes angenommen werden.

D. h. zwei Hände und ein Fuß oder zwei Füße und eine Hand oder Fuß, Körper, Hand sind in ständigem Kontakt mit dem Gerät. Die Sicherung über das bewusste Greifen (Einsatz der Hand/Hände) gilt als besonders hochwertige Sicherung.

Diese Drei-Punkt-Fixierung bedeutet eine höhere Aufmerksamkeit des Kletternden durch die Koordinationstätigkeit und somit eine höhere Sicherheit des Kletternden. Dadurch kann bei Klettergeräten generell mehr Risiko akzeptiert und damit auch eine größere erreichbare Höhe als 300 cm bei entsprechendem falldämpfendem Boden zugelassen werden (siehe Abschnitt III, Kapitel 1.1) (② – ④).

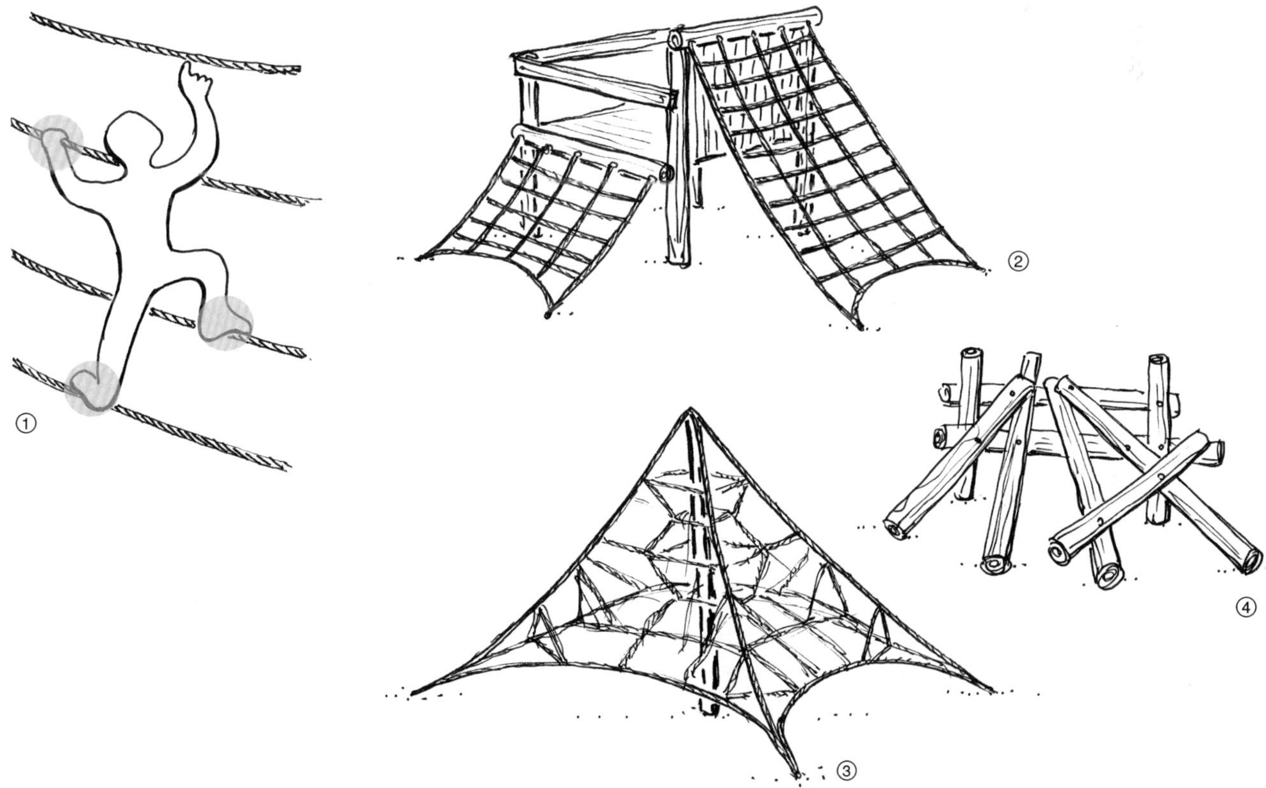

Spielebene

Ebene eines Spielplatzes, von der aus die Benutzung des Gerätes beginnt.

Analog auch die Ebene eines Gerätes, von der aus die Benutzung eines weiteren Geräteteils beginnt.

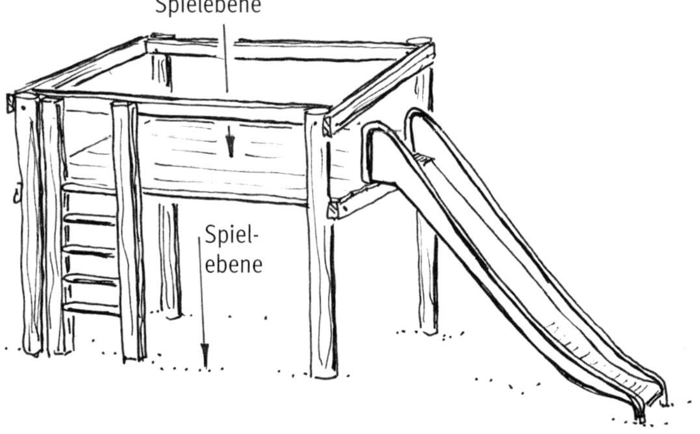

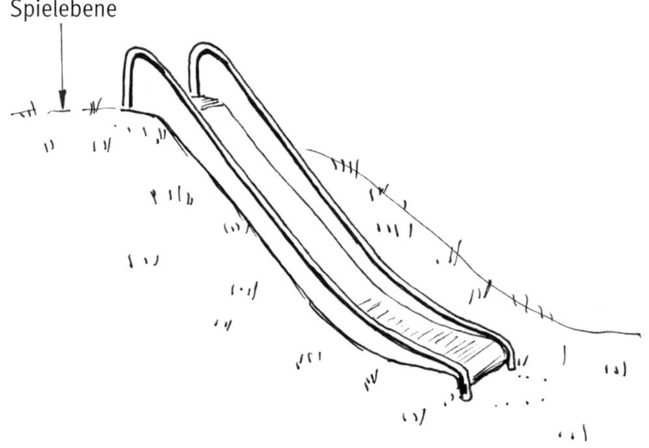

Freiraum

Raum, der von einem Benutzer eingenommen werden kann, während er eine vom Gerät erzwungene Bewegung vollzieht, z. B. rutschen, schaukeln. Der Benutzer ist durch verschiedene Zylinder in seinen Abmessungen definiert (siehe DIN EN 1176-1, Bilder 15, 16 und Tabelle 3 sowie Abschnitt II, Kapitel 1.3, Textabschnitt „Maße des Freiraums").

Beispiele für Freiraum, Fallraum, Geräteraum und Mindestraum

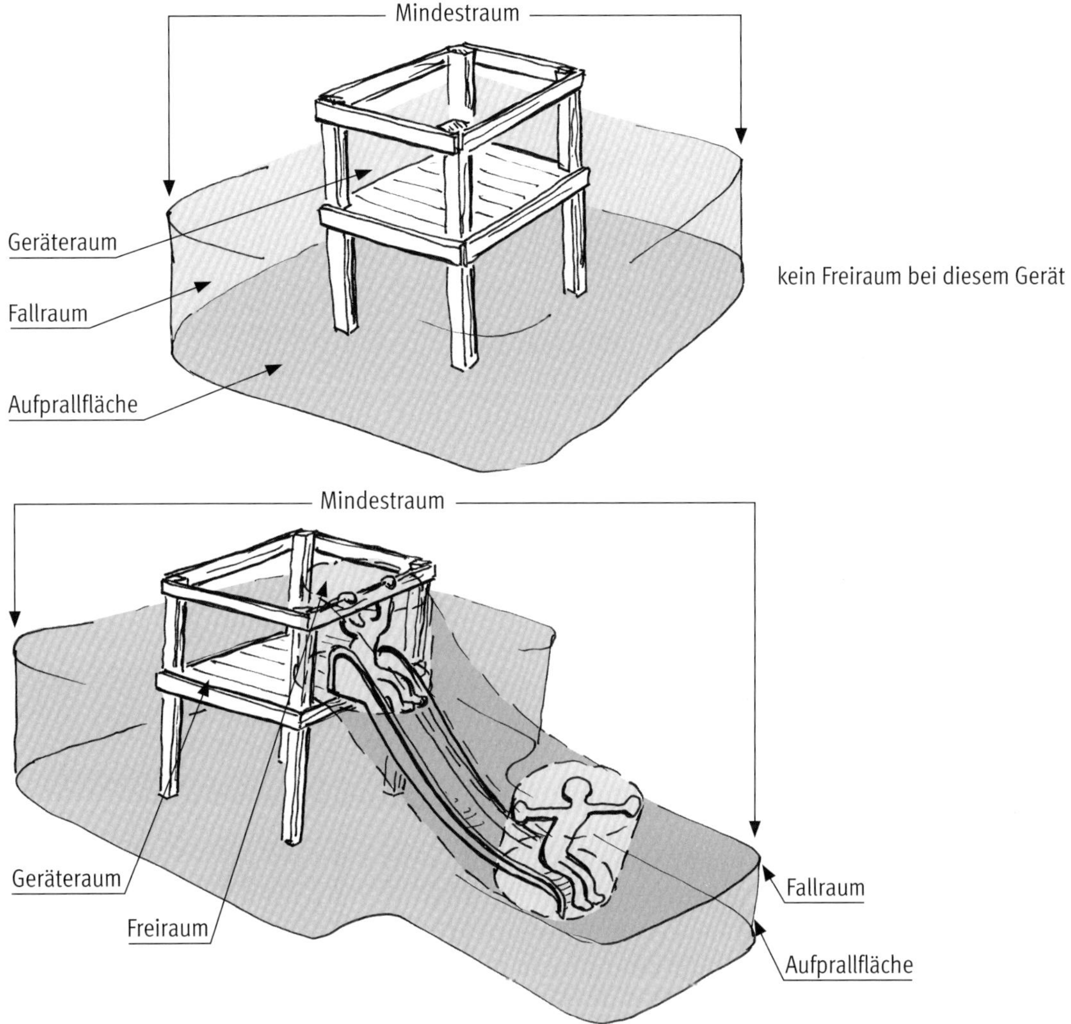

Mindestraum

(Mindestraum = Geräteraum + Freiraum + Fallraum)

Der Mindestraum wird für die sichere Benutzung des Gerätes benötigt (siehe Abschnitt II, Kapitel 1.3, Textabschnitt „Maße des Freiraums").

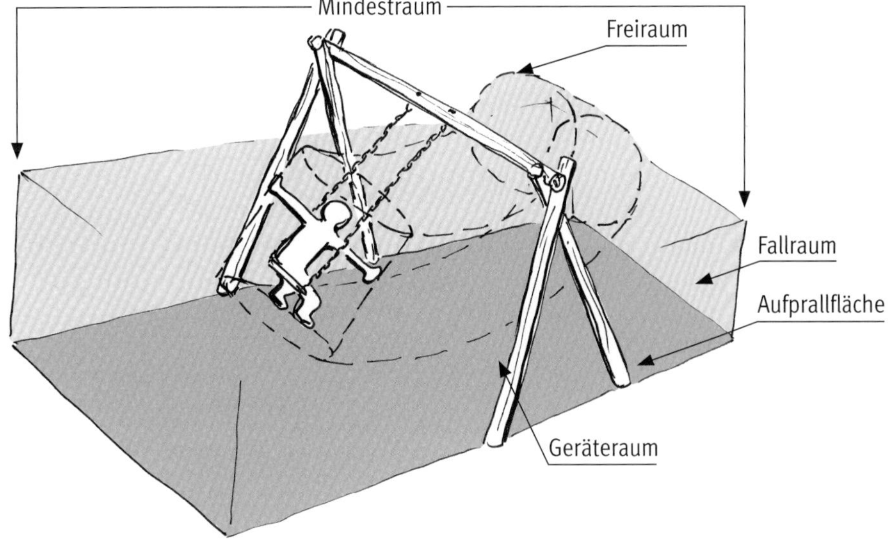

Fallraum

Raum um, im oder am Gerät, der während eines Falles von einem erhöhten Teil des Gerätes eingenommen werden kann. Der Fallraum beginnt ab der freien Fallhöhe.

Er wird gemessen ab der Hauptfixierung an das Gerät.

(Anforderungen siehe DIN EN 1176-1, Abschnitte 4.2.8 ff. sowie Abschnitt II, Kapitel 1.3, Textabschnitt „Maße des Fallraums")

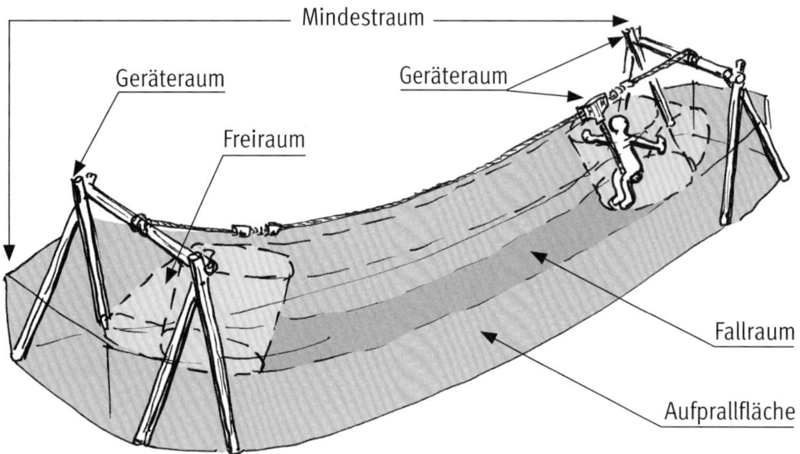

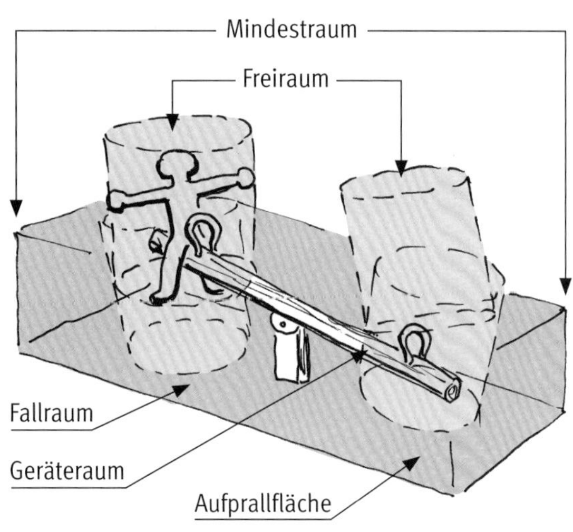

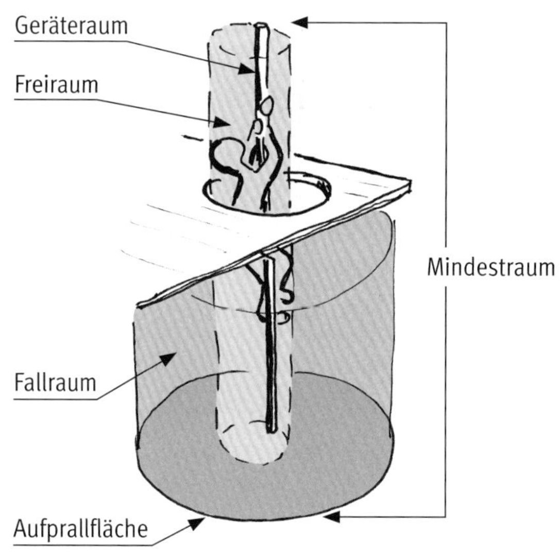

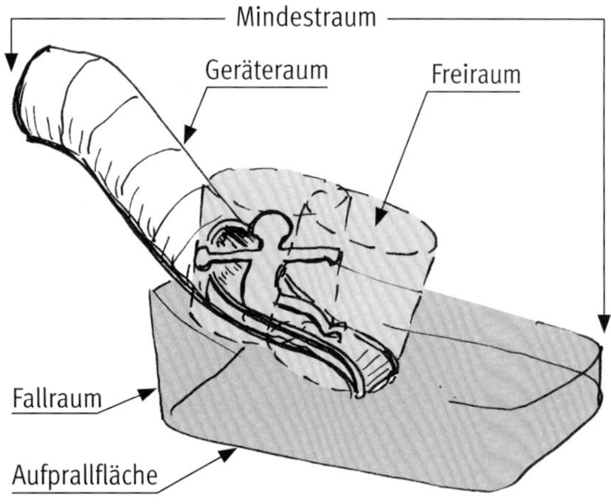

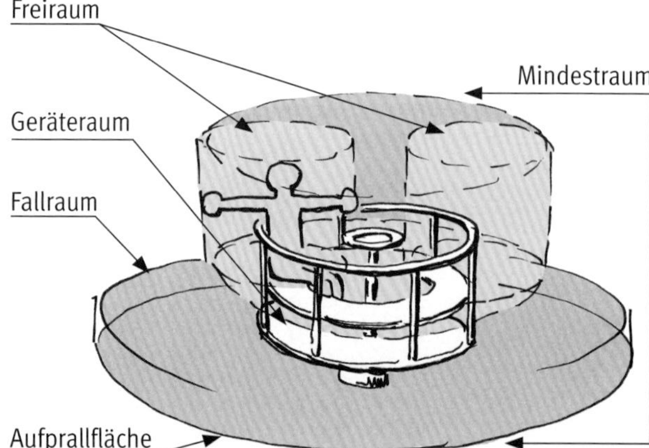

Grundsätzlich ist um jedes Gerät ein Raum vorhanden, der die sichere Benutzung des Gerätes gewährleistet.

Die entsprechenden Räume sind auf den vorstehenden Seiten definiert.

Der Fallraum hat in der Fläche eine Ausdehnung von mindestens 150 cm nach außen ab Gerätekante.

Er kann dann reduziert sein, wenn, wie in nebenstehenden Beispielen, die sichere Benutzung des Gerätes weiterhin gewährleistet bleibt. Gemessen an den Risiken kann eine Reduzierung auch dann in Betracht gezogen werden, wenn keine erhebliche Fallhöhe (< 60 cm) und keine erzwungene Bewegung vorhanden sind. Also immer dann, wenn der Vorgang des Herabfallens/Fallens dem Fallen ohne Gerätekontakt risikomäßig gleichgesetzt ist.

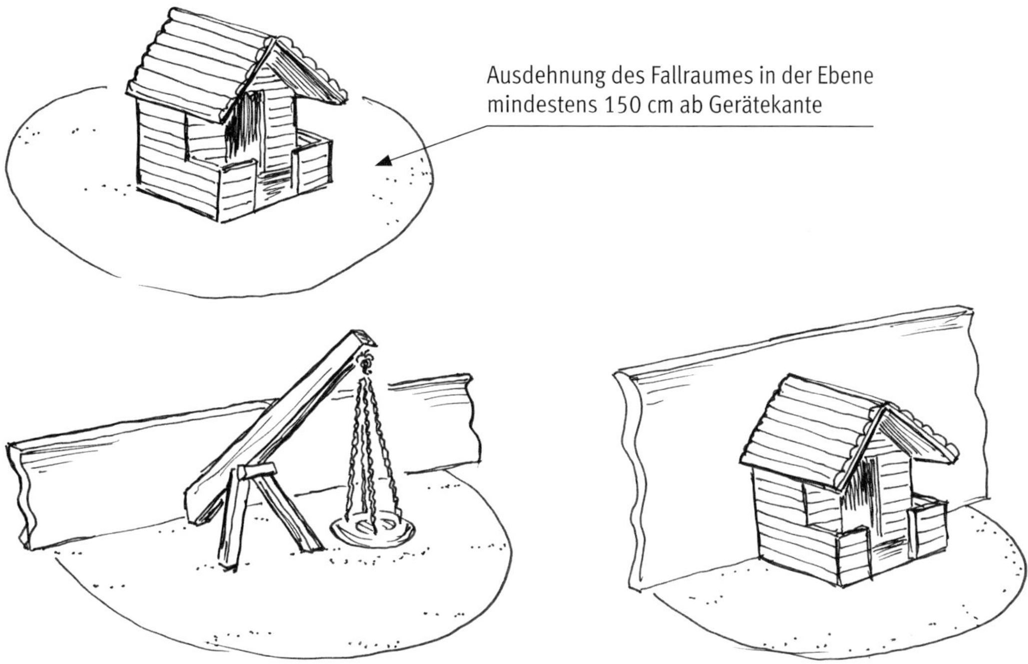

Es ist offensichtlich, dass die Anordnung eines Gerätes z. B. direkt an einer Wand möglich und sinnvoll ist und aus einer solchen Anordnung keine Gefahr erwächst (siehe auch Abschnitt III, Kapitel 1.1.1).

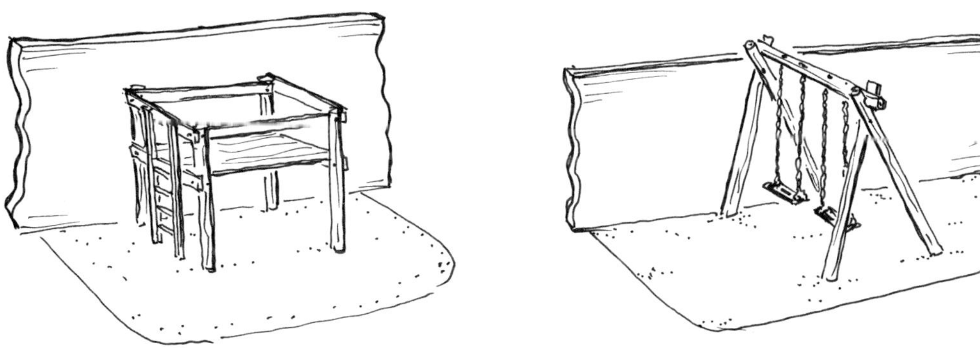

Freie Fallhöhe (*h*)

Größter lotrechter Abstand von der eindeutig beabsichtigten Körperunterstützung zur Aufprallfläche darunter

Aufprallfläche = Fläche, auf die ein Benutzer nach einem Sturz durch den Fallraum auftreffen kann.

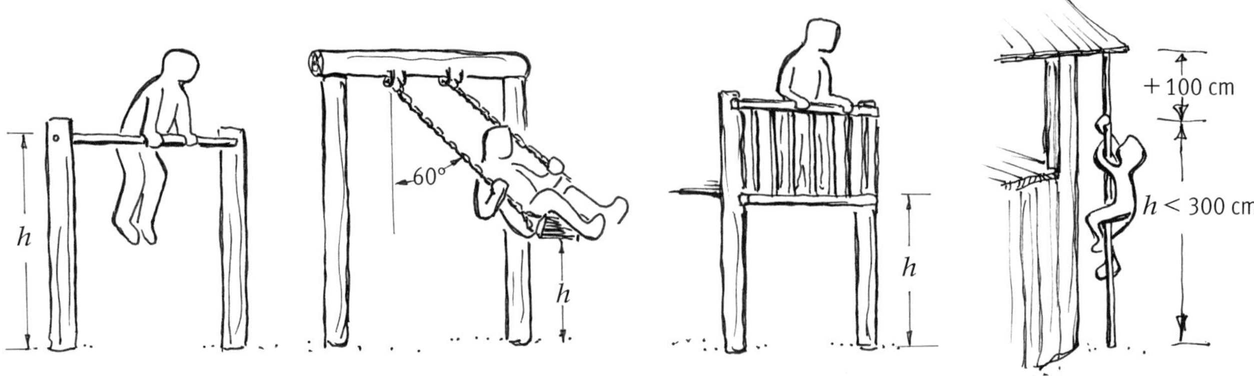

(Anforderungen siehe DIN EN 1176-1, Abschnitt 4.2.8.1, sowie Abschnitt II, Kapitel 1.3, Textabschnitt „Maße des Fallraums“)

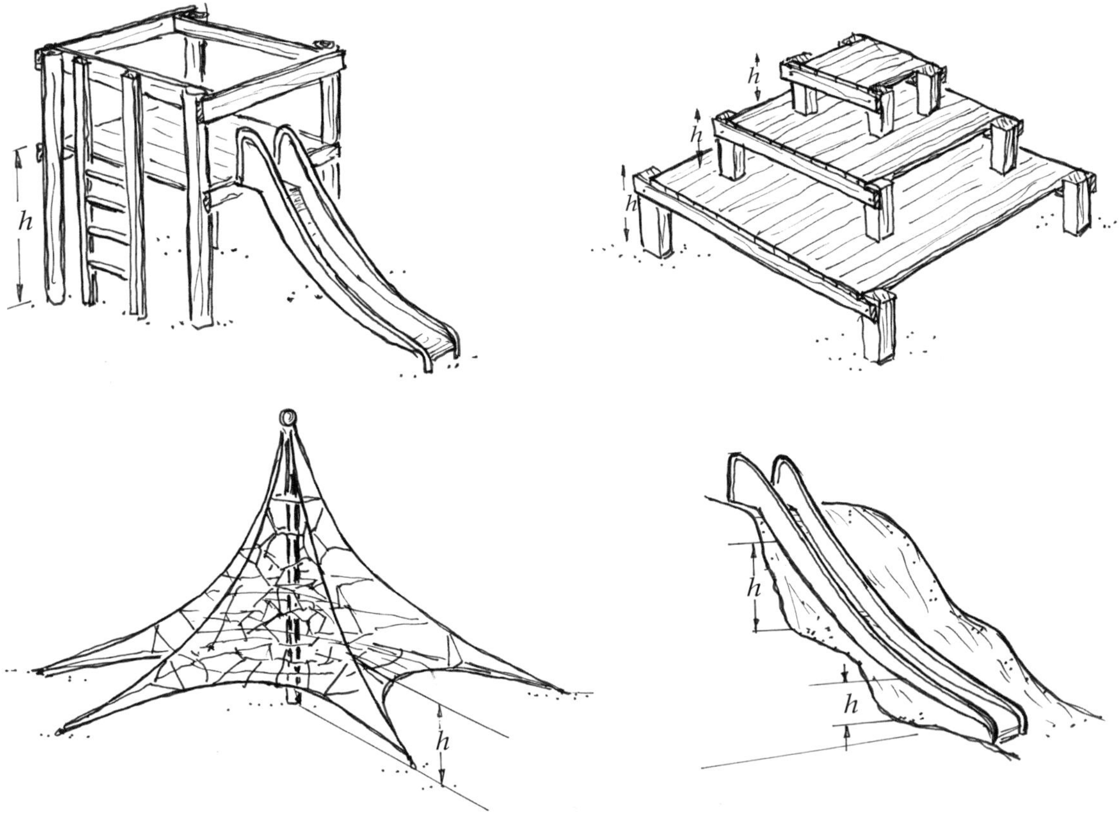

Ausreichende Stoßdämpfung von Böden im Fallbereich

Mit der ausreichenden Stoßdämpfung der Aufprallfläche sind sowohl die Böden nach Tabelle 4 gemeint, als auch Kunststoffböden (Messung) und Bodenarten, die nach adäquaten Erfahrungswerten ausreichend dämpfen.

Kritische Fallhöhe

Die „kritische Fallhöhe“ ist ein Materialkennwert für die stoßdämpfende Qualität von Böden im Fallbereich, der beschreibt, bei welcher Fallhöhe ein HIC-Wert von 1 000 erreicht wird.

Umfassungsmöglichkeit

Vollständige Umschließung eines Griffprofils = sicherster Griff, da der ganze Körper gehalten werden kann ①.

Immer dann, wenn ein Profil umfasst werden kann, sind ebenfalls die Anforderungen für das Greifen nach Abschnitt 3.1.7, Greifmöglichkeit, erfüllt. Dabei ist es nicht erforderlich, dass sich die Fingerspitzen berühren.

Greifmöglichkeit

Teilweise Umschließung eines Griffprofils: Die Funktion ist Leiten der Hand sowie seitliches Abstützen, um die Balance zu halten ②.

(Anforderungen siehe DIN EN 1176-1, Abschnitte 4.2.4.6 und 4.2.4.7, sowie Abschnitt II, Kapitel 1.3, Textabschnitte „Anforderungen an das Umfassen" und „Anforderungen an das Greifen")

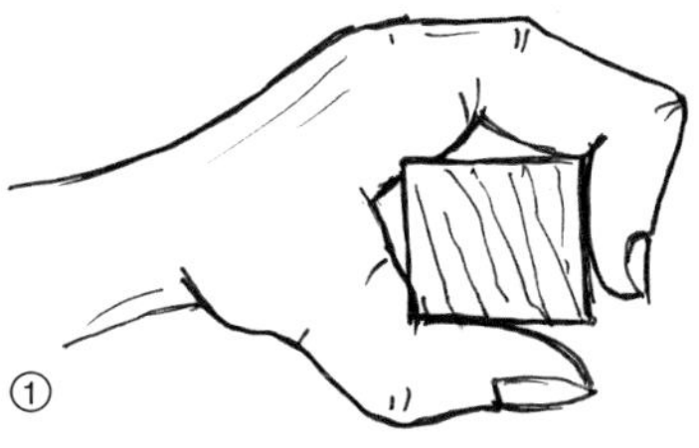

Darstellung der verschiedenen Hand- und Greifpositionen bezogen auf die Körperhaltung und die Qualität des Greifens/Abstützens:

- Stützen in eine Richtung – nur horizontal = unterstützende Sicherung

- Stützen in zwei Richtungen – horizontal und vertikal = größere Sicherungsqualität

- Greifen = sicherer Halt

- Umfassen = bester Griff zur Sicherung des Körpers

Handlauf

dient zum Gleichgewicht halten.

Geländer

dient als Absturzsicherung.

Brüstung

dient als Absturzsicherung und ist dadurch charakterisiert, dass man unter der Sicherung nicht durchfallen kann.

(Anforderungen siehe DIN EN 1176-1, Abschnitt 4.2.4, sowie Abschnitt II, Kapitel 1.3, Textabschnitt „Absturzsicherung“)

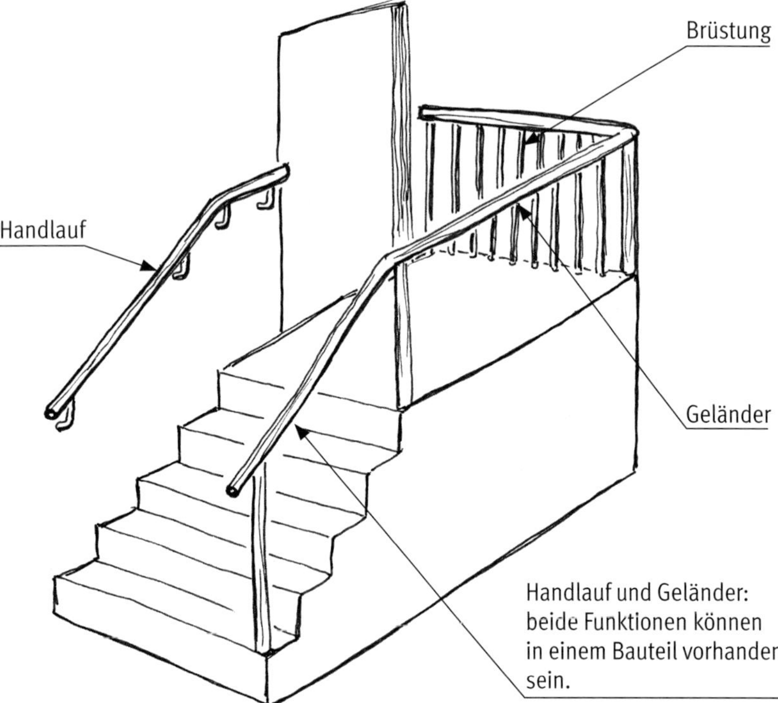

„Nicht leicht zugänglich“ (Zugänglichkeit zu den Geräten)

erschwerter Zugang zum Gerät

Durch den Wegfall der alten A-Abweichung F.3.2 ist die Anwendung der Filterfunktion in Deutschland von großer Relevanz.

ANMERKUNG Für Kinder unter 36 Monaten kann dies z. B. dadurch erreicht werden, indem ein Freiraum von 40 cm zwischen der Spielebene und der untersten Fußabstützung oder ein Freiraum von 60 cm von der oberen Fläche einer Plattform vorgesehen wird.

Zugänge sind grundsätzlich Filtermöglichkeiten für die Benutzergruppen. DIN EN 1176 kennt zwar den Begriff „nicht leicht zugänglich“ für Kinder unter 36 Monaten, benutzt ihn aber nicht mehr, sondern spricht von „anderen als leicht zugänglichen Geräten“. An Geräte, die diesen Filter besitzen, werden differenzierte Anforderungen gestellt.

„Leicht zugänglich“ (Zugänglichkeit zu den Geräten)

Nach Abschnitt 4.2.9.5 sind drei mögliche Zugänge im Sinne dieser Norm als leicht zugänglich definiert (In Reihenfolge der Einfachheit der Zugänglichkeit)

- Rampen (Neigung weniger als 38°);
- Treppen;
- Leitern, deren erste Sprosse weniger als 40 cm über dem Boden liegt.

Wir betrachten die nun nicht mehr erwähnten terrassenförmigen Plattformen mit einer Höhendifferenz von weniger als 60 cm als weiteren sinnvollen Einstiegsfilter.

Beispiele für leicht zugängliche Geräteteile

Die Ziffernfolge reiht die Geräte in der Steigerung des Schwierigkeitsgrades auf.

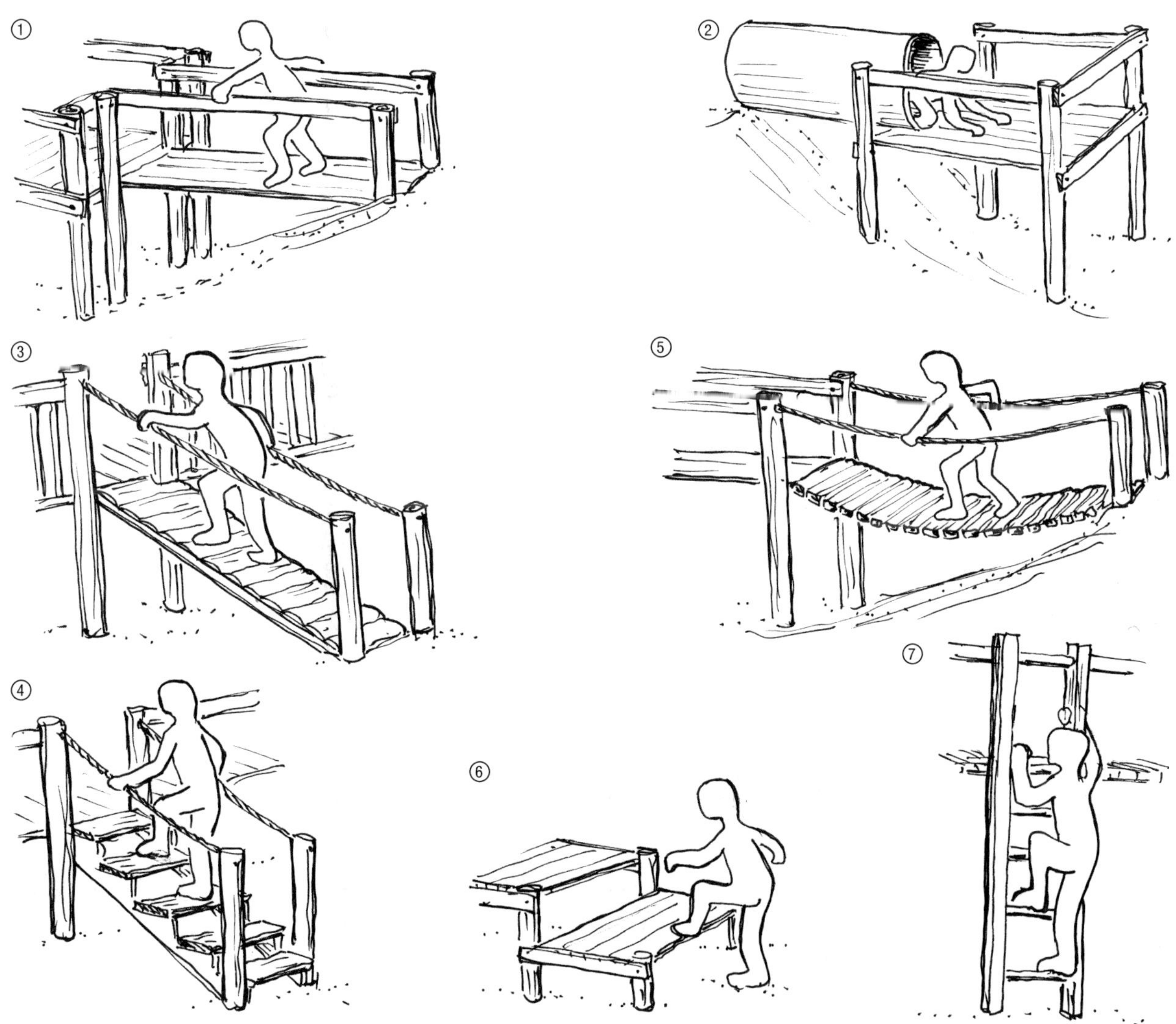

Beispiele für anders als leicht zugängliche und anders als leicht ersteigbare Geräteteile

- Leitern
- Treppen
- Rampen
- Terrassen

Steile Spielelemente

Steile Spielelemente sind Zu- oder Abgänge, die eine Neigung von mehr als 45° aufweisen. Typische Vertreter hierfür sind:

Steigstämme, Schrägnetze, Leitern, Stufenleitern, Rutschstangen, Kletterwand, ...

Für steile Spielelemente sind Anforderungen bei Geländern (siehe DIN EN 1176-1, Abschnitt 4.2.4.3), Brüstungen (siehe DIN EN 1176-1, Abschnitt 4.2.4.4) und Zugängen (siehe DIN EN 1176-1, Abschnitt 4.2.9.4) definiert.

Steile Spielelemente stellen ein Risiko in Bezug auf das Stürzen dar.

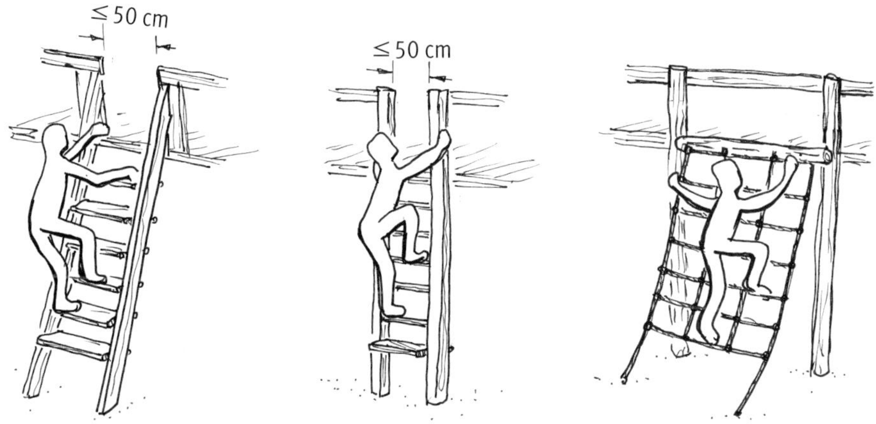

Die Definition listet diese Elemente ab einer Neigung von 45° auf.

Das Risiko wird u. a. dadurch gekennzeichnet, dass diese Elemente so an Plattformen angeschlossen sind, dass die Brüstung im Zugangsbereich vor dem steilen Spielelement offen ist.

Es gibt jedoch andere Spielelemente, die nicht geneigt sind, aber ein ähnliches oder identisches Risiko enthalten, z. B. Überkopfbahnen oder Balancierseile, die zwei Plattformen verbinden.

Auch solche Elemente bergen das Risiko des Abstürzens durch die Öffnung in der Brüstung und sollten demzufolge den gleichen Anforderungen genügen.

Ausreichende Stoßdämpfung

Eigenschaft des Bodens. Der Nachweis dazu kann geführt werden über

- Übereinstimmung mit Tabelle 4 oder Tabelle I.1 für Deutschland
- HIC-Messung nach DIN EN 1177
- Risikobewertung nach Erfahrungswerten (z. B. Rasen oder Oberboden).

1.3 Sicherheitstechnische Anforderungen

Werkstoffe

Die Wahl der Werkstoffe und ihre Verwendung sollten in Übereinstimmung mit den DIN-EN-Normen erfolgen.

Ein toxisches Risiko bei Anstrichen ist zu vermeiden, da Kinder mit der Haut und auch dem Mund mit den Oberflächen der Geräte in Kontakt kommen können ①.

Die Temperatur – heiß/kalt – ist relevant z. B. für die Aufstellung von Rutschen, deren Rutschfläche sich z. T. stark aufheizen/abkühlen kann. Die Ausrichtung nach Süden ist zu vermeiden ②.

Die Entflammbarkeit von Materialien ist zu berücksichtigen. Kunststoffprodukte, die bei Entzündung ein oberflächiges Abflammen (explosionsartige Flammausbreitung) erzeugen können, sind nicht zugelassen ③.

Abtropfende Harze von brennenden Kunststoffteilen erzeugen sehr schmerzhafte Verbrennungen und lassen sich auf der Haut schlecht löschen bzw. abwischen. Man kann dieses Risiko durch die Wahl des Kunststoffs oder auch durch geeignete Wanddicken verhindern.
Bei Verwendung von Spielplatzgeräten in geschlossenen Räumen sind die besonderen Brandschutzverordnungen zu berücksichtigen. Wichtig ist insbesondere, mögliche Gas- und Hitzeentwicklungen zu betrachten ④.

Ein konstruktiver Holzschutz sollte die Geräte vor Verrotten schützen.
Der Erdverbau von Holz ist nur dann zulässig, wenn geeignete Schutzmaßnahmen das Holz vor Fäulnis bewahren, z. B. durch Verwendung resistenter Holzarten oder durch chemischen Holzschutz.
Splitter an Metallen sind am Gerät nicht zulässig und bei der Montage und späteren Wartung zu beheben, Holz sollte splitterarm sein ⑤.

Dem Korrosionsschutz ist **besondere** Aufmerksamkeit zu widmen, da Geräte in ihrer Standsicherheit gefährdet sind, wenn tragende Teile durchrosten. Wichtig in diesem Zusammenhang ist die sorgfältige und fachlich kompetente Wartung von einbeinigen Spielplatzgeräten, die sofort in ihrer Standsicherheit gefährdet sind, wenn es zu Korrosionen kommt ⑥.

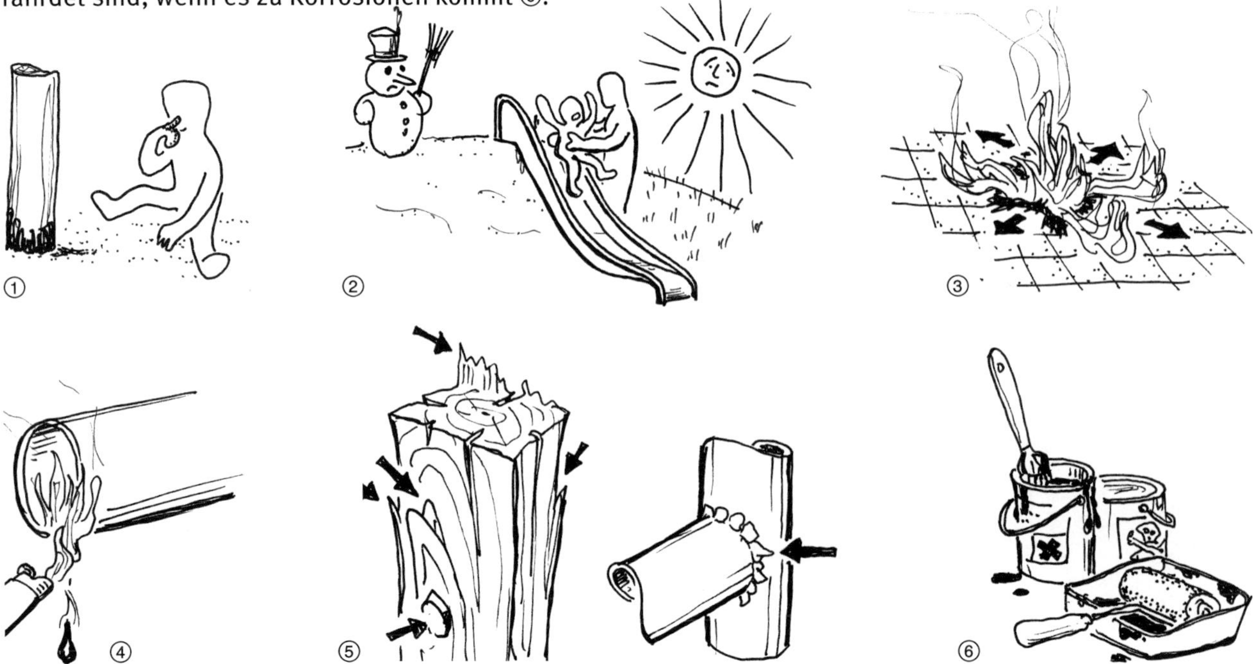

Giftige Stoffe – PCB, Asbest, Blei, Formaldehyd – sind für den Gebrauch auf Spielplätzen nicht zulässig, ebenso wie Steinkohlenteeröl oder Karbolineum (siehe Richtlinie 79/769/EEC).

Auch der Einsatz PAK-haltiger Stoffe (polyzyklische aromatische Kohlenwasserstoffe) muss vermieden werden. Dauerhafter Hautkontakt mit PAK-haltigen Stoffen steht im Verdacht, krebserregend zu sein.

Verschiedene PAKs (polyzyklische aromatische Kohlenwasserstoffe) stehen in Verdacht, bei Aufnahme durch Haut oder Schleimhäute krebserregend zu wirken. Nur wenige PAK-Einzelverbindungen werden gezielt hergestellt, die meisten sind ein natürlicher Bestandteil von Weichmacherölen auf Mineralölbasis oder entstehen bei der unvollständigen Verbrennung von organischem Material wie Kohle, Heizöl, Kraftstoff, Holz oder Tabak.

Seit Dezember 2015 gilt für Deutschland eine Festlegung der EU-Verordnung 1272/2013 (Ergänzung zu 1907/2006). Darin sind Grenzwerte für 8 polyzyklische aromatische Kohlenwasserstoffe festgelegt:

- 1 mg/kg: in Erzeugnissen mit unmittelbarem, längerem oder wiederholtem Haut- oder Mundkontakt
- 0,5 mg/kg: in Spielzeugen und Artikeln für Babys und Kleinkinder mit unmittelbarem, längerem oder wiederholtem Haut- oder Mundkontakt
- Schon seit einiger Zeit gelten für die Vergabe des GS-Zeichens verschärfte Anforderungen an die Grenzwerte von insgesamt 18 polyzyklischen aromatischen Kohlenwasserstoffen (AfPS GS 2014:01 PAK)
- 0,5 mg/kg: in Materialien mit längerfristigem, längerem oder wiederholtem kurzfristigen Hautkontakt
- 0,2 mg/kg: in Spielzeugen und Artikeln für Babys und Kleinkinder mit unmittelbarem, längerem oder wiederholtem Haut- oder Mundkontakt.

Konstruktion und Ausführung

Allgemeines

Funktion und Schwierigkeitsgrad der Geräte sollen der Altersgruppe entsprechen.

Die Vorhersehbarkeit von Risiken vermeidet Unfälle. Kinder haben ein gutes Sicherheitsempfinden. Sie wagen sich meist nur so weit vor, wie ihre Fähigkeiten es erlauben. Es dürfen jedoch keine Situationen entstehen, die von Kindern nicht eingeschätzt werden und deren Risiken sie nicht verstehen können.

(Siehe auch den Begriff des „kalkulierbaren Risikos“ in Abschnitt I, Kapitel 2 sowie Abschnitt II, Kapitel 1.1.)

Einbeinige Konstruktionen sind aufgrund von Korrosion/Fäulnis in ihrer Standfestigkeit besonders gefährdet. Die DIN EN 1176-1:2017 definiert in diesem Zusammenhang Einmastgeräte: strukturbedingt ungeschützte Geräte, bei denen das Versagen eines Querschnitts (entweder am Fundament oder andernorts an der Stützeinrichtung) **katastrophal** wäre.

Bei solchen Geräten muss bei der Bodenauswahl sichergestellt werden, dass Fundamente oder Standpfosten kontrolliert werden können. Bei fehlender Zugänglichkeit müssen alternative Prüfmethoden beschrieben werden. Hier besteht in besonderem Maße die Pflicht zu sorgfältiger Wartung und Kontrolle.

Konstruktive Festigkeit

Geräte müssen so beschaffen sein, dass sie den zu erwartenden Belastungen standhalten. Die statischen Anforderungen werden nach den Lastannahmen in Anhang A der Norm bestimmt.

- Hier ist die konstruktive Festigkeit betroffen, das Gerät ist nicht ausreichend dimensioniert:

Zusammenbrechen

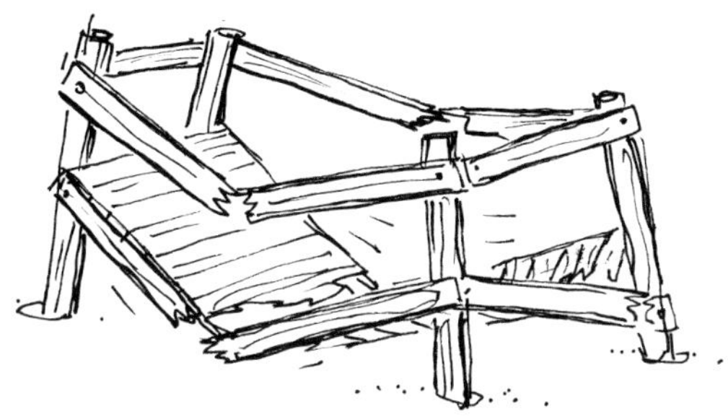

- Hier geht es um die Standfestigkeit:

Kippen, Umfallen

Die tragenden Teile müssen den ungünstigsten Belastungsverhältnissen standhalten. An diesen Beispielen kann man diese Anforderung erläutern:

Die ungünstigsten Lastverhältnisse bezüglich der Hängebrücke bestehen bei der Turmkombination 1, da hier die Zuglasten nicht durch andere angehängte Spielelemente abgefangen werden.

- Turmkombination 1

ungünstigste Verhältnisse

- Turmkombination 2

- Turmkombination 3

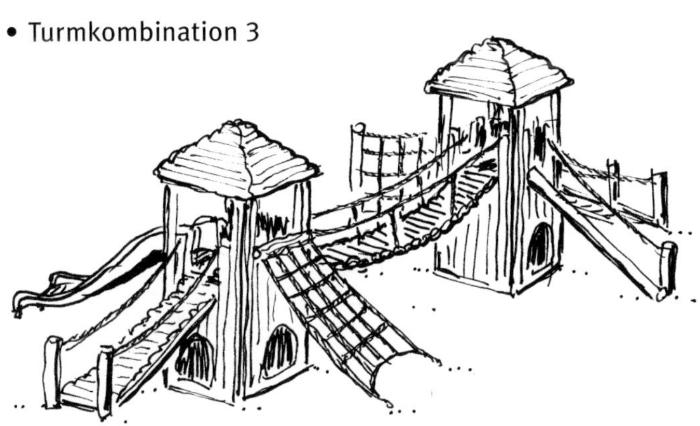

Zugänglichkeit für Erwachsene

Geräte müssen so konstruiert sein, dass Erwachsene Zugang haben, um Kindern innerhalb des Gerätes zu helfen. Wichtig ist dies insbesondere für den Fall eines Brandes.

Mindestabmessung einer Öffnung: 50 cm
(siehe auch Abschnitt III, Kapitel 1.2.3)

Es müssen zwei unabhängige und nicht verschließbare Zugangsöffnungen an verschiedenen Seiten des Gerätes vorhanden sein, die ohne Hilfsmittel erreichbar sind.

Die Anforderungen gelten für geschlossene Geräte (Spielhäuser, Tunnel) mit einem inneren Abstand von mehr als 200 cm zu den Ein- und Ausgängen. Die Zugänge müssen voneinander unabhängig sein und an verschiedenen Seiten des Gerätes liegen.

Das Schutzziel besteht darin, das Gerät sicher verlassen zu können, Sackgassen zu vermeiden, eine ausreichende Belüftung zu garantieren und die Wegelänge überschaubar zu halten.

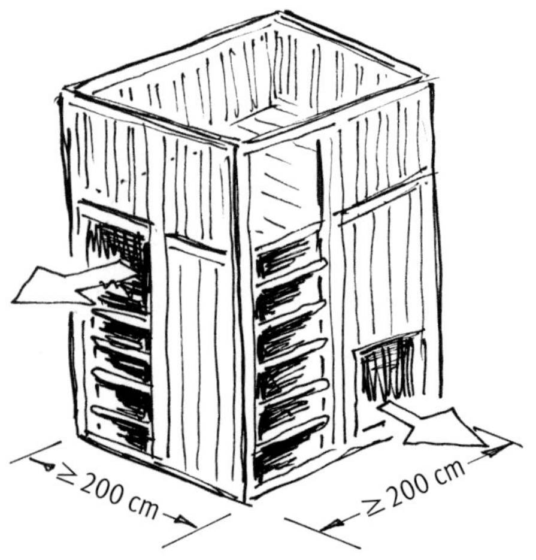

Absturzsicherung

Anlagen, die für Kinder **erschwert zugänglich** sind

- für Fallhöhen ab 60 cm sind stoßdämpfende Böden erforderlich, die der Fallhöhe entsprechen müssen (HIC 1000)
- ab 100 cm bis 200 cm sind Geländer erforderlich
- ab 200 cm bis max. 300 cm sind Brüstungen (Absturzsicherungen) erforderlich (höhere Fallhöhen siehe Abschnitt III, Kapitel 1.1.5)

Maße in cm

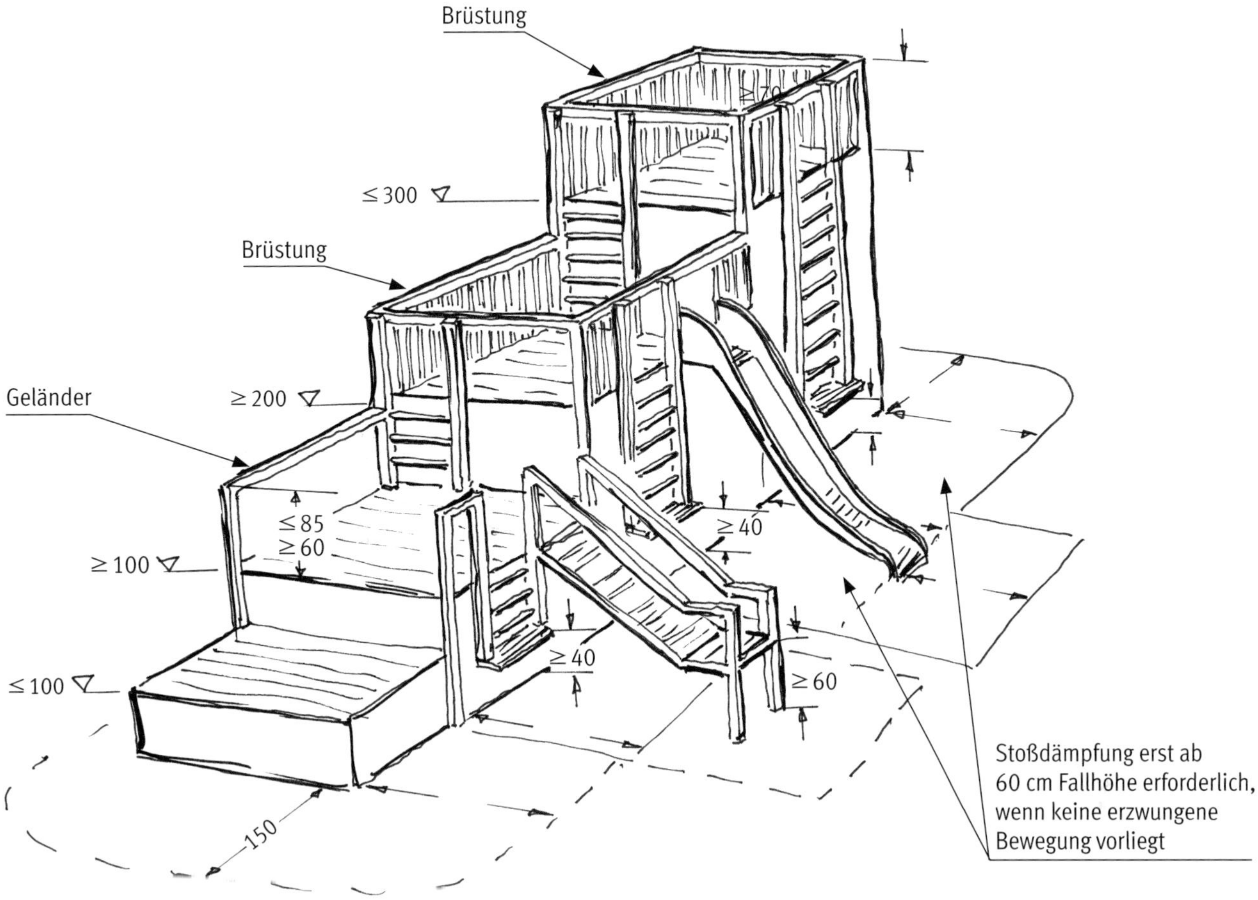

Unter 60 cm Fallhöhe = 150 cm Raum/Fläche, frei von Hindernissen und Gegenständen, auf die man fallen kann.

(siehe DIN EN 1176-1, Abschnitt 4.2.8.4)

Anlage, die für Kinder **leicht zugänglich** ist

Die Europäische Norm geht davon aus, dass die Gerätesicherheit auch für Kleinkinder sichergestellt ist.

Bei leichter Zugänglichkeit für Kinder:

- für Fallhöhen ab 60 cm sind stoßdämpfende Böden erforderlich, die der Fallhöhe entsprechen müssen;
- ab 60 cm bis 300 cm Fallhöhe sind immer Brüstungen (Absturzsicherungen) erforderlich.

Maße in cm

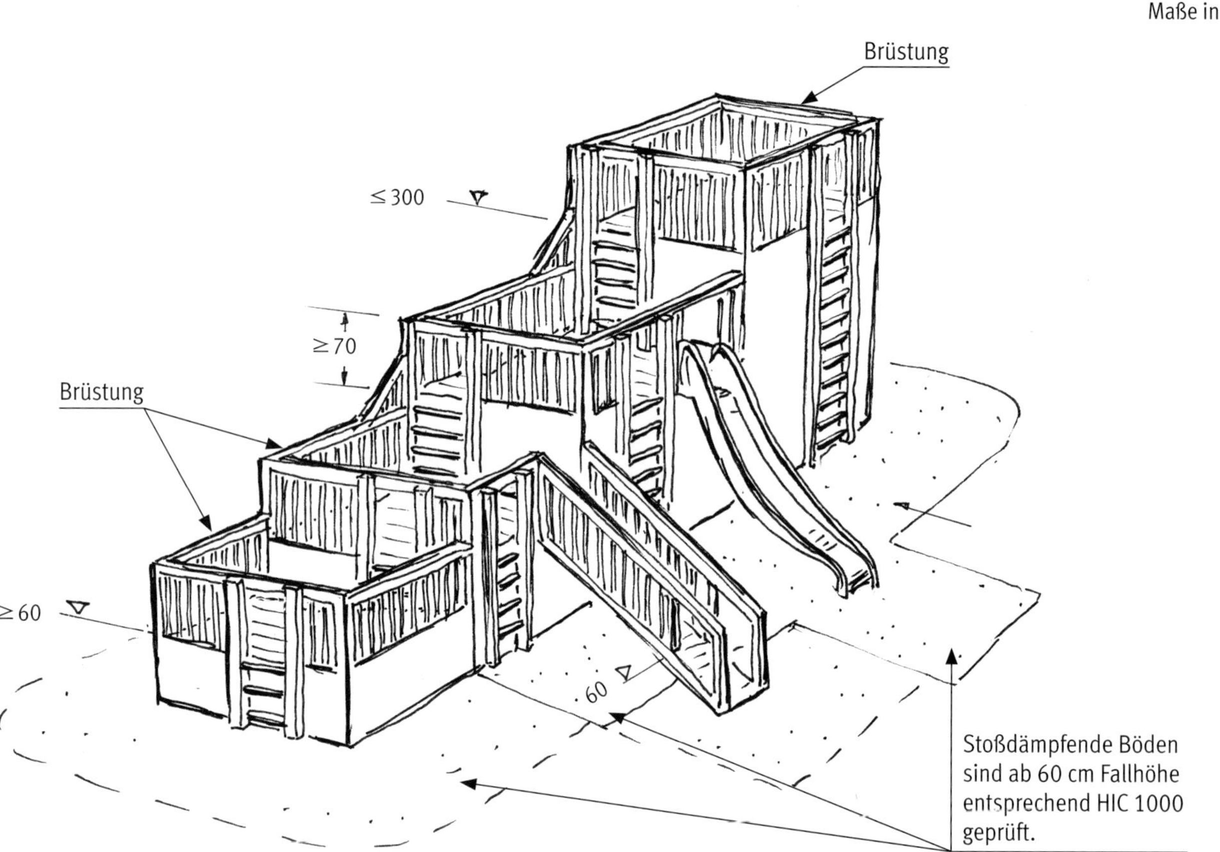

Unter 60 cm Fallhöhe = 150 cm Raum/Fläche, frei von Hindernissen und Gegenständen, auf die man fallen kann.

(siehe DIN EN 1176-1, Abschnitt 4.2.8.4)

Stoßdämpfende Böden

Für Deutschland gilt:

Nach A-Abweichung DIN EN 1176-1 in Anhang I.3:

- bis 60 cm:
  - keine besondere Anforderung, d. h. Beton, Stein, bitumengebundene Böden
  - auch verwendungsfähig im Fallbereich unter 60 cm
- bis 100 cm: Oberboden, wassergebundene Decken
- bis 150 cm: Rasen
- bis 300 cm: Holzschnitzel, Rindenmulch, Sand, Kies, synthetischer Fallschutz mit HIC-Prüfung

Deutschland

Nach Tabelle I.1: Bodenarten in Abhängigkeit von den zulässigen freien Fallhöhen (A-Abweichung DIN EN 1176-1, Anhang I.3)

Lfd. Nr.	Bodenmaterial	Beschreibung	Mindest-schichtdicke cm		Max. Fallhöhe cm
1	Beton, Stein				≤ 60
3	Oberböden				≤ 100
4	Wassergebundene Decken				≤ 100
5	Rasen				≤ 150
6	Rindenmulch	zerkleinerte Rinde von Nadelhölzern, Korngröße 20 mm bis 80 mm	20 30	+10	≤ 200 ≤ 300
7	Holzschnitzel	mechanisch zerkleinertes Holz (keine Holzwerkstoffe), ohne Rinde und Laubanteile, Korngröße 5 mm bis 30 mm	20 30	+10	≤ 200 ≤ 300
8	Sand	ohne schluffige bzw. tonige Anteile, gewaschen, Korngröße 0,2 mm bis 2 mm	20 30		≤ 200 ≤ 300
9	Kies	rund und gewaschen, Korngröße 2 mm bis 8 mm	20 30	+10	≤ 200 ≤ 300
10	Andere Materialien oder andere Schichtdicken	mit HIC-Prüfung			≤ 300

Wegen des Wegspieleffektes werden Böden mit losem Material mit mindestens 10 cm größerer Schichtdicke eingebaut (siehe DIN EN 1176-1, Abschnitt 4.2.8.5.1).

Europa

Nach Tabelle 4: Beispiele für üblicherweise benutzte stoßdämpfende Bodenarten und entsprechende ausreichende Stoßdämpfungen (DIN EN 1176)

Bodenmaterial[a]	**Beschreibung**	**Mindest-schichtdicke**[b] cm	**Max. freie Fallhöhe** cm
Rasen/Oberböden			≤ 100[d]
Rindenmulch	20 mm bis 80 mm Korngröße	20 30	≤ 200 ≤ 300
Holzschnitzel	5 mm bis 30 mm Korngröße	20 30	≤ 200 ≤ 300
Sand oder Kies[c]	0,25 mm bis 8 mm Korngröße	20 30	≤ 200 ≤ 300
Andere Materialien und Schichtdicken	entsprechend HIC-Prüfung		kritische Fallhöhe wie geprüft

Wo der eingebaute Boden als übereinstimmend mit dieser Tabelle verifiziert werden kann (z. B. Siebverfahren), oder ein Prüfbericht nach EN 1177 angefertigt wurde, ist keine zusätzliche Prüfung erforderlich.

[a] Für weitere Informationen hinsichtlich für Kinderspielplätze entsprechend vorbereiteter spezifischer Materialien siehe CEN/TR 16598 (Sammlung von grundsätzlichen Überlegungen zur EN 1176-1 – Anforderungen).

[b] Bei losem Schüttmaterial werden 100 mm zur Mindestschichtdicke hinzugefügt, um den Wegspieleffekt auszugleichen (siehe 4.2.8.5.1).

[c] Sand und Kies müssen gut gerundet und gewaschen sein, um den Großteil der schluffigen oder tonigen Partikel zu beseitigen. Gewaschener Sand oder Kies wird als von Anschwemmungen (natürlich erodiert) und frei von schluffigen oder tonigen Partikeln betrachtet. Bei Kies wird dies allgemein als „Perlkies“ beschrieben. Ungleichförmigkeitsgrad D60/D10 < 3,0. Korngröße kann unter Verwendung eines Siebverfahrens, z. B. wie in EN 933-1, bestimmt werden (siehe Anhang G).

[d] Siehe Anmerkung 2 in 4.2.8.5.2.

In Europa gilt generell HIC 1000. Nach Einführung der Norm zeigt die Praxis mittlerweile jedoch, dass man auf eine HIC-Prüfung der Naturböden verzichtet und Böden nach der Tabelle einbaut.

Ein Siebtest als Nachweis für die Erfüllung der Spezifikationen der Tabelle wird kann von Sand- und Kieslieferanten angefordert werden.

Generell kann man festhalten, dass, wenn eine Übereinstimmung mit der Bodentabelle 4 (bzw. I.1) vorliegt, keine weitere Prüfung nach DIN EN 1177 erforderlich ist.

ANMERKUNG Beton überschreitet einen HIC 1000-Wert erst ab 20 cm, Asphalt in der Regel ab 40 cm.

Handlauf

Oberkante zwischen 60 cm und 85 cm über der Standebene (abhängig von Körpergröße/Griffhöhe der vorgesehenen Benutzergruppe).

Geländer

Oberkante zwischen 60 cm und 85 cm über der Standebene (abhängig vom Körperschwerpunkt der vorgesehenen Benutzergruppe).

Die Breite von Eingangs- und Ausgangsöffnungen an Geländern, mit Ausnahme von Treppen, Rampen und Brücken, darf eine maximale freie Öffnung von 50 cm haben. Bei Treppen, Rampen und Brücken darf die Breite der Ausgangsöffnung am Geländer nicht größer sein als die Breite dieser Spielelemente. ①

Für Geräte – nicht leicht zugänglich – sind Geländer bei 100 cm bis 200 cm freier Fallhöhe erforderlich.

Keine Geländer bei leicht zugänglichen Geräten – hier werden nur Brüstungen ab 60 cm Fallhöhe zugelassen. ②

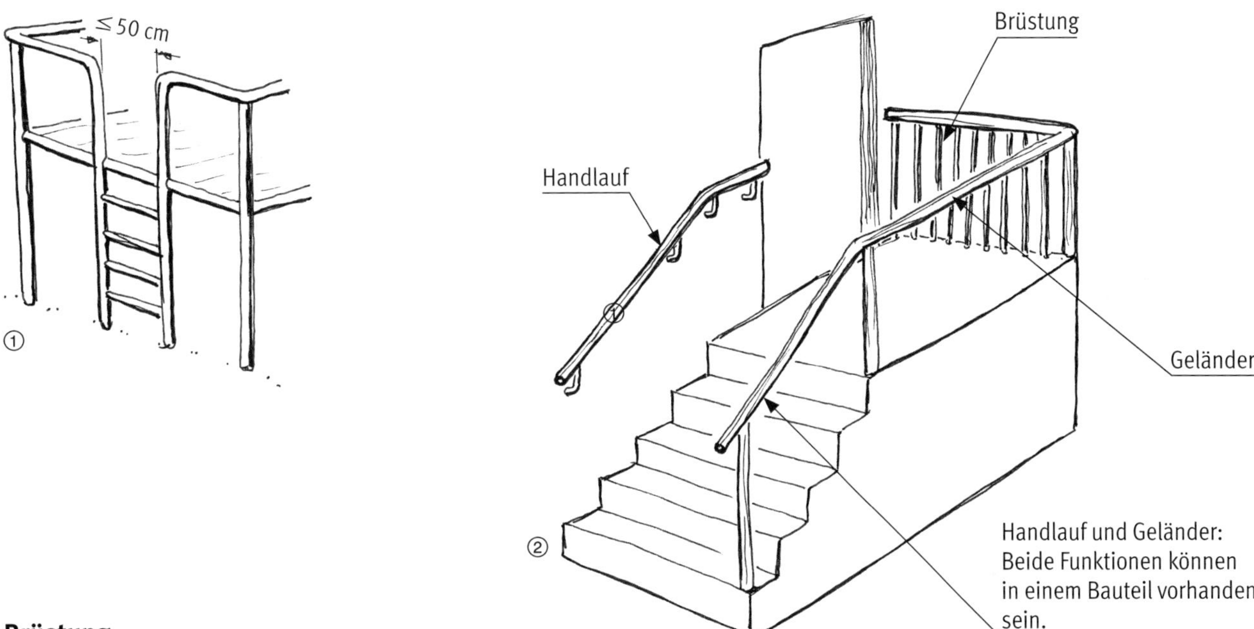

Brüstung

Oberkante mindestens 70 cm über der Standebene (abhängig vom Körperschwerpunkt der vorgesehenen Benutzergruppe).

Eingangs- und Ausgangsöffnungen in Brüstungen dürfen offen sein:

a) Maximal 50 cm ohne Geländer ④.
b) Größer als 50 cm, wenn ein Geländer über der Öffnung vorhanden ist ⑤.
c) Maximal 120 cm mit Geländer an steilen Spielelementen ③ + ⑥.
d) Größer als 50 cm bei Treppen, Rampen, Brücken usw., aber maximal Breite der Treppe, Rampe, Brücke.

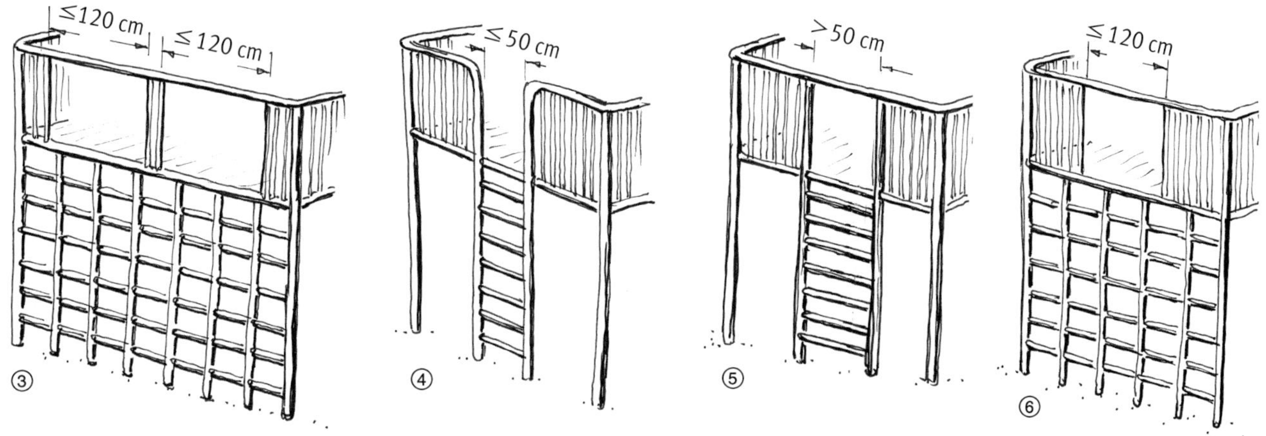

Für Geräte – **leicht zugänglich** – sind Brüstungen ab 60 cm freier Fallhöhe erforderlich.

Für Geräte – **nicht leicht zugänglich** – sind Brüstungen ab 200 cm freier Fallhöhe erforderlich. Öffnungen in einer Brüstung von leicht zugänglichen Geräten/Teilen eines Gerätes, die den Zugang zu steilen Spielelementen ermöglichen, müssen den Anforderungen der DIN EN 1176-1, Abschnitt 4.2.9.4 entsprechen (Öffnung in der Brüstung maximal 50 cm, Höhe der Plattform maximal 200 cm).

Bei Treppen und Rampen, die zu Plattformen bis 100 cm Höhe führen, kann ein Geländer mit einer Lücke von weniger als 60 cm die Brüstung ersetzen.

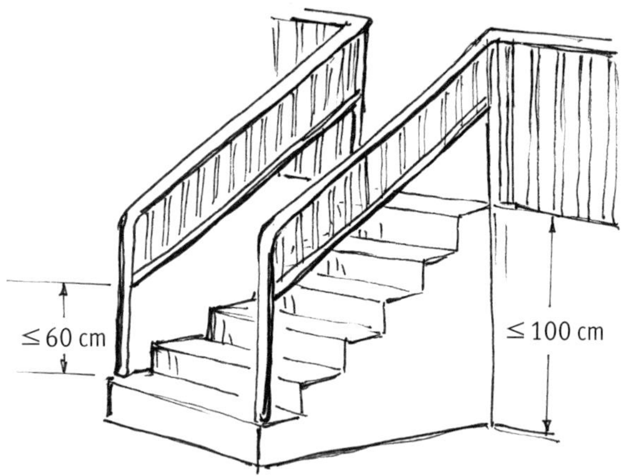

Anforderungen an das Umfassen 

Geräteteile, die zum Umfassen (z. B. Reckstangen) konstruiert wurden, dürfen zwischen 16 mm und 45 mm dick sein.

Die Festhaltekraft wirkt in alle vier Richtungen.

Maße in mm

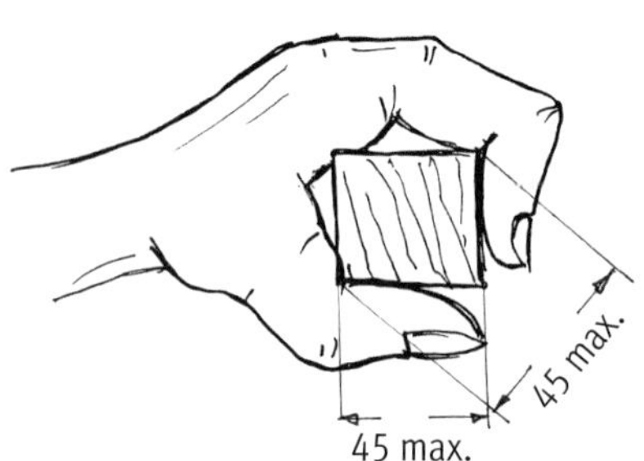

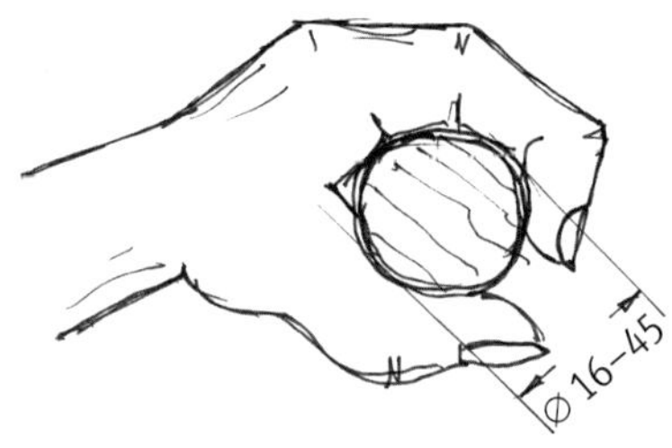

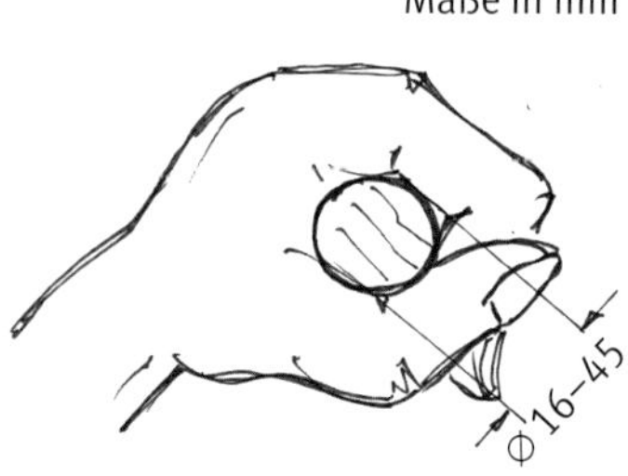

Das Umfassen ist bis zu einem Durchmesser von 45 mm möglich.

Anforderungen an das Greifen 

Geräteteile, die zum Greifen konstruiert wurden, dürfen eine maximale Breite von 60 mm haben.

Die Festhaltekraft wirkt nur in seitliche Richtung.

Maße in mm

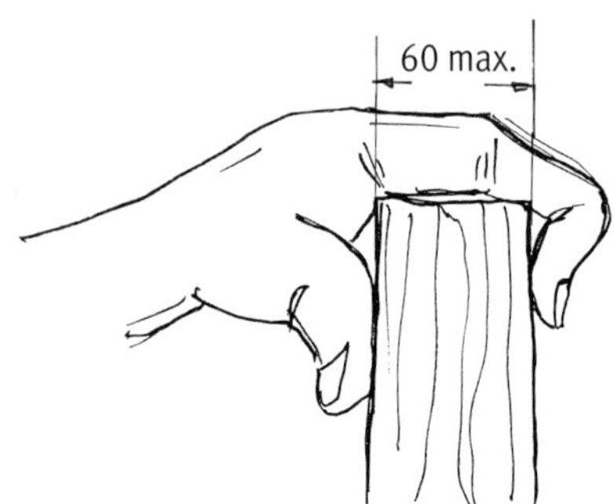

Beispiele

Podeste ①

Bei leicht zugänglichen Geräten ist eine Brüstung ab 60 cm Fallhöhe erforderlich.

Bei erschwert zugänglichen Geräten ist ein Geländer ab 100 cm bis 200 cm Fallhöhe und eine Brüstung ab 200 cm Fallhöhe erforderlich.

Geländer und Brüstungen an einem Podest können auch Handlauffunktionen haben.

Die Höhenmaße sind für Handläufe und Geländer identisch.

Treppen ②

Bei leicht zugänglichen Geräten Geländer ab 1. Stufe und Brüstung ab 60 cm Fallhöhe.

Bei erschwert zugänglichen Geräten Geländer ab 100 cm Fallhöhe.

Geländer und Brüstungen an einer Treppe können auch Handlauffunktionen haben.

Die Handlaufhöhe wird bei Treppen in der Stufenmitte bis zur Oberkante des Handlaufs gemessen.

Ab 45° Neigung sollte ein Handlauf zum Umfassen vorhanden sein.

(Siehe auch Abschnitt II, Kapitel 1.3, Textabschnitt „Treppen“.)

Rampen ③

Rampen die auf Plattformen mit mehr als 60 cm Fallhöhe führen, müssen vom Beginn an ein Geländer besitzen.

Führt die Rampe auf eine Plattform unter 100 cm Fallhöhe, bleibt es bei einem Geländer. Die vertikale Öffnung innerhalb des Geländers darf maximal 60 cm betragen.

Führt eine Rampe auf ein Bauteil mit einer Fallhöhe über 100 cm, muss das Geländer ab 60 cm Fallhöhe in eine Brüstung wechseln.

Geländer oder Brüstungen an einer Rampe können auch Handlauffunktionen haben.

(Siehe auch Abschnitt II, Kapitel 1.3, Textabschnitt „Rampen“.)

Maße in cm

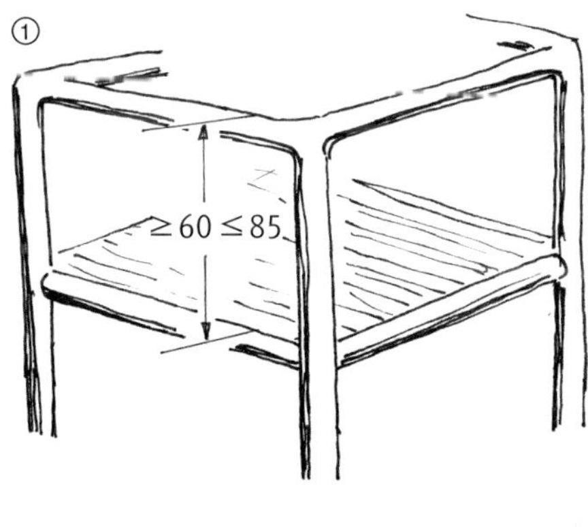

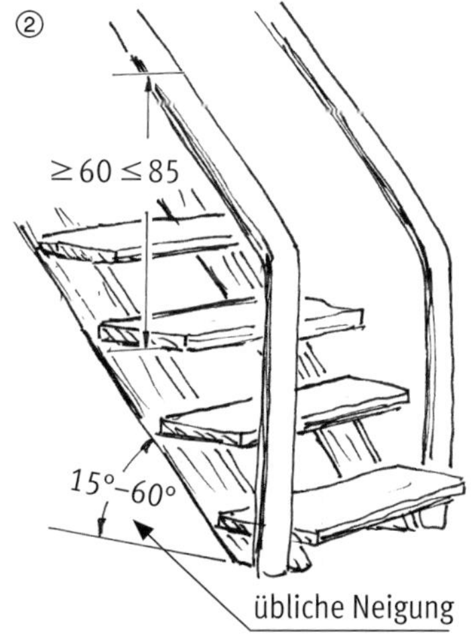

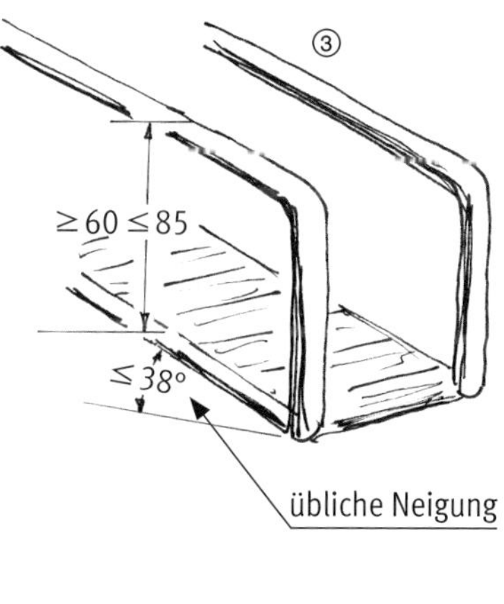

Beschaffenheit des Gerätes

Geräte sollen splitterfrei sein, Holzgeräte aus splitterarmem Holz hergestellt sein. Es dürfen keine herausragenden Drahtseilenden, überstehende Nägel, spitze oder scharfkantige Teile vorhanden sein.

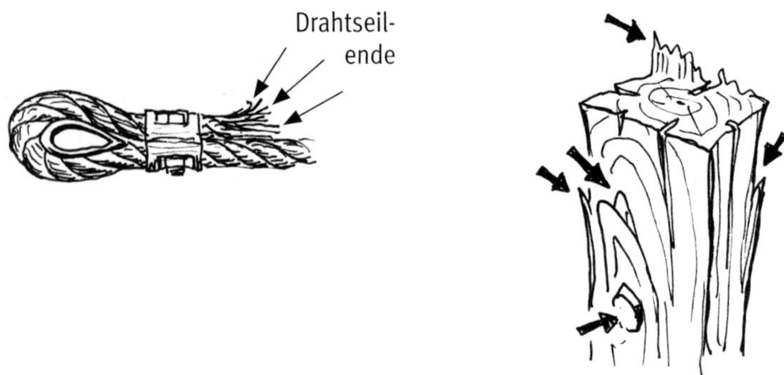

Raue Oberflächen dürfen nicht zu Verletzungen führen. Alle Metallteile (Muttern, Schweißnähte) müssen gratfrei sein. Schweißnähte müssen glatt sein (keine Schweißperlen).

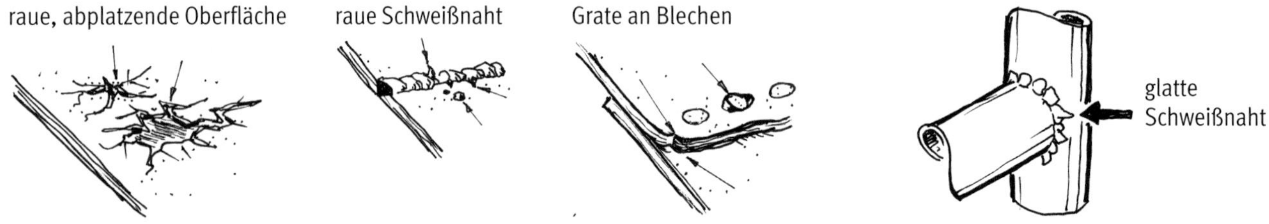

Überstehende Bolzengewinde müssen dauerhaft abgedeckt sein z. B. durch Hutmuttern.

Mehr als 8 mm aus der Oberfläche herausragende Teile müssen durch benachbarte Flächen abgeschirmt (maximal 25 mm Abstand zur Nachbarfläche) oder mit einem Mindestradius von 3 mm abgerundet sein.

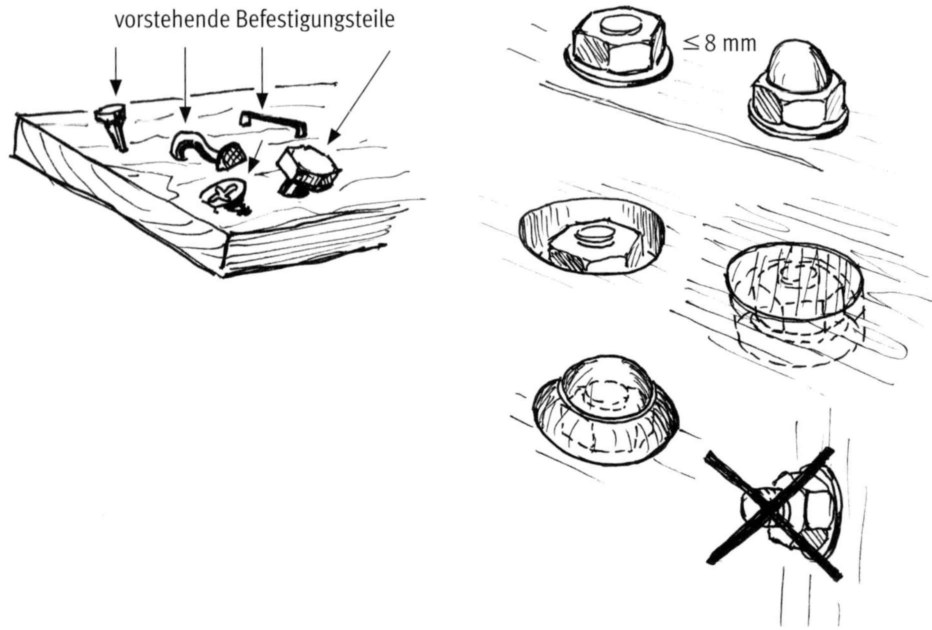

Wenn Geräteteile scharfkantig und elastisch oder hart und rund sind, sind sie kein Sicherheitsrisiko.

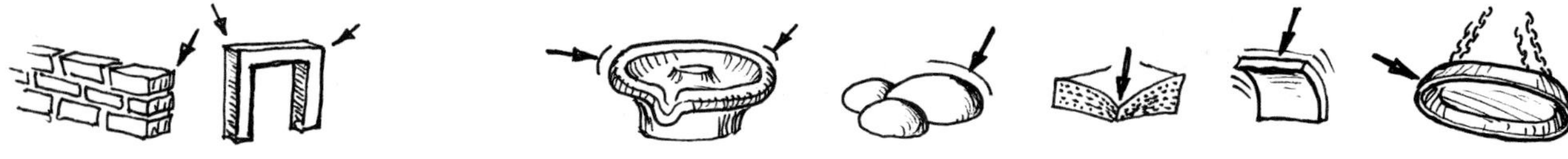

Bewegliche Teile

Quetsch- und Scherstellen zwischen zwei beweglichen sowie zwischen beweglichen und starren Teilen eines Gerätes müssen vermieden werden.

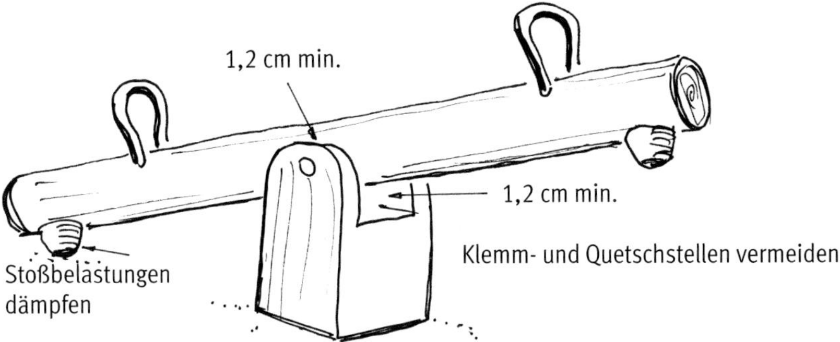

Stoßbelastungen (z. B. bei Wippen) müssen gedämpft sein (siehe auch DIN EN 1176-6).

Unzulässige Quetsch- und Scherstellen sind z. B. bewegliche Teile eines Baggers oder nicht festgelegte Enden von Spiralfedern (siehe auch Abschnitt I, Kapitel 3).

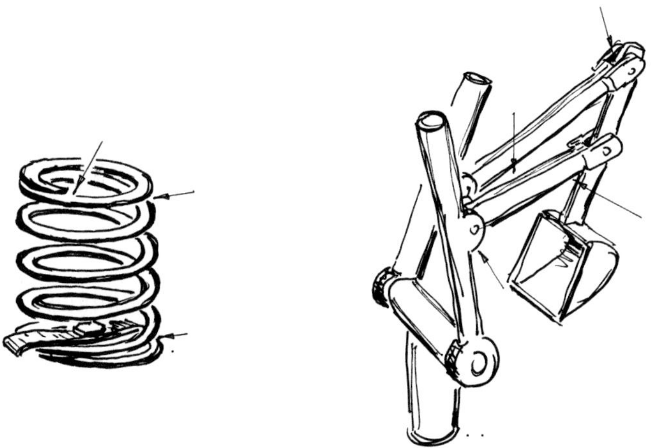

Unter beweglich aufgehängten Teilen mit großer Schwungmasse oder starrer Abhängung muss ein Mindestraum von 40 cm vorhanden sein.

Maße in cm

Um das Risiko einer Quetschung unter starr aufgehängten Teilen oder unter schweren Teilen zu vermeiden, ist ein Mindestraum von 40 cm erforderlich.

Fangstellen

Fangstellen für Kopf und Hals

Dem Abschnitt Fangstellen für Kopf, Hals und Körper kommt eine besondere Bedeutung zu, da es in der Vergangenheit leider zu tragischen Unfällen kam.

Man hat aus diesen Unfällen gelernt und die Durchschlupfmaße entsprechend gestaltet. Generell droht immer dann Gefahr, wenn ein Kind mit dem Körper voran in eine Öffnung gelangt, durch die der Kopf nicht durchpasst und diese Öffnung sich mehr als 60 cm über einer Standfläche befindet.

Wenn das Kind mit dem Kopf hängen bleibt und sich nicht mit den Füßen abstützen kann, droht Strangulation.

Gleichfalls problematisch sind Öffnungen, die den Kopf (Kopf voran) so einfangen, dass ebenfalls bei Abrutschen des Körpers Gefahr droht.

Vereinfachend kann man sagen, dass alle Öffnungen mit einem Spaltmaß unter 8,9 cm oder über 23 cm keine Gefahr für Hals und Kopf darstellen.

Alle anderen Maße, die zwischen 8,9 cm und 23 cm liegen, sind als möglicherweise kritisch zu bewerten und müssen besonders beurteilt werden.

Eine Prüfung dieser kritischen Öffnungen erfolgt mittels Prüfsonden, die für unterschiedliche Öffnungsarten eingesetzt werden.

So unterscheidet man zwischen vollständig umschlossenen Öffnungen und teilweise umschlossenen Öffnungen sowie Gefahrstellen, die aus Winkeln zwischen Bauteilen entstehen oder Scherstellen und beweglichen Öffnungen.

Die Anwendung der Prüfkörper ist ein besonderes Thema, dem das Kapitel 2 in Abschnitt III gewidmet ist.

- Öffnungen 60 cm über der Standfläche, Prüfung mit Sonden für vollständig umschlossene Öffnungen.

- Prüfung mit Sonden für vollständig umschlossene Öffnungen.

- Prüfung mit Sonden für teilweise umschlossene Öffnungen.

Spitze Winkel

(≤ 60° + mehr als 60 cm über dem Boden) sind nicht zulässig.

Die Prüfung erfolgt mit der Sonde für teilweise umschlossene Öffnungen.

Die verschiedenen Prüfkörper

Prüfkörper für vollständig umschlossene Öffnungen:

Diese Prüfsonden werden in Spaltbereichen zwischen 8,9 cm und 23 cm eingesetzt, um die Zugänglichkeit und Zulässigkeit der Öffnung zu prüfen (mehr als 60 cm über der Standfläche).

Sobald eine der Sonden C oder E in ihrer gesamten Tiefe (10 cm) in eine Öffnung eingeführt werden kann, muss auch die große Sonde D durch diese Öffnung passen.

Hier gibt es keine Unterschiede zwischen Deutschland und Europa.

Prüfkörper E (kleiner Kopfprüfkörper)

Prüfkörper C (Torso)

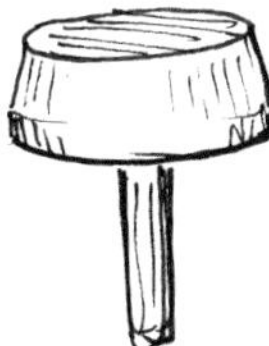

Prüfkörper D (großer Kopfprüfkörper)

Auch in Deutschland muss immer geprüft werden, um welches Risiko es geht. Wenn das Risiko zu groß ist, dann gelten auch in Deutschland die Prüfkörper A + B nicht mehr.

Prüfkörper für teilweise umschlossene und V-förmige Öffnungen (spitze Winkel):

Dieser Prüfkörper wird verwendet, um teilweise umschlossene und V-förmige Öffnungen auf Zugänglichkeit und Zulässigkeit zu untersuchen.

Die Sonde besteht aus 2 Teilen, die unterschiedliche Bedeutung haben (Erläuterungen zur Anwendung siehe Abschnitt III, Kapitel 2).

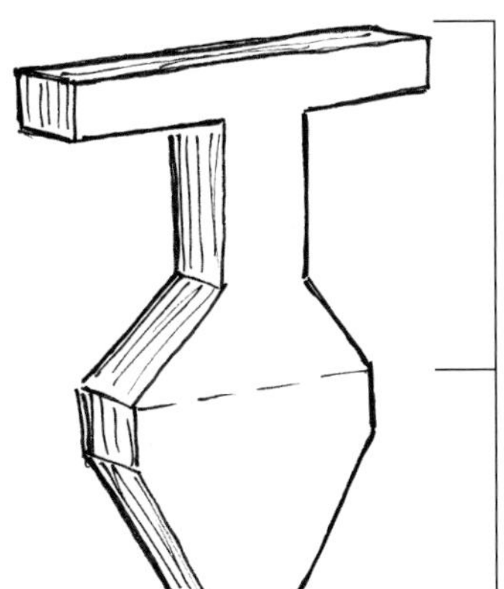

Teil B des Prüfkörpers für teilweise umschlossene und V-förmige Öffnungen

Teil A des Prüfkörpers für teilweise umschlossene und V-förmige Öffnungen

Fangstellen für Kleidung

Geräte sollten so konstruiert sein, dass gefährliche Situationen einschließlich der folgenden, in denen eine Fangstelle für Kleidung vorhanden sein kann, nicht auftreten:

a) Spalte oder V-förmige Öffnungen, in denen ein Teil der Kleidung während oder unmittelbar bevor der Nutzer eine erzwungene Bewegung erfährt, hängen bleiben kann;

b) Vorsprünge; und

c) Spindeln/sich drehende Teile.

Kletterstangen, Rutschbahnen und (besteigbare/erreichbare) Dächer unterliegen einer besonderen Prüfung (siehe auch Abschnitt III, Kapitel 2).

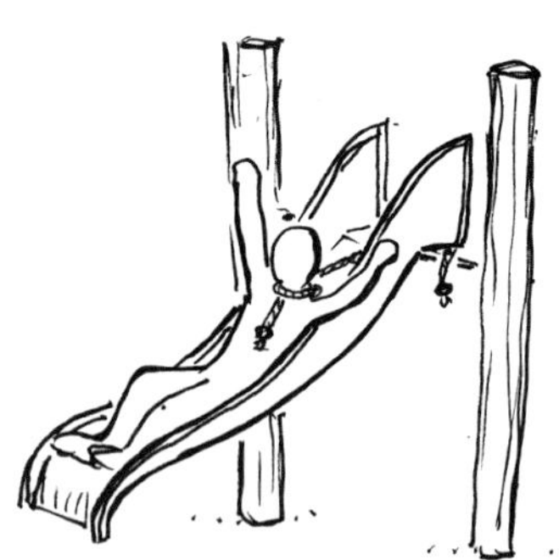

Wenn Elemente mit rundem Querschnitt benutzt werden, z. B. runde Rohre oder Stangen, sollte besonders beachtet werden, dass ein Aufwickeln von Kleidungsstücken im Fallraum vermieden wird.

Die ersten drei Beispiele zeigen, wie Einzugstellen an Rundholzkonstruktionen vermieden werden können ①.

Spindeln und drehende Teile müssen so gestaltet sein, dass Haare oder Kleidung nicht gefangen oder aufgewickelt werden können ②.

Kritisch sind alle V-förmigen Stellen oder schmale Einzugstellen ③.

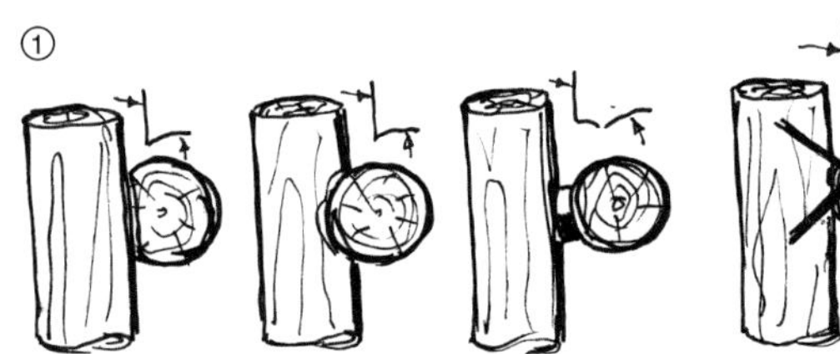

Den Fangstellen für Kleidung kommt eine besondere Bedeutung zu.

Hier sind insbesondere die Schnüre und Feststeller von Anoraks und anderer Kinderkleidung als sehr kritisch anzusehen.

Die Anforderungen und Prüfungen, die in DIN EN 1176 wiedergegeben sind, reichen unserer Meinung nach nicht aus, um alle Gefahrstellen zu entschärfen. Die Gefährdung besteht hauptsächlich darin, dass Kinder sich in den lose hängenden Kordeln ihrer Kleidung so verfangen können, dass es zu Strangulationen kommt.

Wir weisen besonders darauf hin, dass es tragische Unfälle nicht auf Spielplatzgeräten allein, sondern auch in vielen anderen Lebensbereichen gegeben hat, und empfehlen allen, Kordeln an Kinderkleidung insbesondere im Halsbereich zu entfernen.

Die Kinderkommission des deutschen Bundestages hat am 3.11.1999 eine Erklärung zu dem Thema herausgegeben und Forderungen gestellt. In der Folge entstand die Norm DIN EN 14682, Kordeln und Zugbänder an Kinderbekleidung.

Fangstellen für den ganzen Körper

Geräte sollen so gestaltet sein, dass der Körper nicht gefangen oder gequetscht werden kann.

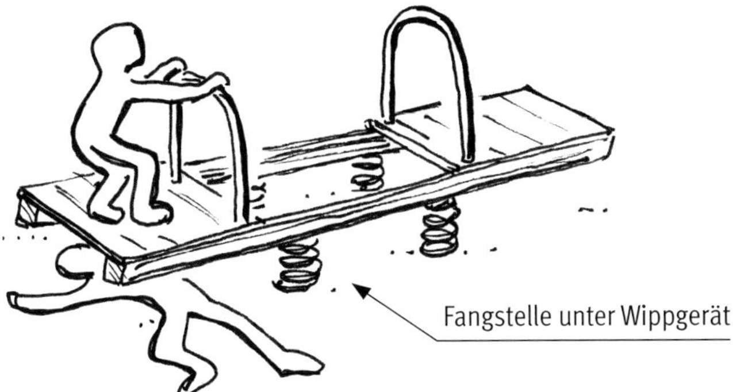

Für Tunnel (Kriechtunnel) ist anhand einer Tabelle festgelegt, wie diese eingebaut werden dürfen. Nach unserer Meinung stellen Röhren mit einem deutlich größeren Durchmesser (ab etwa 120 cm) und einer größeren Länge als 1 000 cm kein Risiko dar. (siehe **)

Erläuterung von DIN EN 1176-1, Abschnitt 4.2.7.4, Tabelle 1, Allgemeine sicherheitstechnische Anforderungen für Tunnel:

Tunnel, an einem Ende offen, dürfen nicht

- Wasser zurückhalten
- vom Eingang her abfallen
- mehr als 5° geneigt sein
- länger als 200 cm sein und

müssen einen Durchmesser von mindestens 75 cm* haben.

Tunnel mit zwei offenen Enden (oder mehr) dürfen nicht

- Wasser zurückhalten
- mehr als 15° geneigt sein, wenn keine Griffe oder Stufen im Inneren vorhanden sind,

und müssen einen Durchmesser von mindestens

- 40 cm* bei weniger als 100 cm Länge haben
- 50 cm* bei weniger als 200 cm Länge haben
- 75 cm* in allen anderen Fällen haben.
- Die Länge darf dabei 1 000 cm nicht überschreiten.**

* Jeweils gemessen an der engsten Stelle.

** Tunnelartige Bauteile mit mehr als 120 cm Durchmesser sind nach unserer Auffassung nicht längenbegrenzt.

- Keine Wasseransammlung im Tunnel

- Keine abwärts geneigten geschlossenen Tunnel

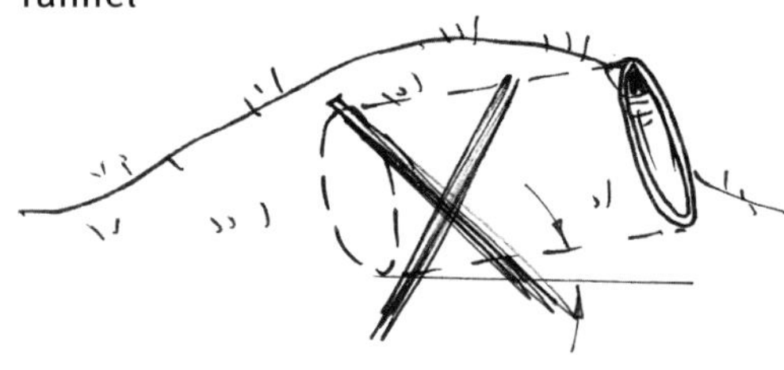

- 1 Ende offen:
bis 200 cm Länge – Mindestinnenmaß 75 cm*, maximal 5° Neigung

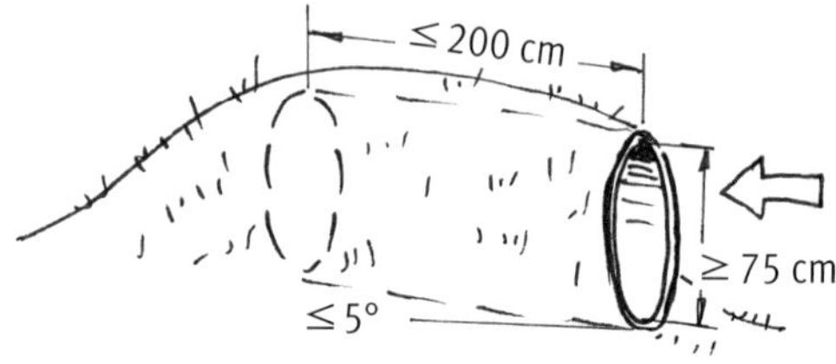

- 2 Enden offen:
bis 200 cm Länge – Mindestinnenmaß 50 cm*, maximal 15° Neigung

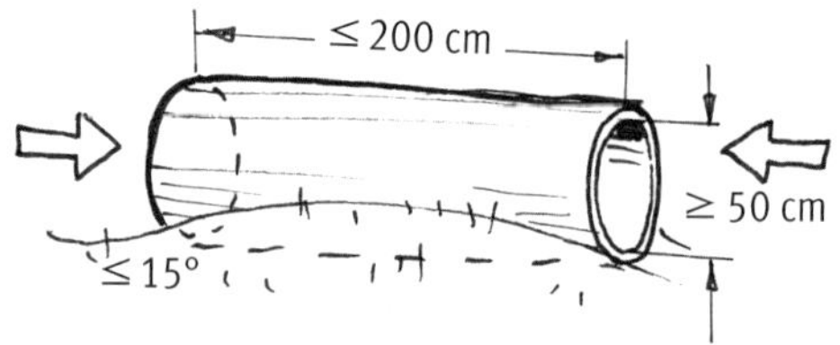

- 2 Enden offen:
Länge max. 1 000 cm – Mindestinnenmaß 75 cm*, mehr als 15° Neigung, Stufen oder Griffe im Innern des Tunnels als Kletterhilfe

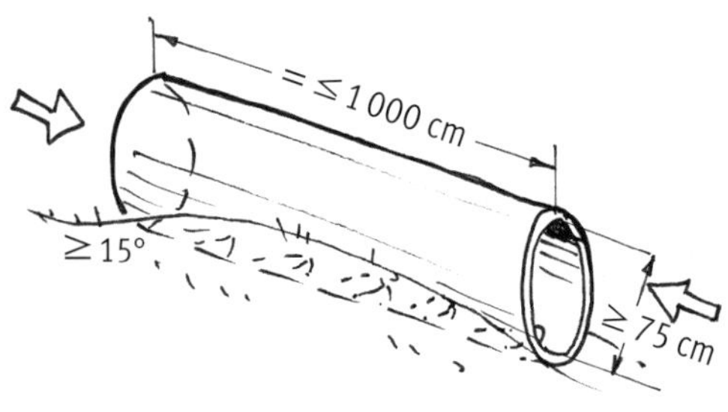

- Kein Wasser

- 2 Enden offen:
bis 100 cm Länge – Mindestinnenmaß 40 cm*, maximal 15° Neigung

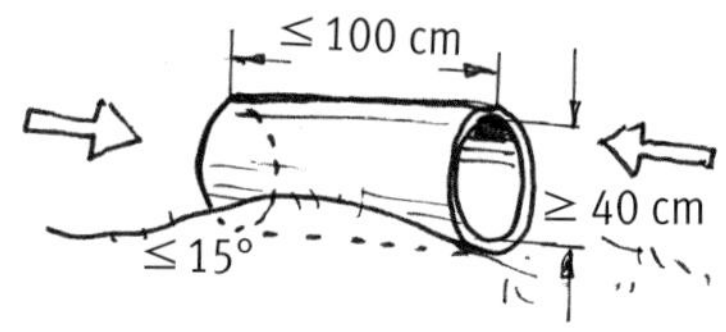

- 2 Enden offen:
Länge max. 1 000 cm – Mindestinnenmaß 75 cm*, maximal 15° Neigung

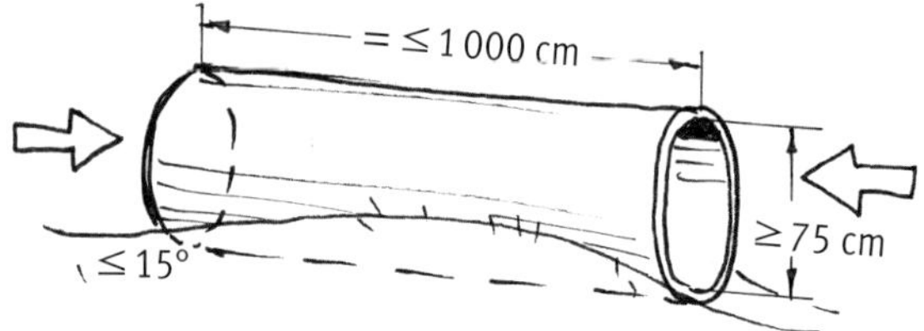

- Nicht Tunnel im Sinne der Norm

* Jeweils gemessen an der engsten Stelle.

Fangstellen für den Fuß oder das Bein

Auf Lauf- oder Kletterflächen dürfen keine Fangstellen wie z. B. Fußstützen oder Handgriffe oder Spalten sein, in denen der Fuß oder das Bein sich verfangen kann.

Spaltmaße sind entsprechend der Laufrichtung zu bewerten:

in Längsrichtung dürfen Spalten nicht größer als 3 cm sein (z. B. Podest).

Quer zur Laufrichtung sind größere Spaltmaße akzeptabel (z. B. Hängebrücke).

Diese Spaltmaße sind beliebig bis zu 60 cm Fallhöhe, bei Fallhöhen größer als 60 cm müssen die Spaltmaße zum Schutz des Kopfes eingehalten werden.

Fangstellen für Finger

Spalten und offene Rohrenden sowie sich verändernde Spalten, in denen Finger hängen bleiben können, sind zu vermeiden.

Zur Prüfung von Spalten werden zwei Prüfkörper (Stäbe mit 0,8 cm und 2,5 cm Durchmesser) verwendet (siehe Abschnitt III, Kapitel 2.2).

- ≥100 cm über der Standfläche

- Die von Architekten gerne verwendeten Lochbleche mit quadratischen Ausstanzungen als Füllung von Brüstungen bergen Gefahren für die Finger.

- Keine offenen Rohrenden über 100 cm über einer Standfläche (Bruch/Abriss).

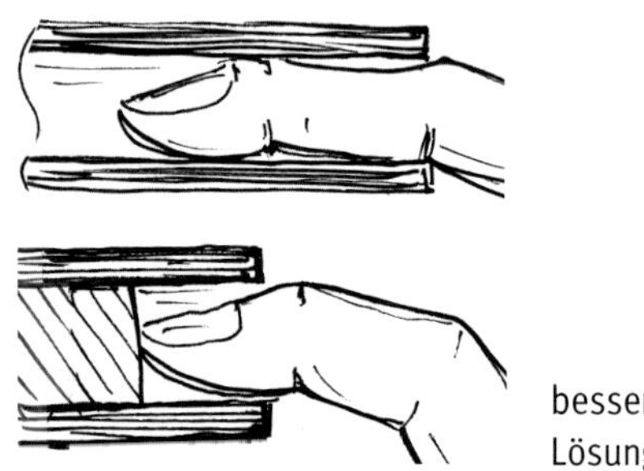

- Keine hinterschnittigen Öffnungen, da hier der Finger gefangen werden kann.

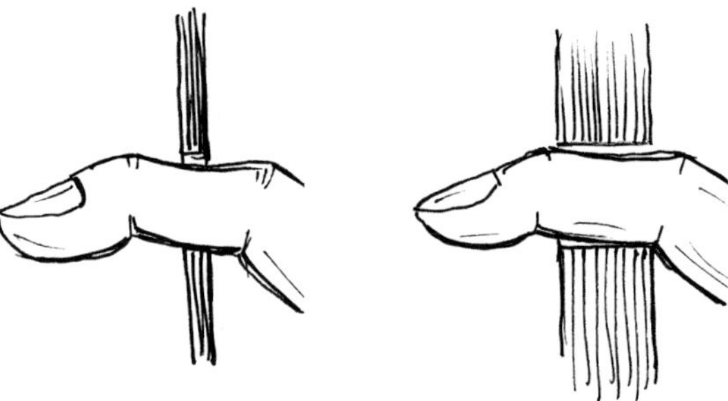

- Solche Spalten sollte man vermeiden.

- Risse im Holz sind als unkritisch anzusehen, da der Spalt sich nach innen verjüngt und den Finger nicht festhält.

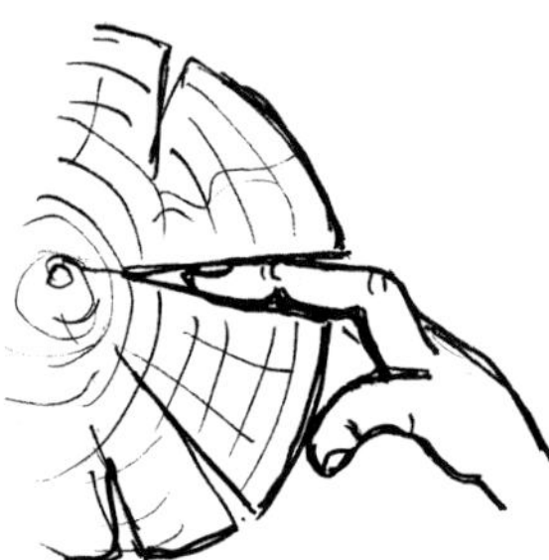

- Bei beweglichen Teilen dürfen sich die Teile auf höchstens 1,2 cm schließen (als Maß zum Schutz der Finger). Zum Schutz der Hand ist ein größerer Abstand erforderlich.

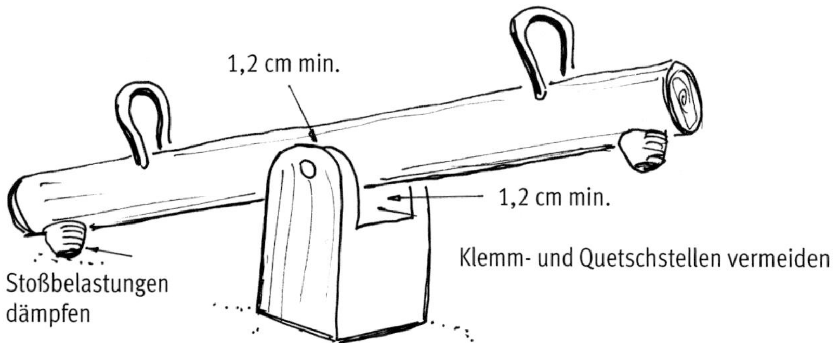

Bereiche

Mindestraum

Der Mindestraum besteht aus allen drei Räumen zusammen:

Geräteraum + Fallraum + Freiraum (wenn vorhanden).

Die Definition des Mindestraums findet sich in DIN EN 1176-1, Abschnitt 3.9 und ist im Bild 1 verdeutlicht.

Anforderungen bestehen an den Freiraum und den Fallraum (siehe auch Abschnitt II, Kapitel 1.2, Textabschnitte „Freiraum", „Mindestraum" und „Fallraum").

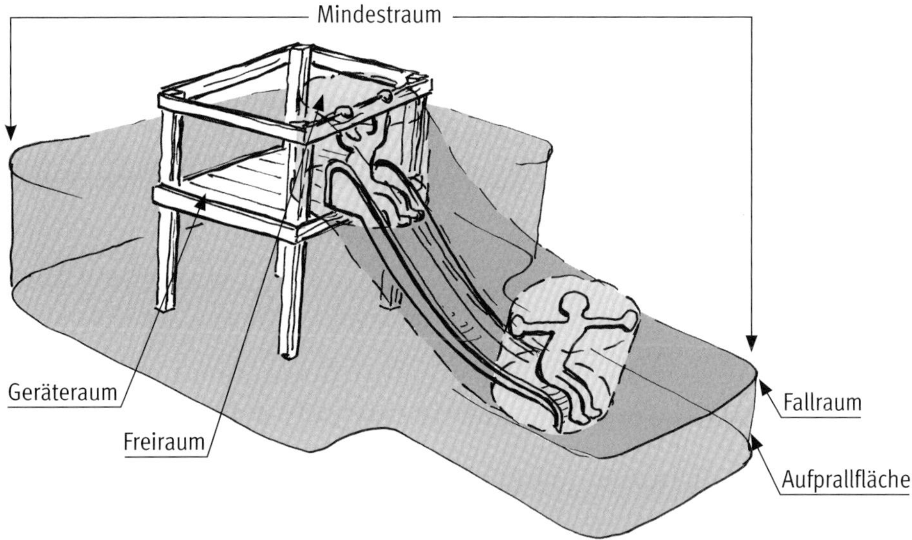

Maße des Freiraums

Einen Freiraum gibt es nur bei Geräten, die eine Bewegung erzwingen, die der Benutzer ohne weiteres nicht stoppen kann: Schaukel, Rutsche, Karussell, Seilbahn, manche Wippe etc.

Der Freiraum wird durch Zylinder beschrieben, die je nach Benutzungsart unterschiedliche Größen besitzen.

Der Zylinder wird entlang der Bewegungsmittellinie angenommen und so der Freiraum bestimmt.

- stehende Benutzung (z. B. bei Karussells)

- sitzende Benutzung (z. B. bei Rutschen)

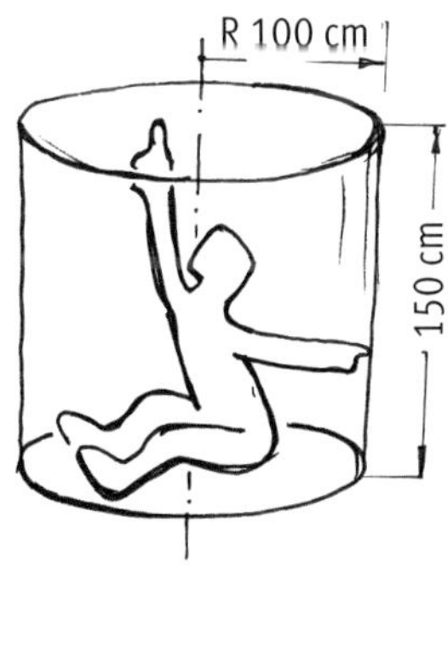

- hängende Benutzung (z. B. bei Seilbahn)

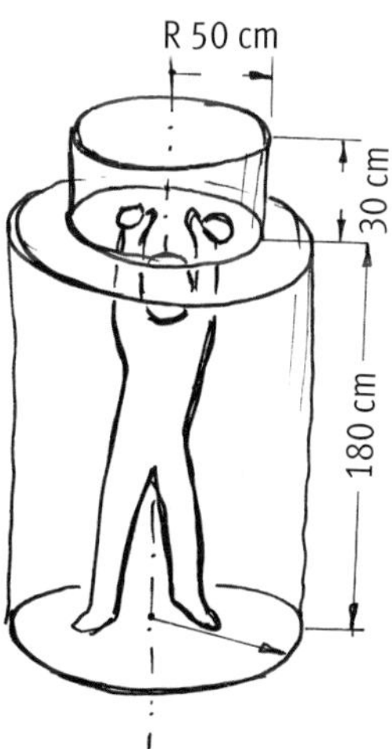

Maße des Fallraums

Bis 150 cm Fallhöhe beträgt die Länge der Aufprallfläche mindestens 150 cm und steigt dann mit der Fallhöhe an.

Ab 150 cm Fallhöhe gilt die Formel:

$x = 2/3\,y + 0{,}5$ m oder

$y = 1{,}5\,x - 0{,}75$ m

d. h. bei 200 cm Fallhöhe wird eine Länge der Aufprallfläche von mindestens 183 cm benötigt, bei 250 cm eine von 217 cm, bei 300 cm eine von 250 cm.

Unter 60 cm Fallhöhe gibt es keine Anforderungen an die stoßdämpfenden Eigenschaften des Bodens, außer bei erzwungenen Bewegungen.

Eine freie Fläche mit einer Mindestausdehnung von 150 cm muss um jedes Gerät mit „erhöhten Teilen" herum gegeben sein (siehe auch Abschnitt II, Kapitel 1.2, Textabschnitt „Fallraum").

Die Grafik zeigt im grauen Bereich die Zone an, in der keine Anforderungen an die stoßdämpfenden Eigenschaften bestehen.

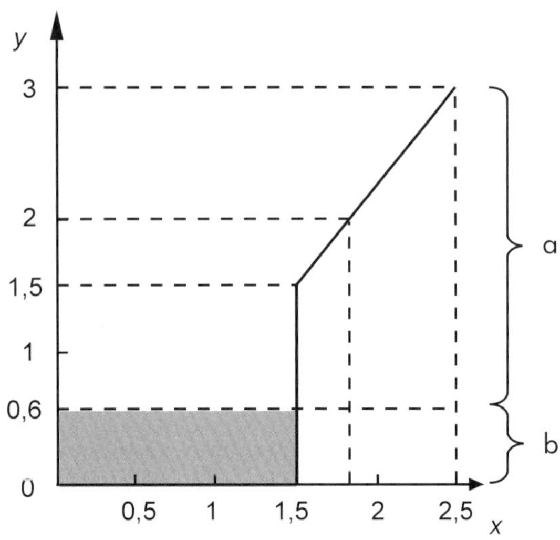

y freie Fallhöhe
x Mindestmaß der Aufprallfläche
a stoßdämpfender Boden mit Anforderungen
b Boden ohne Anforderungen, ausgenommen bei erzwungener Bewegung

Maße in cm

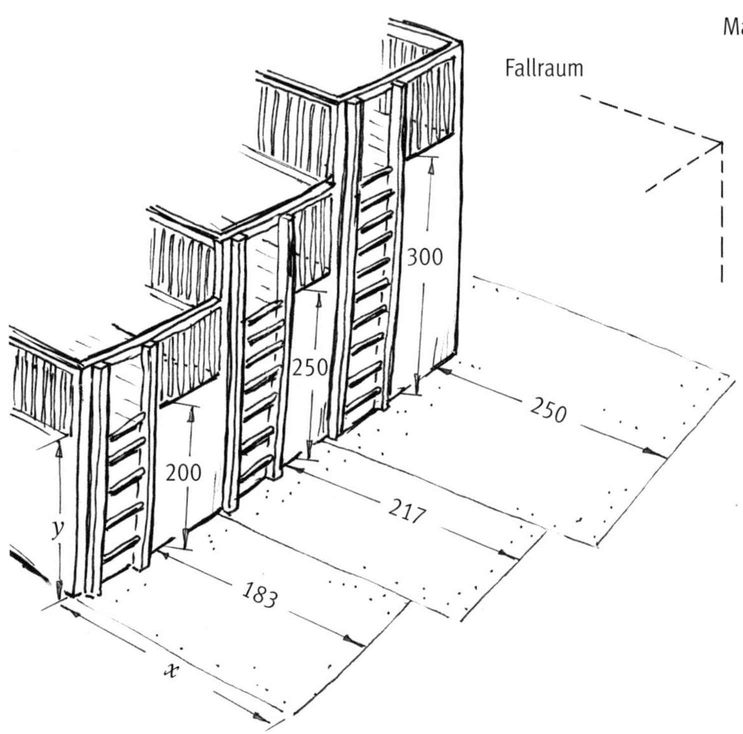

x Ausdehnung der Aufprallfläche
y Fallhöhe

Beispiele:

Fallhöhe in cm y	Ausdehnung Aufprallfläche in cm x
0 bis 150	150
200	183
225	200
250	217
275	233
300	250

Grundsätzlich gilt noch ein anderer Zusammenhang:

Bei der Planung eines Spielbereiches und der Installation von Spielplatzgeräten sollte man darauf achten, dass keine gefährlichen Gegenstände im Auslaufbereich einer Bewegung oder direkt im Anschluss an die Aufprallfläche vorkommen.

Je kleiner + spitzkantiger + alleinstehender ein Gegenstand ist, desto größer sollte der Abstand sein.

Sicherheit liegt im Sachverstand des Prüfers.

Nach DIN EN 1176-1, Abschnitt 4.2.8.2.5 hat jedes Gerät mit erhöhten Geräteteilen einen Fallraum von mindestens 150 cm, gemessen vom jeweils äußersten Geräteteil!

Nach DIN EN 1176-1, Abschnitt 4.2.8.4 dürfen sich keine Gegenstände im Fallraum befinden, auf die der Benutzer stürzen und sich verletzen kann, z. B. Fundamentkanten, herausragende Pfosten.

Es dürfen aber durchaus Gegenstände im Fallraum sein:

- Angrenzendes Geräteteil mit weniger als 60 cm Fallhöhe; oder
- Geräteteil zur Balance oder zur Unterstützung; oder
- Geneigte Teile mit mehr als 60° Neigung.

Anforderungen an den Boden (Aufprallfläche) unter 60 cm Fallhöhe sind nicht vorhanden (Ausnahme: erzwungene Bewegung).

Erzwungene Bewegung

Wenn eine erzwungene Bewegung vorliegt, muss auch bei Fallhöhen unter 60 cm stoßdämpfender Boden vorhanden sein.

Die kritische Fallhöhe des Bodens (HIC < 1 000) muss mindestens der Fallhöhe entsprechen. Daraus ergibt sich für Böden nach Tabelle 4 mindestens Rasen oder Oberboden oder ein Belag mit einem entsprechenden Nachweis (HIC-Prüfung). Bei Hangrutschen, die direkt auf dem Boden aufliegen, also eine Fallhöhe von 0 cm besitzen, ist kein Nachweis erforderlich!

Die Gerätetypen 2, 3 und 4 im Teil 6 der DIN EN 1176, Wippgeräte, haben keine erzwungene Bewegung, weil der Benutzer die Bewegung selbst beeinflusst und anhalten kann. Somit haben diese Gerätetypen auch keinen Freiraum, sondern nur eine Aufprallfläche, Fallraum und Geräteraum.

Freie Fallhöhe

Die freie Fallhöhe h wird durch die Benutzungsart bestimmt.

Bei stehender Benutzung ist die freie Fallhöhe der Abstand zwischen Fußsohle und der darunterliegenden Fläche.

Bei sitzender Benutzung ist es der Abstand zwischen Sitzfläche und der Fläche darunter und bei hängender Benutzung ist es der Abstand zwischen Handgrifffläche und der darunterliegenden Fläche.

Bei hüpfender Benutzung ist die freie Fallhöhe die Höhe der Sprungmatte über dem niedrigsten Punkt des Fallraums zzgl. 90 cm.

Beispiel Ringe, die an Querriegeln abgehängt sind: die Fallhöhe gilt ab Griffposition Ring und nicht ab auch möglicher Griffposition Querriegel.

Die freie Fallhöhe h darf 300 cm nicht überschreiten.

Dächer werden üblicherweise nicht in die freie Fallhöhe mit einbezogen, wenn:

- sie kein Spielangebot enthalten;
- keine Griffe oder Tritte angebracht werden;
- Dachneigung oder Materialwahl nicht zum Beklettern animieren.

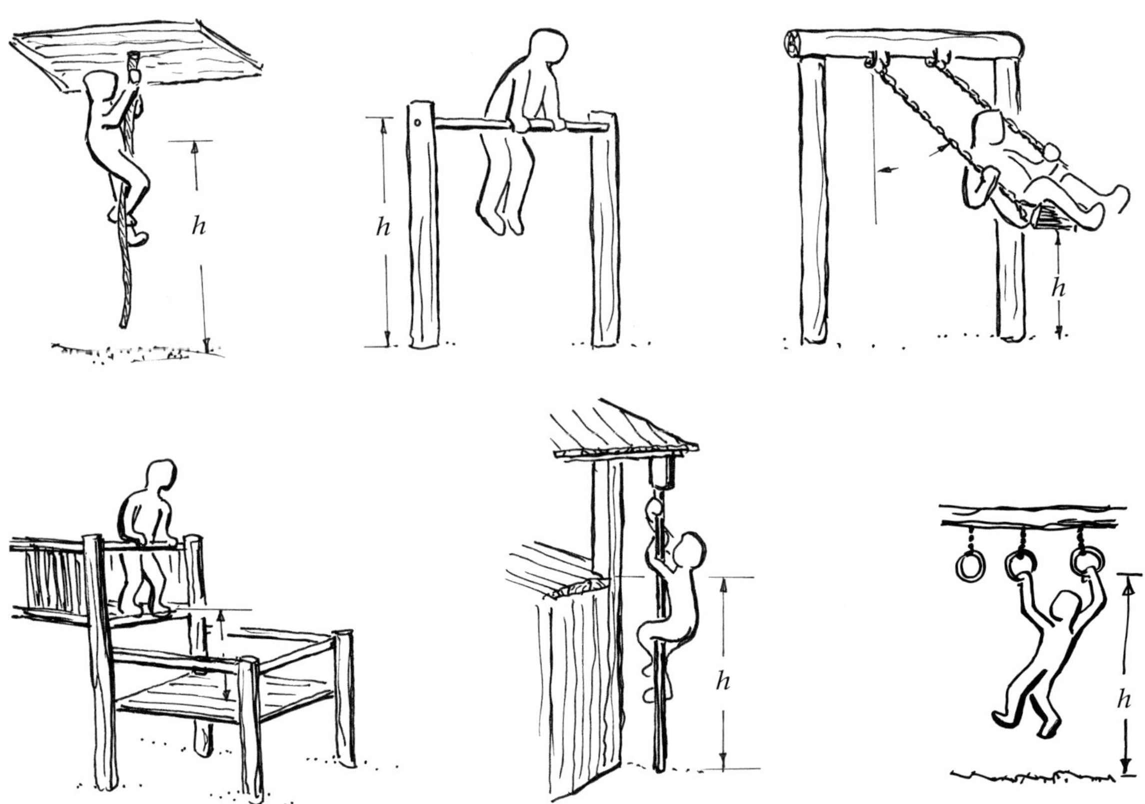

Freiraum

Schutzmaßnahmen gegen Verletzungen für den Benutzer, der eine vom Gerät erzwungene Bewegung durchführt.

Freiräume dürfen sich nicht überschneiden. Innerhalb der Freiräume dürfen sich keine weiteren Gegenstände befinden. Auch dürfen Freiräume nicht durch Wegeführungen unterbrochen werden. Freiräume und Fallräume dürfen sich nicht überschneiden. Dies gilt aber nicht für Geräte einer Gerätegruppe.

Fallräume und Fallräume dürfen sich in der Regel überschneiden.

Eine Ausnahme hiervon bilden die Fallräume von Schaukeln und Karussells, siehe Abschnitt II, Kapitel 2.3 und Kapitel 5.3. Wir sind der Meinung, dass auch die Fallräume von einzeln stehenden Rutschen sich nicht mit anderen Fallräumen einzeln stehender Geräte überschneiden sollten. Die Anforderungen an Fallräume gelten ab 60 cm möglicher Fallhöhe.

• Geräteteile, die in den Freiraum hineinragen, sind unzulässig.

• Der Baum ragt unzulässig in den Freiraum der Schaukel.

• Zulässiger Fallraum bei einer Kletterstange.

• Unzulässige Anordnung der Öffnungen bei Kletterstangen.

Mittlere Zugangsöffnungen befinden sich im Fallraum/Freiraum unter dem Aspekt der Überschneidung von Hauptlaufrichtungen

Beispiele für zulässige Überschneidungen von Fallräumen

Beispiele für unzulässige Überschneidungen von Fallräumen

Um einen ausreichend großen Platz zwischen den Geräten zum Spielen zu haben, sollten Fallräume nicht direkt aneinander angeschlossen werden.

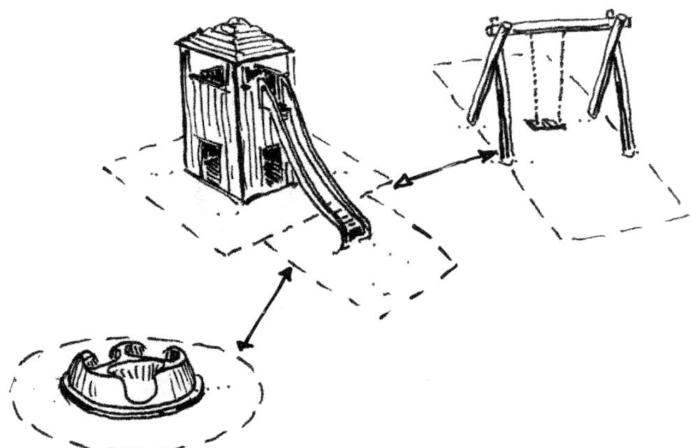

Bei Karussells und Schaukeln sind keinerlei Überschneidungen von Fallräumen erlaubt.

Länge des Fallraums

Jedes Gerät mit einem Fallraum hat eine Aufprallfläche von mindestens 150 cm Länge. Die Anforderungen gelten ab einer Fallhöhe von 60 cm (siehe Abschnitt II, Kapitel 1.3, Textabschnitt „Freiraum"). Fallräume dürfen sich in der Regel überschneiden.

Ausgenommen sind die Fallräume von Karussells und Schaukeln, bei denen keine Überschneidungen zugelassen sind.

Die Aufprallfläche (Boden) im Fallraum muss die stoßdämpfende Eigenschaft haben, die der Fallhöhe des Gerätes entspricht.

Länge der Aufprallfläche

Die Länge der Aufprallfläche entspricht dem Fallraum nach DIN EN 1176-1, Abschnitt 4.2.8.2.4. Die Anforderungen an die stoßdämpfenden Eigenschaften sind in den Anforderungen für die Fallräume enthalten (Böden siehe DIN EN 1176-1, Abschnitt 4.2.8.5).

Schutzmaßnahmen gegen Verletzungen im Fallraum

Die freie Fallhöhe für Spielplatzgeräte ist auf maximal 300 cm begrenzt. Generell sollen keine gefährlichen Hindernisse im Fallraum sein.

Dies gilt auch für Geräteteile, die nicht zum Spielen vorgesehen sind und auf die man fallen kann.

Bei angrenzenden Plattformen in einem Gerät müssen die Plattformen bis zu 100 cm Fallhöhe keine weiteren stoßdämpfenden Eigenschaften aufweisen.

Erst ab 100 cm Fallhöhe müssen sie die gleichen Anforderungen erfüllen wie sonst die Aufprallflächen.

Hinweis: Häufig sind für einen vernünftigen Spielablauf größere Abstände erforderlich, als es rein für die Sicherheit normativ geregelt ist.

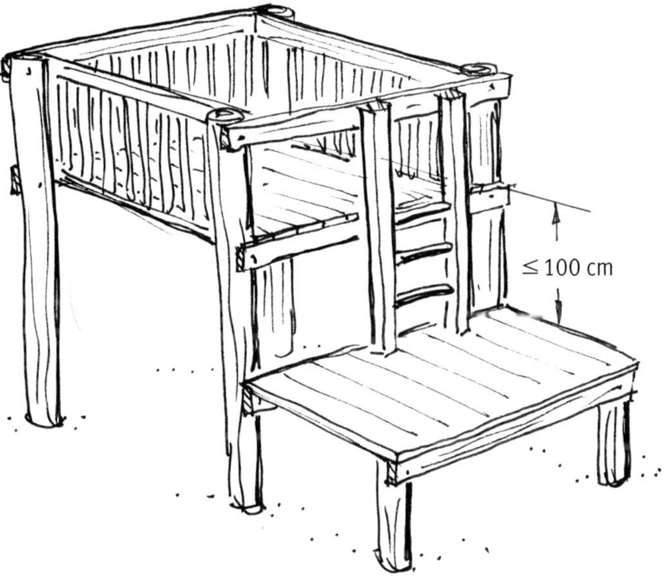

Bodenarten

Bodenqualität im Fallraum

Die Fallhöhe bestimmt die Qualität der stoßdämpfenden Eigenschaften eines Bodens, der im Fallbereich einzubringen ist.

Für Europa gilt: Der Boden muss stets den Wert HIC 1000 bringen, jeweils bezogen auf die Fallhöhe.

In Deutschland gilt die A-Abweichung, die den Fallhöhen verschiedene Bodenarten zuordnet. Da Böden (Naturböden) keine Handelsartikel sind, wurde in der Abfassung einer A-Abweichung kein Handelshemmnis gesehen, sodass eine anders geartete Regelung für die Zuordnung von Böden zu Fallhöhen getroffen werden konnte.

Die Anforderungen für die stoßdämpfenden Eigenschaften von Aufprallflächen sind in der DIN EN 1176-1 zu finden. Die DIN EN 1177 ist nur wegen der Beschreibung des Messverfahrens für die HIC-Prüfung für Labore von Bedeutung.

In der DIN EN 1176-1 existieren zwei Tabellen über die Zuordnung von stoßdämpfenden Böden.

Tabelle 4 beschreibt die Situation für Europa.

Wegen der A-Abweichung ist für Deutschland die Tabelle I.1 gültig.

Zur Förderung des besseren Verständnisses werden im Folgenden die Zuordnungen von Bodenarten, Fallhöhen und Absturzsicherung erläutert.

Für Europa gilt:

- bis 60 cm keine HIC-Prüfung erforderlich.
- bis 100 cm Fallhöhe Rasenboden
- ab 100 cm Fallhöhe Materialwert entsprechend DIN EN 1176-1, Tabelle 4 oder HIC-Prüfungswert kleiner als 1 000

(siehe Übersicht Abschnitt II, Kapitel 1.3, Textabschnitt „Bodenarten“)

Für Deutschland gilt:

- bis zu einer Fallhöhe von 60 cm:
  Beton, Stein, bitumengebundene Böden (außer erzwungene Bewegung)
- bis zu einer Fallhöhe von 100 cm:
  Oberboden, Tenne (wassergebundene Decken)
- bis zu einer Fallhöhe von 150 cm:
  Rasen
- bis zu einer Fallhöhe von 300 cm:
  Sand, Kies, synthetischer Fallschutz.

Bei losem Material beträgt die Mindestschichtdicke:

- Ergebnis des Labortestes + 10* cm (für getestetes Material)
- 30 cm (20 + 10*) bei einer Fallhöhe von maximal 200 cm (ungetestetes Material)
- 40 cm (30 + 10*) bei einer Fallhöhe von maximal 300 cm (ungetestetes Material).

* Bei losem Schüttmaterial sind 10 cm zur Mindestschichtdicke hinzuzufügen, um den Wegspieleffekt zu kompensieren (siehe DIN EN 1176-1, Abschnitt 4.2.8.5.1).

Deutschland:

Fallhöhe	Absturzsicherung		Boden
	leicht zugänglich	anders als leicht zugänglich	
<60 cm	keine	keine	Beton/Stein bitumengebundene Böden
≥60 cm	Brüstung	keine	Oberboden, wassergebundene Decken
≥100 cm	Brüstung	Geländer	Rasen
≥150 cm	Brüstung	Geländer	Holzschnitzel, Rindenmulch, Sand, Kies, synthetischer Fallschutz mit Prüfung (HIC*)
≥200 cm	Brüstung	Brüstung	Holzschnitzel, Rindenmulch, Sand, Kies, synthetischer Fallschutz mit Prüfung (HIC*)

Europa:

Fallhöhe	Absturzsicherung		Boden
	leicht zugänglich	anders als leicht zugänglich	
<60 cm	keine	keine	keine Prüfung nach HIC erforderlich
≥60 cm	Brüstung	keine	HIC 1000*
≥100 cm	Brüstung	Geländer	HIC 1000*
≥200 cm	Brüstung	Brüstung	HIC 1000*

* Bei der Bestimmung des Bodens kann entweder nach DIN EN 1176-1, Tabelle 4, vorgegangen werden. Dann ist kein Nachweis der kritischen Fallhöhe erforderlich. Alternativ können auch andere Materialien oder Schichtdicken verwendet werden, dazu ist aber der Nachweis der kritischen Fallhöhe nach HIC erforderlich.

HIC – (Head Injury Criterion) ist eine Prüfmethode aus der KFZ-Sicherheitstechnik und misst die Beschleunigung (Kopf-Simulation) bei einem Aufprall auf ein bestimmtes Material.

Die Methode ist bei der Anwendung auf Spielplatzböden umstritten. Siehe DIN EN 1176-1, Anhang I sowie Abschnitt I, Kapitel 1.9.

Zum Thema Fallhöhe, Absturzsicherung und Boden siehe auch Abschnitt II, Kapitel 1.3, Textabschnitt „Absturzsicherung“.

Die Praxis hat gezeigt, dass die Verwendung von synthetischem Fallschutz besonderer Sorgfalt bei der Planung bedarf.

U. a. werden auf synthetischem Untergrund

- *horizontale Aufprallkräfte weniger gut abgebaut (im Vergleich zu Sand/Kies);*
- *entstehen durch die Weichmacher-/Schaumanteile (erforderlich für den Kraftabbau) Fragen in Hinblick auf die ökologische Bilanz (Energieeinsatz bei Herstellung und Einbau, spätere Entsorgung von Polyurethan).*

Schutzmaßnahmen aufgrund anderer Bewegungsarten

Es dürfen keine Hindernisse am oder um ein Gerät herum vorhanden sein, mit denen ein Benutzer nicht rechnet und die Verletzungen herbeiführen können.

- Keine Hindernisse im Knöchelbereich

- Keine Hindernisse in Augenhöhe

Zugänge

Leitern

Die Abstände zwischen den Sprossen und Stufen von Leitern werden mit den Prüfkörpern nach DIN EN 1176-1, Anhang D.2 (Kopf) geprüft, d. h. die Abstände müssen < 8,9 cm oder ≥ 23 cm sein ①.

Sprossen oder Wangen oder Handläufe an Leitern müssen entweder dem Umfassen oder dem Greifen entsprechen.

Für nahezu senkrechte Leitern wird empfohlen, immer einen Griff zum Umfassen anzubieten ②.

(Siehe Abschnitt II, Kapitel 1.2, Textabschnitte „Umfassungsmöglichkeit“ sowie „Greifmöglichkeit“.)

①

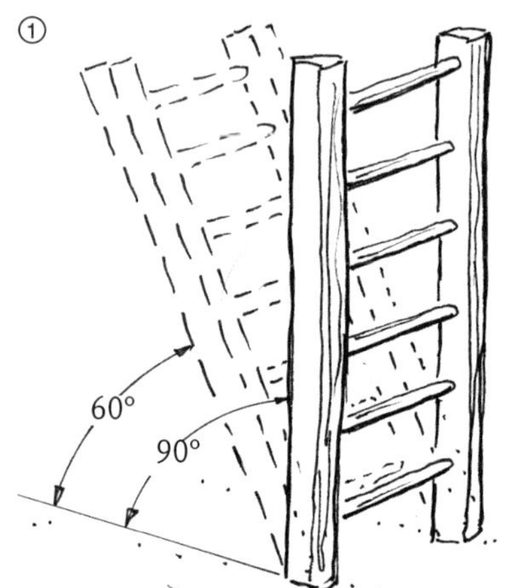

Übliche Neigung zwischen 60° und 90° zur Horizontalen

②

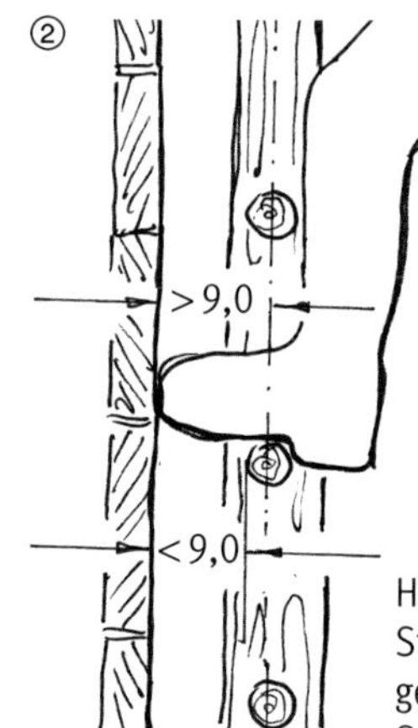

Hindernisfreier Raum hinter Sprosse/Stufe von mindestens 9,0 cm, gemessen von der Mitte der Sprosse/Stufe

Der Abstand zwischen Sprosse und Wand muss auch den Anforderungen zum Schutz des Kopfes entsprechen: ≥ 23 cm und ≤ 8,9 cm.

Leitern, die als schwer besteigbar gelten, sollen nach bisherigem Normungsstand einen Abstand von 40 cm von der Antrittsebene zur untersten Sprosse aufweisen. Dies könnte jedoch für ältere Benutzer selbst zu einem Risiko werden.

Sind Leitern so konstruiert, gilt die Regel für gleiche Sprossenabstände in Bezug auf die unterste Sprosse nicht (Sprosse-Boden).

Treppen

Treppen müssen mindestens drei Stufen mit einheitlichem Abstand haben. Treppenähnliche Aufstiegselemente, die weniger als drei Tritte haben, sind keine Treppen im Sinne der Norm.

Die Abstände zwischen Stufen müssen wie bei den Leitern den Anforderungen für Kopffangstellen entsprechen. Die Auftrittstiefe muss mindestens 11 cm, der Mindestvorsprung mindestens 14 cm betragen. Vorder- und Hinterkante dürfen maximal 3 cm horizontalen Abstand aufweisen. Die Anforderungen an Kopffangstellen sind einzuhalten.

Maße in cm

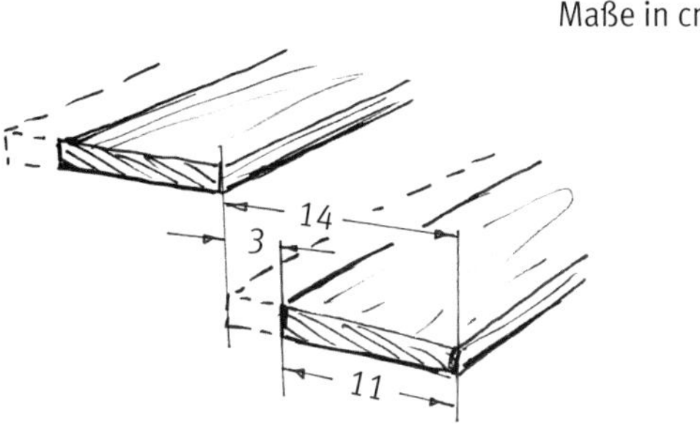

Bei mehr als 100 cm freier Fallhöhe und ≥ 45° Steigung sind Handläufe vorzusehen.

Wenn Geländer oder Barrieren eingesetzt werden, dann müssen sie ab der ersten Stufe vorhanden sein.

Zum Thema Geländer und Brüstung siehe auch Abschnitt II, Kapitel 1.2, Textabschnitte „Handlauf“, „Geländer“ sowie „Brüstung“.

Bei mehr als 200 cm Treppenhöhe sind Zwischenplattformen vorzusehen. Sie müssen mindestens 100 cm lang und so breit wie die Treppe sein.

Dadurch sollen lange Fallwege verhindert werden.

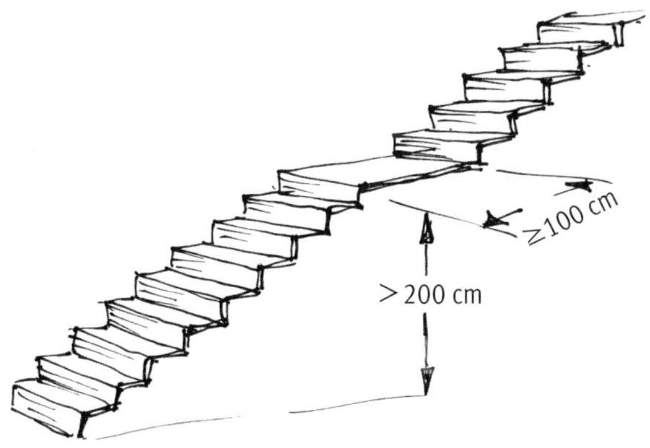

Rampen

Schräge Ebenen gelten bis zu einer Neigung von 38° als Rampen.

Schräge Ebenen, die steiler sind und z. B. ein Tau als Kletterhilfe haben, unterliegen nicht der Anforderung, Geländer oder Brüstungen zu installieren.

Wenn Handläufe/Geländer an Rampen verwendet werden, müssen sie immer an der niedrigsten Stelle der Rampe beginnen (siehe DIN EN 1176-1, Abschnitt 4.2.9.3).

- Rampe ohne Geländer bis 60 cm zulässig.

- Rampe leicht zugänglich mit Geländer von Anfang an und Brüstung ab einer Fallhöhe von >60 cm.

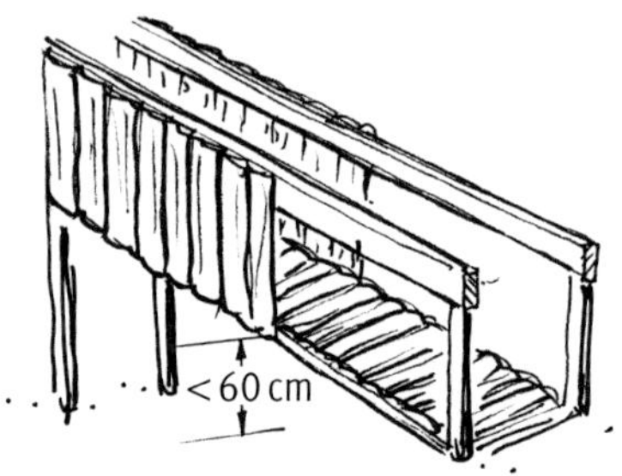

- Erschwert zugängliche Rampe mit Geländer und Brüstung, aber sicherheitstechnisch schlecht wegen Absturzgefahr am Beginn/Ende der Rampe.

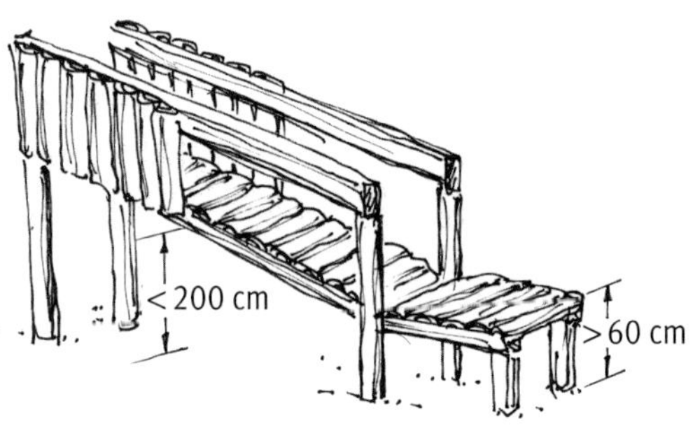

- Um Rampen, die den Filter „erschwert zugänglich" besitzen sollen, sicher zu gestalten, ist zum Beispiel ein Vorbau sinnvoll (Fallhöhe >60 cm).

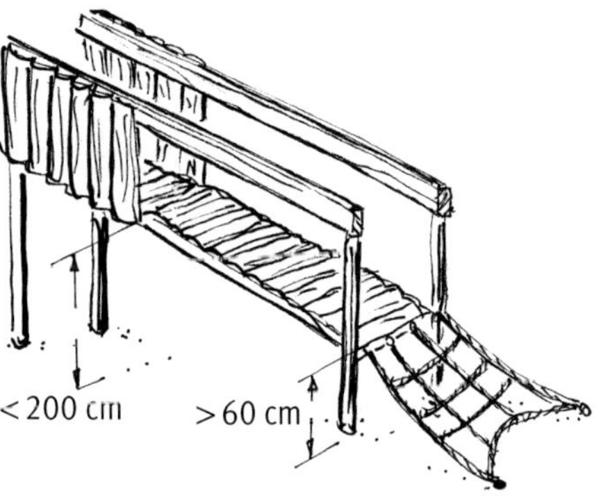

Verbindungsteile

Verbindungsteile dürfen sich nicht ohne Werkzeug lösen lassen.

Sie müssen auch den Anforderungen an Öffnungsmaße zum Schutz der Finger entsprechen. Verbindungselemente, die außerhalb des Griffbereichs liegen, brauchen diesen Anforderungen nicht zu entsprechen.

① Solche leicht lösbaren Schäkel sind nur dann zulässig, wenn sie mit geeigneten Maßnahmen gegen Öffnen ohne Werkzeug gesichert werden (kleben, nieten, ...).
Auch Verbindungen, die sich z. B. mit einer Münze öffnen lassen, würden der Anforderung nicht genügen.

Außerhalb des Griffbereichs müssen Verbindungsteile nicht den Schutzmaßen für Finger entsprechen.

Als außerhalb des Griffbereiches kann ein Maß von 210 cm Abstand angenommen werden ②.

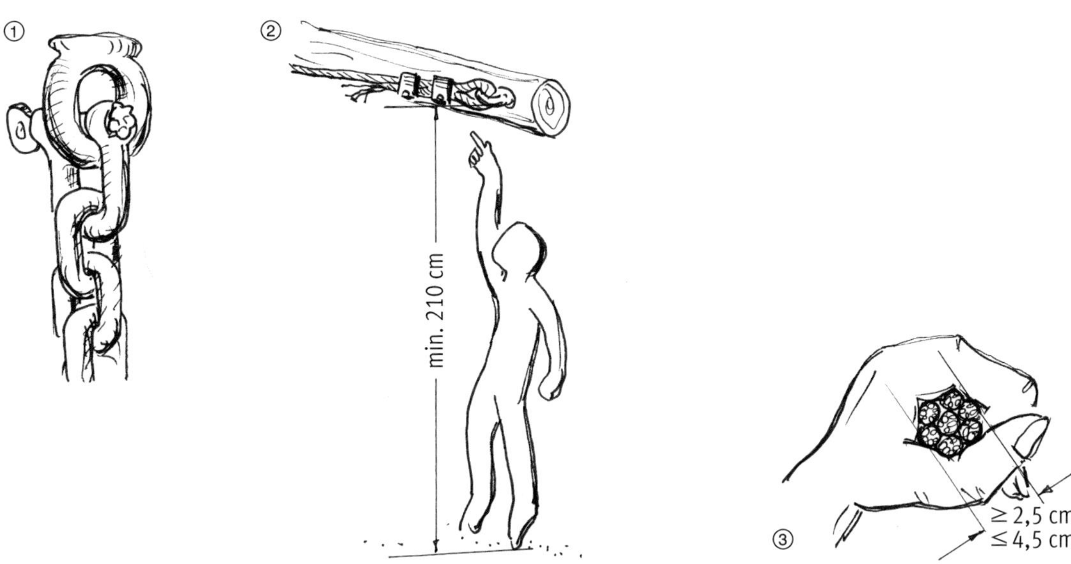

Seile

Für alle Seile gilt, dass sie einer Schlingenbildung entgegenwirken sollten.

Dieses Verhalten ist abhängig von Steifigkeit, Seillänge und Seildurchmesser. Seile mit Stahleinlage sind in der Regel so steif, dass eine gefährdende Schlingenbildung nicht möglich ist ③.

An einem Ende befestigte Seile

- Schwingseil – an einem Ende befestigt

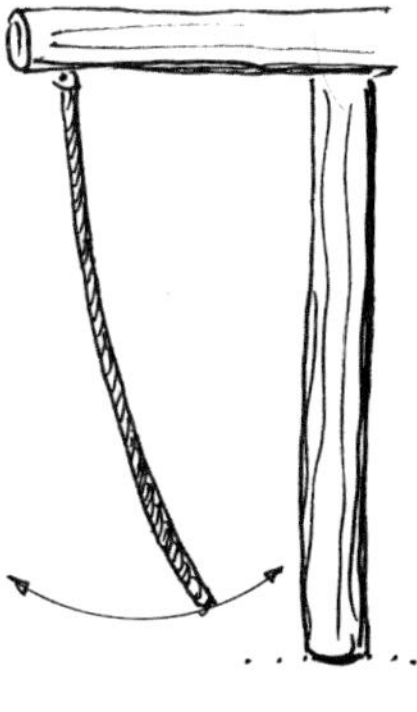

- Bei Seilen von 200 cm bis 400 cm Abhängelänge: Abstand zu festen und schwingenden Teilen mindestens 100 cm.

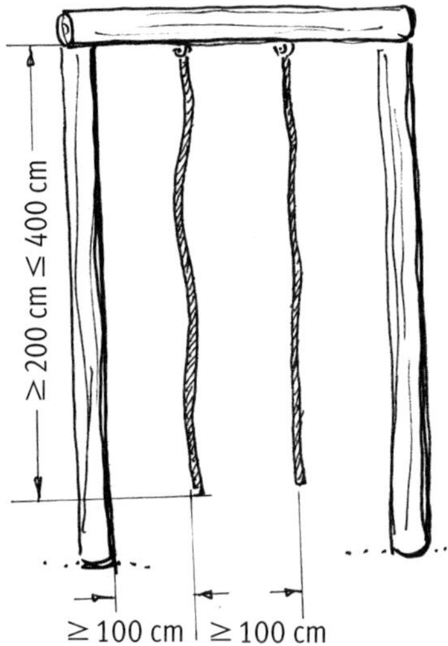

- Bei Seilen bis 200 cm Abhängelänge: Abstand zu festen Geräteteilen mindestens 60 cm, zu schwingenden Teilen mindestens 90 cm, Seildurchmesser 2,5 cm bis 4,5 cm.

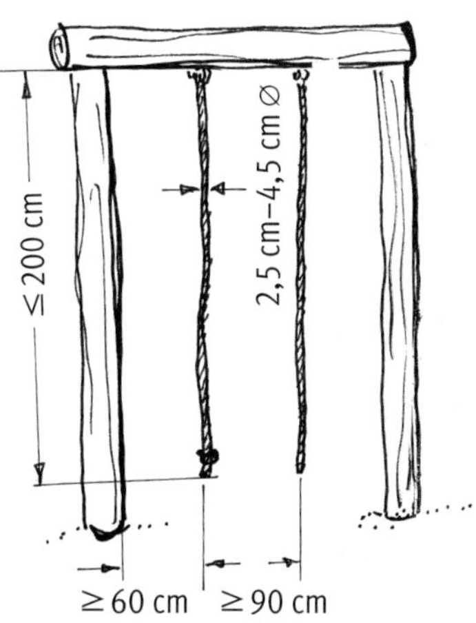

An beiden Enden befestigte Seile (Klettertaue)

Es darf nicht möglich sein, eine Schlaufe zu bilden, die es ermöglicht, dass Prüfkörper C hindurchpasst.

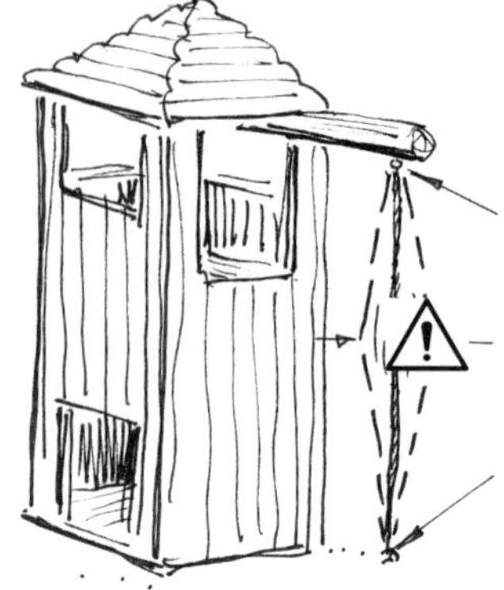

Achtung: Diese Anforderung ist gefährlich! Sie berücksichtigt nur zweidimensionale Strukturen, aber kein mögliches Eindrehen in der dritten Dimension!

Für Taue an schrägen Ebenen sind weitergehende Sicherheitsmerkmale notwendig, die nicht in der DIN EN 1176-1 enthalten sind:

- es darf nicht möglich sein, beidseitig befestigte Taue bis zum Rand einer Ebene oder darüber hinaus zu ziehen;
- nur einseitig befestigte Taue müssen biegesteif sein, der Endbeschlag sollte möglichst leicht sein, die Länge des Seils sollte ca. 50 cm kürzer als die Ebene sein.

Ketten

Öffnungsmaße maximal 8,6 mm in eine Richtung, an Verbindungsstellen sind mindestens 12 mm erlaubt.

Das Öffnungsmaß von maximal 8,6 mm bildet eine Ausnahme zu dem sonst zulässigen Spaltmaß von 8 mm zum Schutz der Finger. Dieses Öffnungsmaß gilt nur für Ketten.

Maße in mm

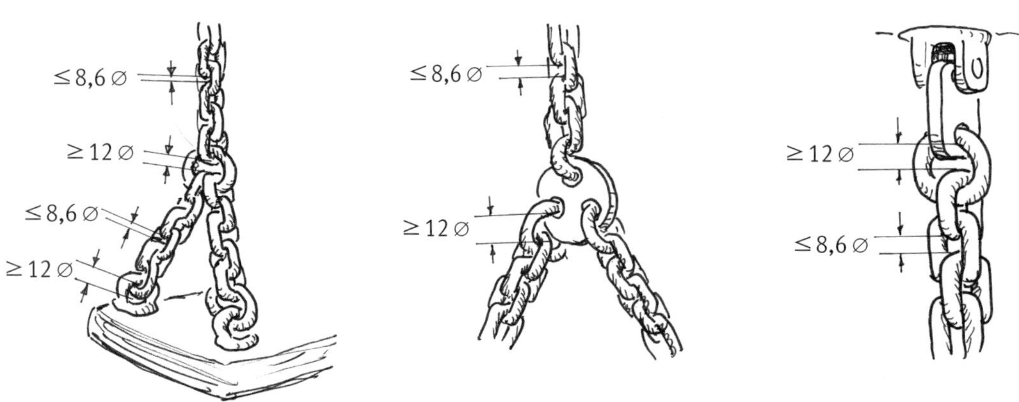

Die Zulässigkeit der Öffnungen in Ketten wird mit dem Prüfstab 8,6 mm Durchmesser geprüft (siehe D.13).

Fundamente

Nach wie vor ist die richtige oder falsche Fundamentierung für die Lebensdauer eines Spielplatzgerätes mit von entscheidender Bedeutung.

Bei Holzgeräten ist die Zone Erde/Luft der kritische Bereich, in dem zuerst eine Zersetzung des Holzes beginnt. Entsprechende Schutzmaßnahmen können hier vorschnelles Altern und auftretende Sicherheitsrisiken verhindern, z. B.: Aufständern der Standpfosten mit Stahlfüßen, Kesseldruckimprägnieren des Holzes, Verwendung von Harthölzern der Resistenzklasse 1 und 2 (z. B. Robinie) als Standfuß usw.

Bei Stahlgeräten ist es vorrangig die Kontaktkorrosion, die für die Standfestigkeit des Gerätes Risiken birgt.

Fundamente von Einpunktgeräten müssen für die Überprüfung der Standfestigkeit zugänglich sein. Dies ist bei der Auswahl des Fallschutzmaterials bzw. deren Installation zu berücksichtigen.

Diese schleichende Korrodierung des Metalls kann u. U. sehr schnell voranschreiten und ist nicht so einfach zu erkennen (unter Farb- oder Zinkschicht).

Hier sind in allen Fällen die Kompetenzen des Wartungs- und Inspektionsdienstes gefordert.

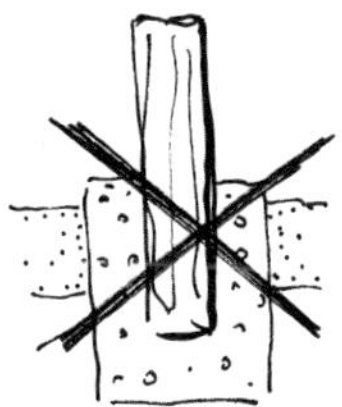
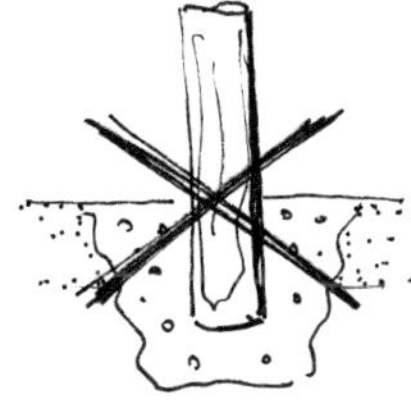
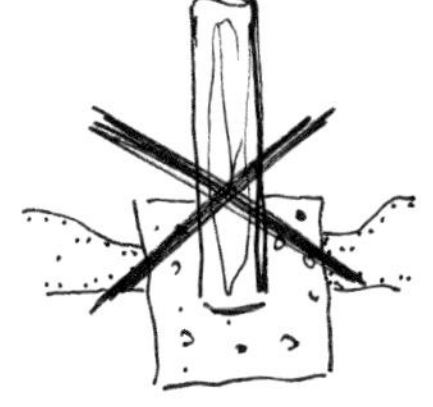

• Bei losen Bodenmaterialien müssen alle Sockel, Stützen und Befestigungselemente mindestens 40 cm unter der Spielebene liegen.

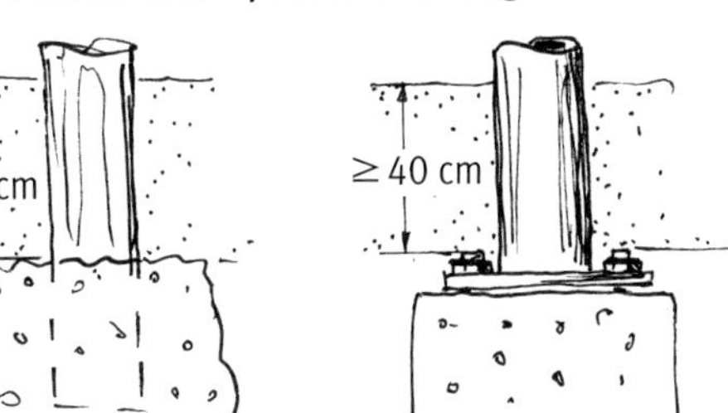

• Bei abgerundeten Fundamentköpfen ohne weitere herausstehende Bolzenteile etc. kann der Fundamentkopf 20 cm (mindestens) unter der Spielebene angebracht sein.

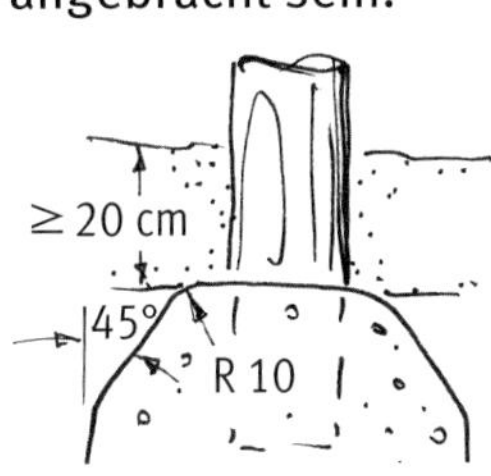

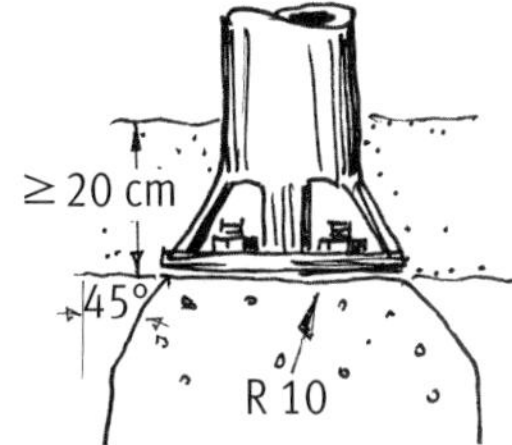

Hinweis: Da sich die Dicke der Wegspielschicht beim Übergang von DIN 7926 zur EN 1176 auf 10 cm reduziert hat und gleichzeitig bei einer Fallhöhe von weniger als 200 cm die Füllhöhe des losen Materials auf 20 cm reduziert wurde, reichen im Normalfall bei unter 200 cm Fallhöhe auch 30 cm Überdeckung der Fundamente aus!

• Staunässe bei einbetonierten Hölzern sollte immer vermieden werden. Holz, das in einem Betonsackloch steckt, modert schnell, weil Feuchtigkeit nicht nach unten ablaufen kann. Deshalb ist eine nach unten offene Betonierung erforderlich.

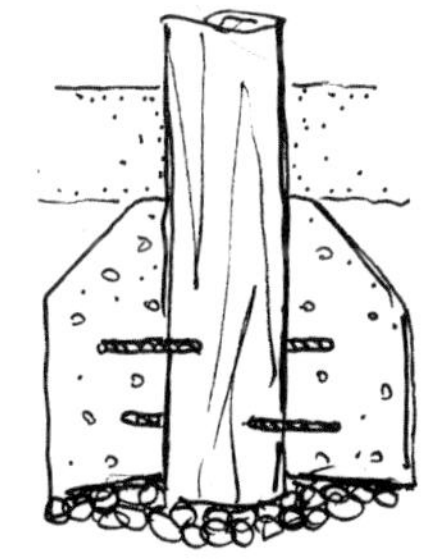

• Pfostenschuhe erlauben eine Aufständerung des Holzes und verhindern vorschnelles Modern. Darüber hinaus erleichtern sie den Austausch der Holzpalisade.

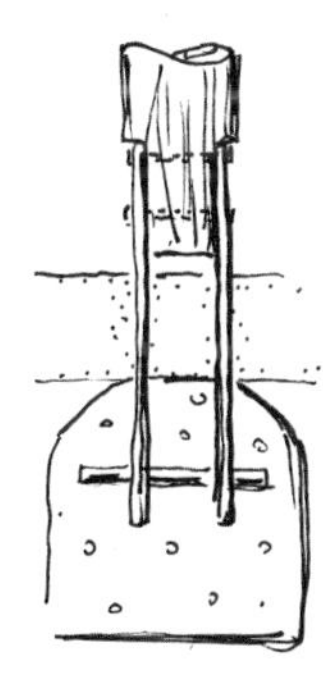

• Werden Fundamente durch die Gerätekonstruktion komplett abgedeckt, sind keine weiteren Maßnahmen erforderlich.

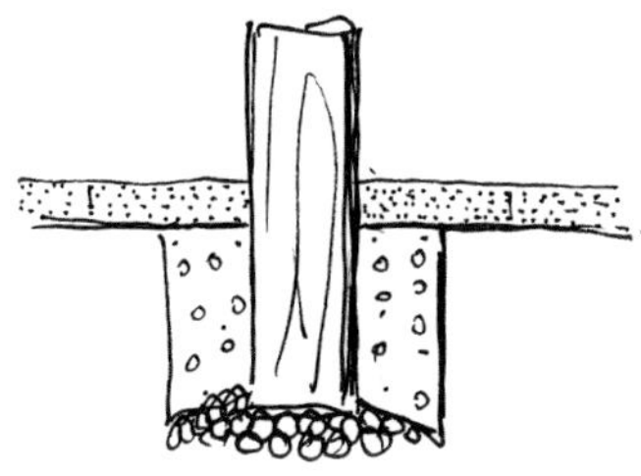
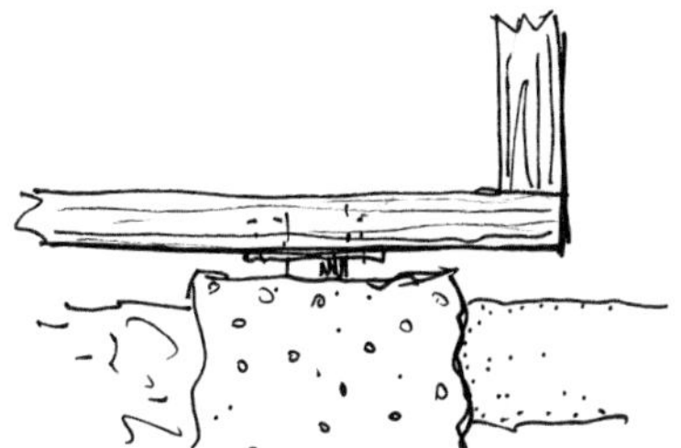

Sprunggeräte*

Hüpfgelegenheiten sind Elemente, die aufgrund von federnder Aufhängung (zumeist Federn) oder ihrer federnden Materialeigenschaft zum Hüpfen und Springen motivieren. Zumeist werden solche Geräte als „Trampoline" bezeichnet, wenn sie es auch im Sinne eines Sport- oder Freizeittrampolins nicht sind.

Es wird in kleine und große Hüpfgelegenheiten unterschieden. Die kleinen (< 1,44 m² Sprungmatte) benötigen einen umlaufenden Fallraum von 150 cm und diese dürfen sich überschneiden. Große Hüpfgelegenheiten (≥ 1,44 m² Sprungmatte) benötigen einen umlaufenden Fallraum von 200 cm. Wenn eine Hüpfgelegenheit schräg montiert wird und eine bestimmte Hüpfrichtung vorgegeben ist, benötigt man in dieser Richtung 300 cm Fallraumausdehnung.

Die Fallhöhe von Hüpfgelegenheiten berechnet sich aus der Höhe der Sprungmatte über dem niedrigsten Punkt des Fallraums zzgl. 90 cm.

Bei Nutzung einer Einhausung ist ein Wegfall der Frei- und Fallräume möglich.

Eine Kombination aus kleinen Hüpfgelegenheiten wird als Geräte-Gruppe betrachtet. Somit dürfen sich deren Frei- und Fallräume überschneiden.

Die maximale Höhendifferenz innerhalb von 150 cm umlaufend darf nicht höher sein als 60 cm (siehe Bild).

Maße in cm

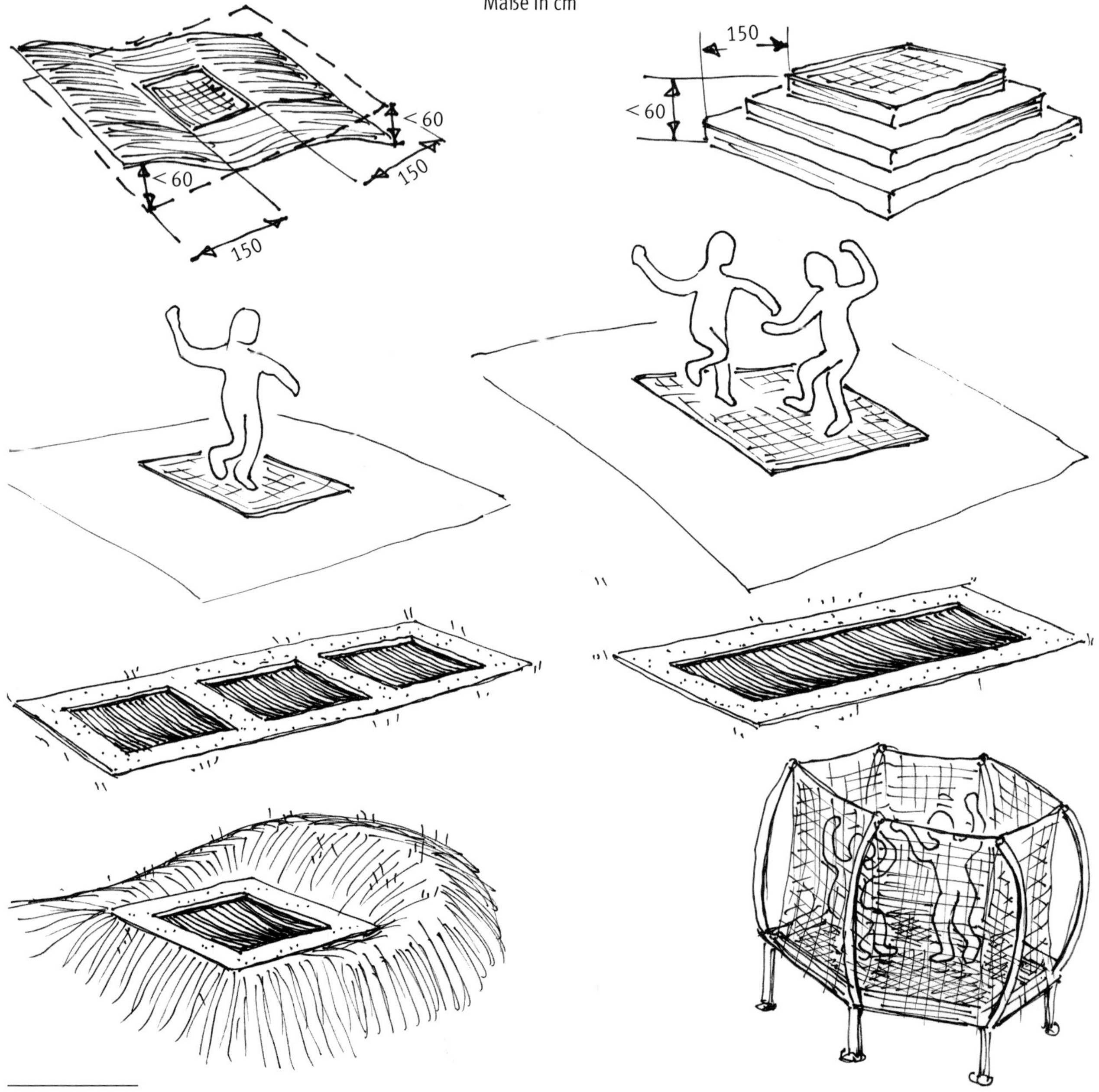

* Springen beinhaltet im Normalfall horizontale Bewegungsmuster, beim Hüpfen überwiegen die senkrechten Anteile!

Sprünge von umgebenden erhöhten Elementen auf Trampoline soll vermieden werden.

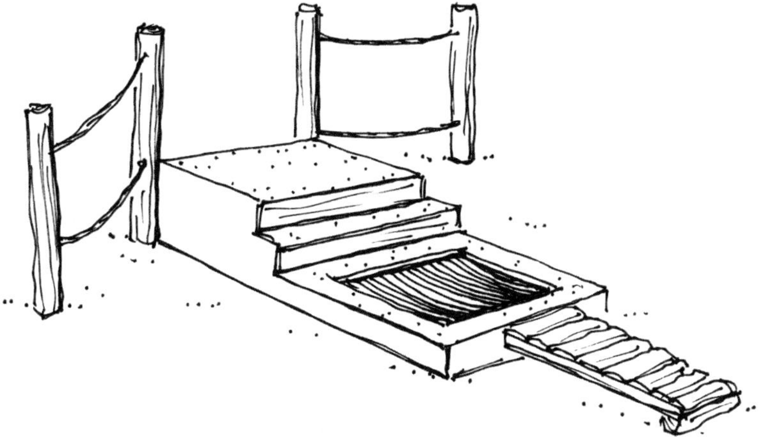

Der Zugang unter das Sprungtuch muss für Reinigungszwecke möglich sein.

Keine Sprunggeräte im Sinne der Norm

1.4 Nachweis von Einhaltung und Berichten

Alle Anforderungen, die sinnvoll auf ein Gerät anzuwenden sind, müssen durch ein geeignetes Verfahren geprüft werden.

Dabei sind die statischen Nachweise für die Konstruktion unter Maßgabe der Lastannahmen aus Anhang A zu erbringen.

Für die Öffnungsmaße gibt es normspezifische Prüfverfahren (siehe Anhang D), die im Kapitel „Anwendung der Prüfkörper“ erläutert werden.

Der Betreiber hat dem Hersteller/Vertreiber gegenüber das Recht auf die Bekanntgabe des Prüfberichtes.

Die sicherheitstechnische Bewertung des falldämpfenden Bodens nach der Installation kann durch nationale Regelungen organisiert werden. In Ländern, in denen dies nicht erfolgt, wird Anhang H genutzt.

Informationen, die vom Hersteller/Vertreiber zur Verfügung gestellt werden müssen

Dies sind Informationen über das Gerät und die Aufstellbedingungen, Informationen über die Montage und Informationen über die Inspektion und Wartung.

Die mit dem Gerät mitgelieferten Unterlagen müssen in der Landessprache des Landes verfasst sein, in dem das Gerät aufgestellt/betrieben werden soll.

Nach Möglichkeit sollten Skizzen und Zeichnungen die Informationen bildhaft darbieten.

Die zum Gerät gehörenden Informationen müssen auf Verlangen auch bereits vor der Auftragsausführung zur Verfügung gestellt werden (siehe DIN EN 1176-7 und Abschnitt II, Kapitel 8.4).

Kennzeichnung

Die Gerätekennzeichnung nach DIN EN 1176-1, Abschnitt 7 ist für Folgendes wichtig:

- Herkunftsnachweis, um Ersatzteile bestellen zu können;
- Herstellungsjahr und Gerätekennzeichen, um Prüfberichte zuordnen zu können;
- Markierung der Spielebene, damit Fundamentköpfe sicher abgedeckt sind;
- Nummer und Datum der Norm, um den jeweiligen Status der Norm dem Gerät zuordnen zu können.

Als sinnvoll hat es sich erwiesen, auch Kennzeichnungen der verwendeten Materialien anzubringen, damit eine fachgerechte Entsorgung nach Ablauf der Lebensdauer eines Gerätes stattfinden kann.

1.5 Anhänge

Anhang A (normativ)

behandelt die Lasten und Lastannahmen für die Konstruktion von Spielplatzgeräten.

Es finden Berücksichtigung: das Eigengewicht des Gerätes, Lasten aus Vorspannungen, das Gewicht von Wasser in Wasserbehältern, Lasten der Benutzer, Schneelasten, Windlasten, Lasten aus Temperaturbeanspruchung und Sonderlasten.

Anhang B (normativ)

behandelt die Ermittlung der Parameter für die Berechnungen.

Es sind Beispielberechnungen dargestellt für allgemeine Benutzerlasten, Beispiele von Plattformen, Geländern, Leitern, Schaukeln und Seilbahnen.

Anhang C (normativ)

erläutert die Belastungsversuche zur konstruktiven Festigkeit.

Anhang D (normativ)

behandelt die spezifischen Prüfverfahren für Fangstellen für Kopf und Hals, Finger und Kleidung.

Diese Prüfverfahren werden in Abschnitt III, Kapitel 2 eingehend erläutert.

Anhang E (informativ)

ist eine Übersicht über Gefahrenstellen und Risiken.

Anhang F (informativ)

Übersicht über die Ermittelung der Fallhöhen, beinhaltet eine Illustration zur Bestimmung der freien Fallhöhe

Anhang G (informativ)

beinhaltet eine **beispielhafte** Illustration des Siebtestes nach Tabelle 4

Anhang H (informativ)

Ermittlung der angemessenen Stoßdämpfung nach Installation, nur anzuwenden, wenn keine nationale Regelung vorhanden ist.

Anhang I (informativ)

enthält die nationalen A-Abweichungen von Frankreich und Deutschland.

Literaturhinweise

2 DIN EN 1176-2 – Zusätzliche besondere sicherheitstechnische Anforderungen und Prüfverfahren für Schaukeln

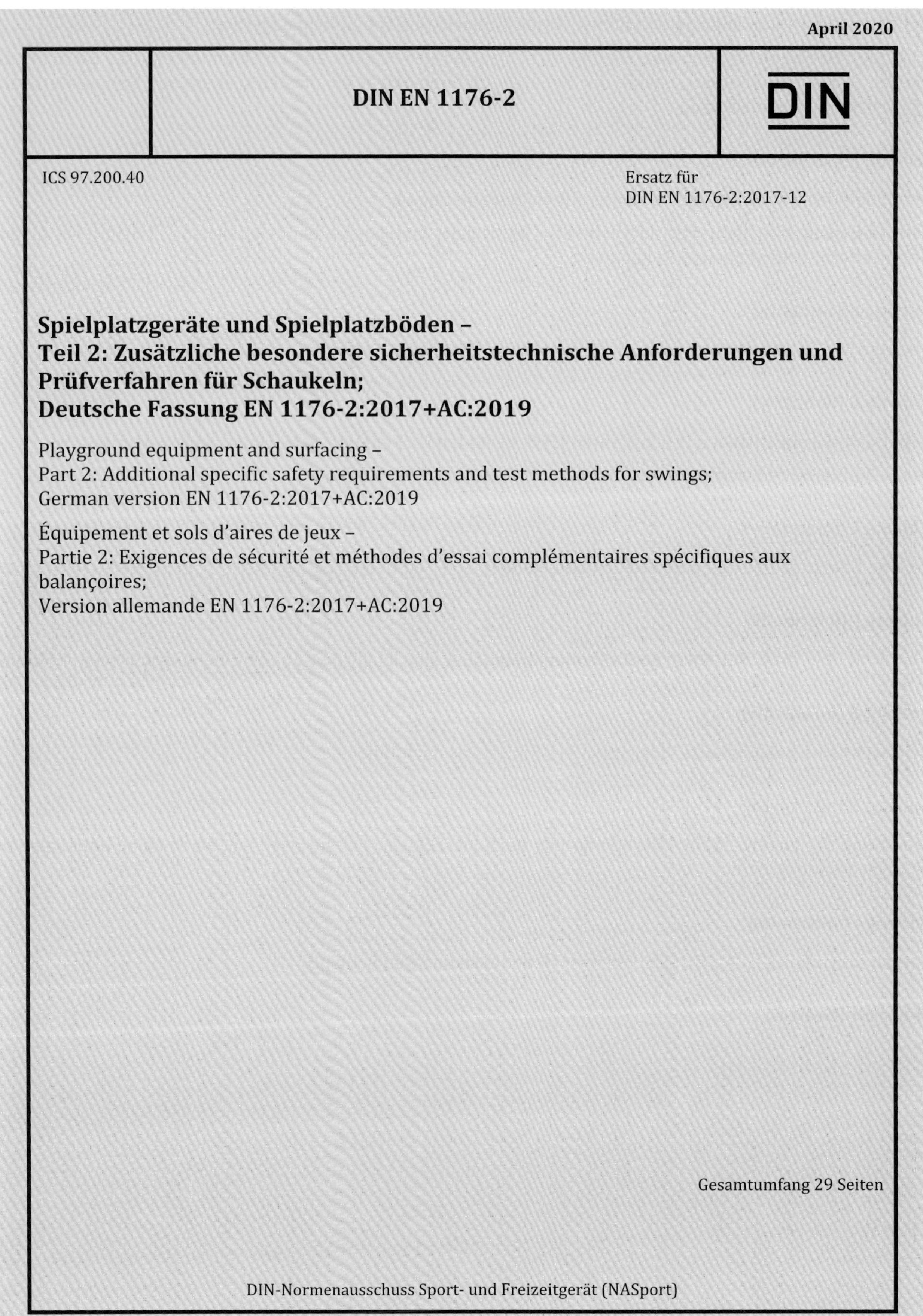

April 2020

DIN EN 1176-2

DIN

ICS 97.200.40

Ersatz für
DIN EN 1176-2:2017-12

Spielplatzgeräte und Spielplatzböden –
Teil 2: Zusätzliche besondere sicherheitstechnische Anforderungen und Prüfverfahren für Schaukeln;
Deutsche Fassung EN 1176-2:2017+AC:2019

Playground equipment and surfacing –
Part 2: Additional specific safety requirements and test methods for swings;
German version EN 1176-2:2017+AC:2019

Équipement et sols d'aires de jeux –
Partie 2: Exigences de sécurité et méthodes d'essai complémentaires spécifiques aux balançoires;
Version allemande EN 1176-2:2017+AC:2019

Gesamtumfang 29 Seiten

DIN-Normenausschuss Sport- und Freizeitgerät (NASport)

2.1 Anwendungsbereich

Diese Europäische Norm legt zusätzliche sicherheitstechnische Anforderungen an Schaukeln fest, die dauerhaft installiert und für die Benutzung durch Kinder vorgesehen sind. Sofern die Hauptspielfunktion nicht Schaukeln ist, dürfen die entsprechenden Anforderungen in diesem Teil der EN 1176, sofern zutreffend, angewendet werden.

ANMERKUNG In Anhang A werden Empfehlungen zur Konstruktion und zum Aufstellungsbereich von Schaukeln gegeben.

2.2 Begriffe

(die in allen Normteilen gleich verwendet werden)

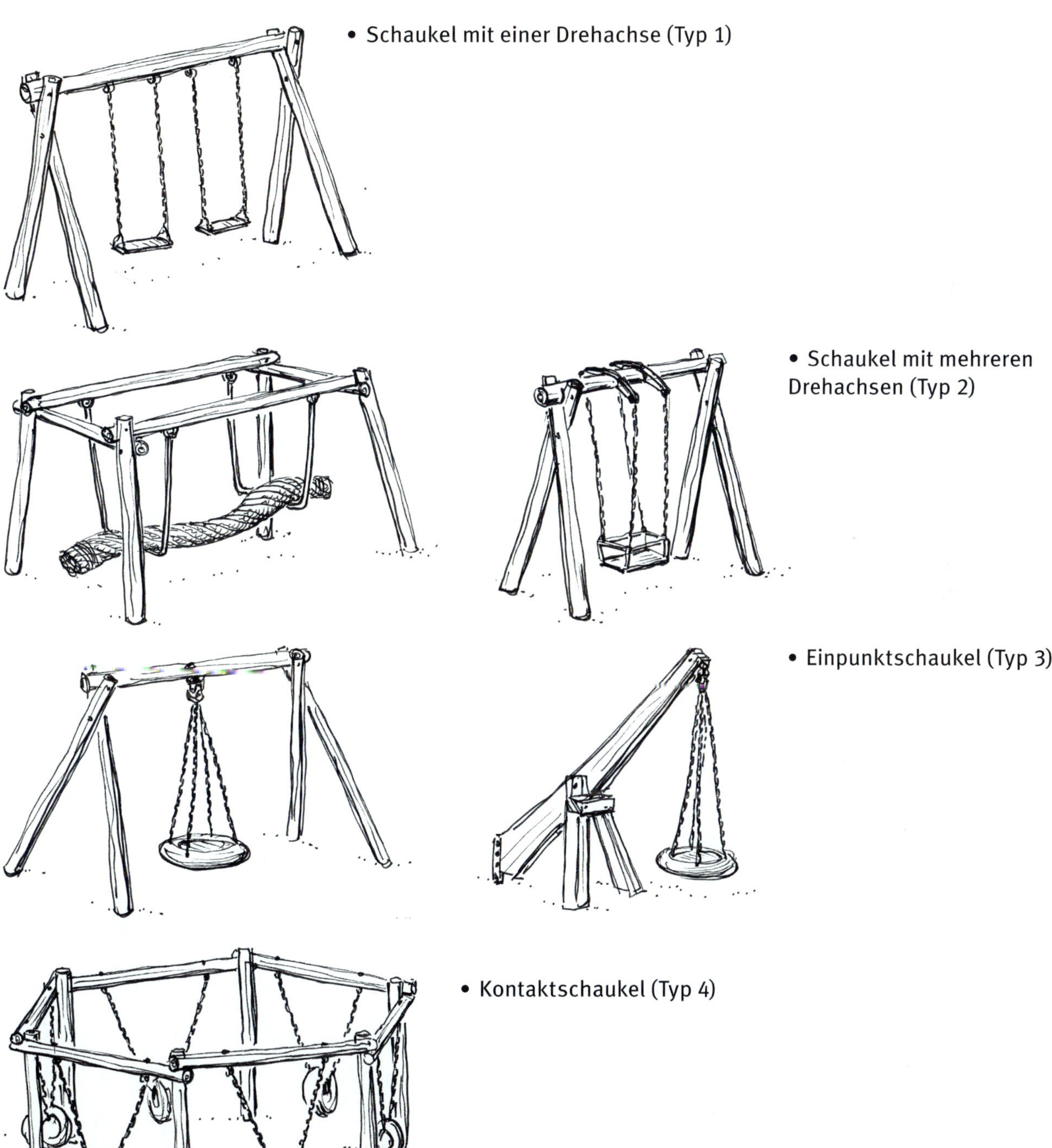

- Schaukel mit einer Drehachse (Typ 1)
- Schaukel mit mehreren Drehachsen (Typ 2)
- Einpunktschaukel (Typ 3)
- Kontaktschaukel (Typ 4)

Das Maß der Sitzhöhe unterscheidet sich vom Maß der Bodenfreiheit durch die Dicke des Schaukelsitzes.

Typ 1

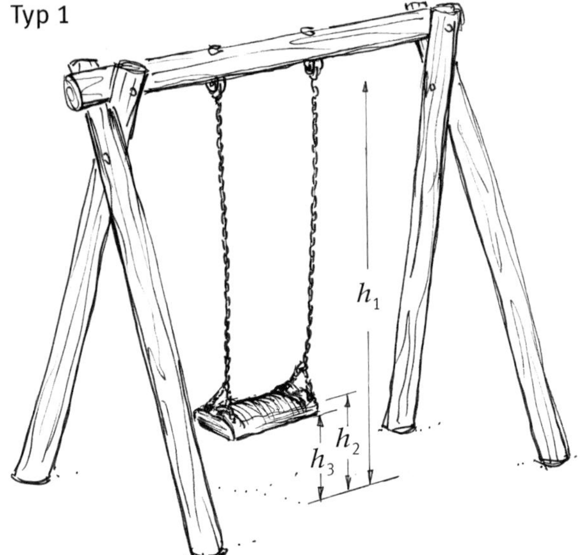

h_1 Schaukelhöhe
h_2 Sitzhöhe
h_3 Bodenfreiheit

Die Abhängelänge ist $h_1 - h_2$

2.3 Sicherheitstechnische Anforderungen

Bodenfreiheit

Die Bodenfreiheit ist der Abstand zwischen Sitzunterkante und Boden ①:

- 35 cm bei Standard-Schaukelsitzen;
- 40 cm bei waagerechten Reifensitzen (oder auch bei Sitzen mit größeren Schwungmassen), jeweils gemessen am tiefsten Punkt.

Sitzfreiraum

Bei Einpunktschaukeln wird der freie Raum unter dem Schaukelsitz anders definiert als bei den Schaukeln zuvor.

Bodenfreiheit und Sitzfreiraum für Einpunktschaukeln unterscheiden sich dadurch, dass der Sitzfreiraum über die äußere Kante des Schaukelsitzes gemessen wird (Radius der Schaukelabhängung über die untere Sitzkante zur Spielebene), während die Bodenfreiheit als lichter Abstand zwischen dem horizontal hängenden Sitz und der Spielebene in Ruhestellung gemessen wird.

Der Sitzfreiraum für Einpunktschaukeln beträgt 40 cm. Einpunktschaukel (Typ 3) mit Sitzfreiraum ① linke Grafik.

Der Sitzfreiraum ist in einem System immer größer als die Bodenfreiheit. Daher ist das bestimmende Maß bei Einpunktschaukeln immer der Sitzfreiraum. Die Flächenpressung bei durchhängenden flexiblen Schaukelkörben ist eher gering, deshalb kann die Bodenfreiheit kleiner als 40 cm sein ②–③.

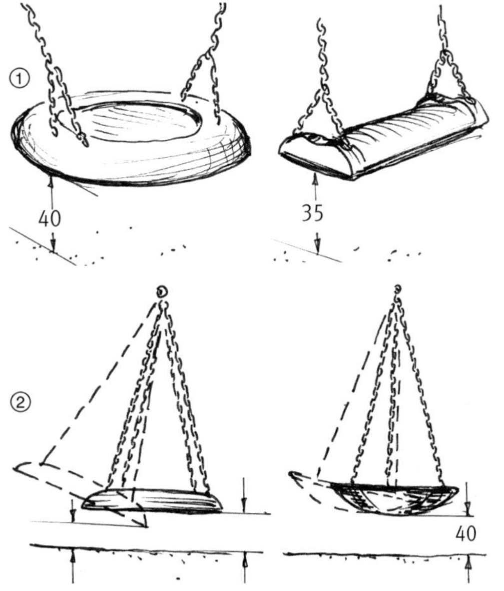

Maße in cm

③

40

Beispiel für Schaukelsitze

• Textilsitze weisen häufig eine so geringe Masse auf, dass man auch eine Bodenfreiheit unter 35 cm akzeptieren kann.

• Mindestens 35 cm Bodenfreiheit, damit die Beine des Benutzers genügend Freiheit zum Boden besitzen (Funktionsmaß).

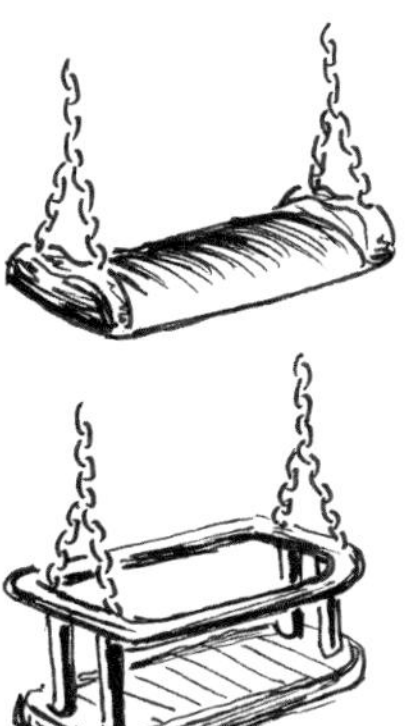

• Solche Schaukelsitze können je nach Konstruktion große Massen aufweisen. Deshalb sollte auch hier ein Sitzfreiraum von 40 cm angewandt werden.

Die Flächenpressung bei durchhängenden flexiblen Schaukelkörben (Gruppenschaukelsitzen) ist eher gering, deshalb kann die Bodenfreiheit kleiner als 40 cm sein. Der starre Rand darf nicht niedriger als 40 cm hängen.

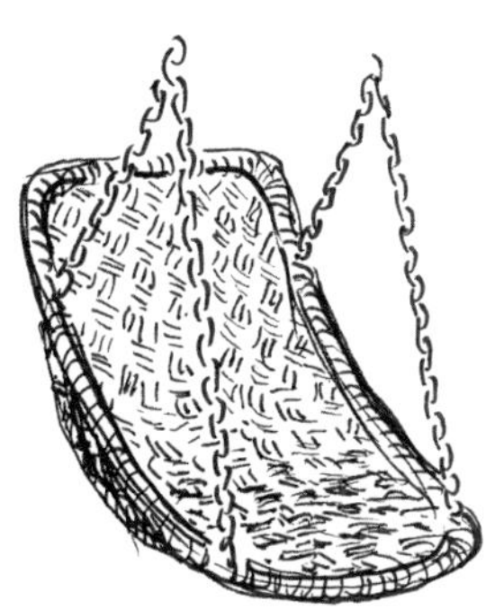

• Mindestens 40 cm Bodenfreiheit bei Reifensitzen (siehe auch Sitzfreiraum bei Einpunktschaukeln, der anders definiert ist (siehe oben und folgende Seite)).

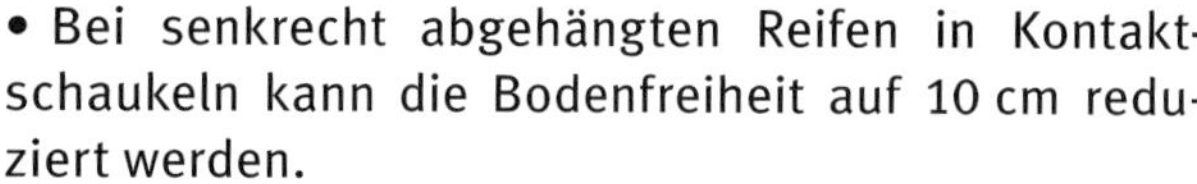
• Bei senkrecht abgehängten Reifen in Kontaktschaukeln kann die Bodenfreiheit auf 10 cm reduziert werden.

• Bodenfreiheit bei Gruppenschaukeln

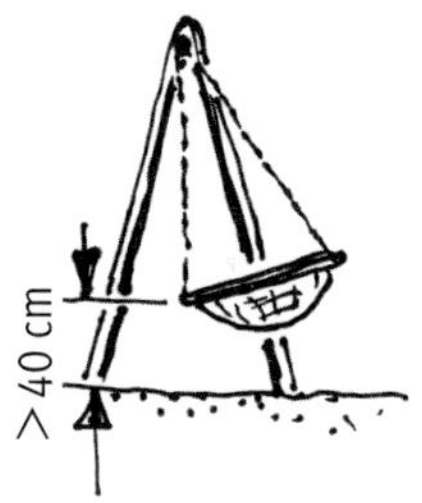

• Beispiel Nestschaukel (Gruppenschaukelsitze)

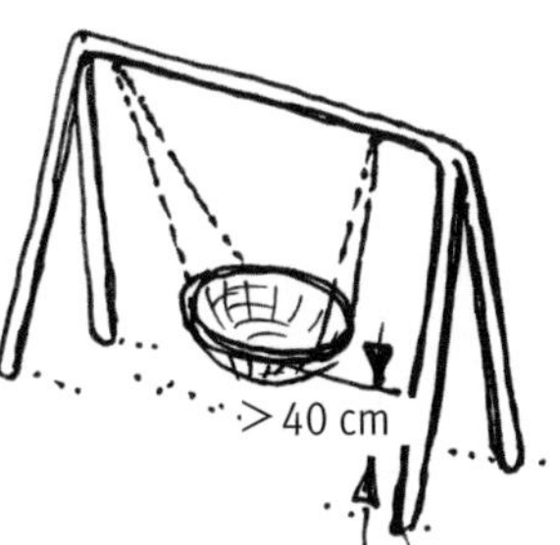

Mindestabstand zwischen den Schaukelsitzen

Zwischen Schaukelsitz und Gerüst:

$c \geq 20\,\%\, l + 20$ cm
$c \geq 20\,\%\, l + 40$ cm für Gruppenschaukelsitze

Zwischen Sitz und Sitz:

$s \geq 20\,\%\, l + 30$ cm

l Abhängelänge des Schaukelsitzes

Beispiele:

Schaukelabhängelänge l	Abstand zwischen:	
	Sitzen	Sitz und Gestell
150 cm	60 cm	50 cm
200 cm	70 cm	60 cm
250 cm	80 cm	70 cm
300 cm	90 cm	80 cm

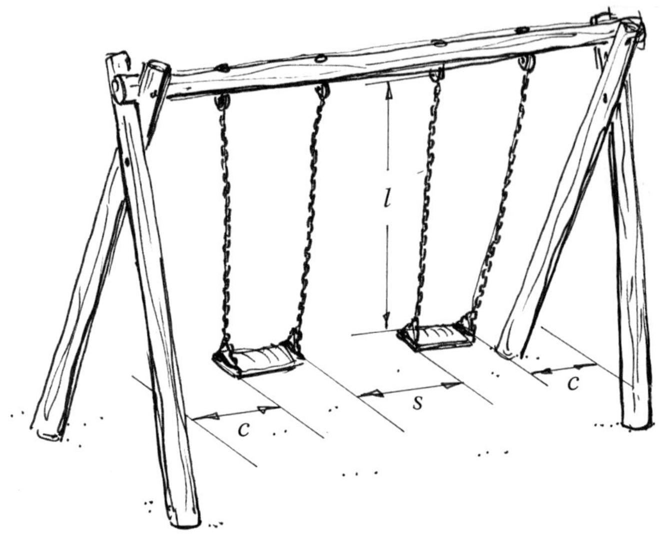

Für Typ-4-Schaukeln muss das horizontale Mindestmaß zwischen der Sitzfläche und der Zentralachse mindestens 40 cm betragen, wenn der Sitz 90° ausgelenkt ist.

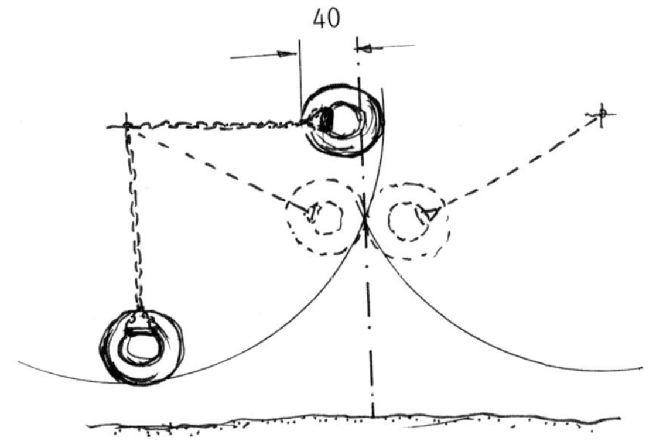

Maße in cm

Richtungsstabilität von Schaukelsitzen

Um den Schaukelsitz in Schaukelrichtung zu stabilisieren, besteht die Anforderung, die Abhängung trapezförmig anzubringen.

Der Mindestabstand zwischen den Schaukelgelenken soll der Breite des Sitzes (Befestigungspunkte der Abhängung am Sitz) + 5 % der Abhängelänge entsprechen.

Bei Gruppenschaukelsitzen gilt: + 30 %

Abstand der Abhängungen

$$F \geq G + 5\,\%\, l$$

Beispiele für Einzelsitze:

Sitzbreite G	Abhängelänge G	Abstand F
35 cm	200 cm	45 cm
35 cm	250 cm	47,5 cm
40 cm	200 cm	50 cm
40 cm	250 cm	52,5 cm

Wiegensitze

(„Kleinkindersitze")

Das Sitzteil eines Schaukelsitzes für Kleinkinder muss die Prüfung der Stoßdämpfung für Standardsitze erfüllen. Ragt die obere Begrenzung bei Kippen des Sitzes um 30° über eine gedachte Senkrechte hinaus, muss auch diese Kante die Anforderung erfüllen.

Da diese Anforderung als Schutz für Kinder gedacht ist, die in die Schaukel hineinlaufen, empfehlen wir, anders als diese Anforderung, alle Kanten und vorstehenden Teile zu dämpfen. Es kann auch die innere Kante treffen, wenn man in die Mitte der Schaukel hineinläuft.

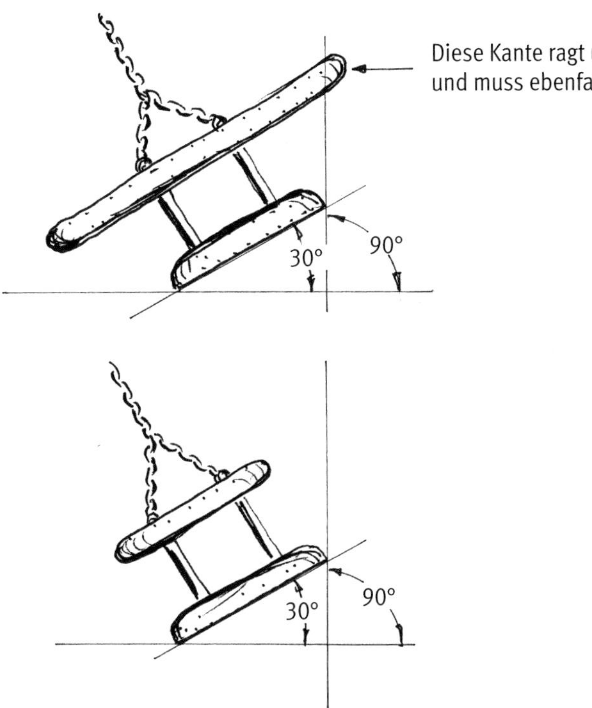

Diese Kante ragt unter die untere Sitzfläche hinaus und muss ebenfalls die Anforderungen erfüllen.

Gerüst

Das Gerüst einer Schaukel darf nicht mehr als zwei Sitze ohne weitere Zwischenabtrennung haben. In einer Schaukelbucht darf nur ein Gruppenschaukelsitz vorhanden sein.

Aufprallfläche

Freie Fallhöhe

Bei der Zuordnung von stoßdämpfenden Böden zu den Fallhöhen bei Schaukeln wird mit der Formel:

½ Länge der Abhängung + Sitzhöhe über Boden

zunächst die freie Fallhöhe bestimmt.

Dieser Fallhöhe wird dann der betreffende Boden zugeordnet. Der Boden muss für Europa EN 1176-1, Tabelle 4 entsprechen.

Länge des Fallraums

Die Ausdehnung des Fallraums in Schaukelrichtung wird bestimmt durch die Formel:

$A + B$ bei bündig eingebautem Belag (i. d. R. synthetische Böden oder Rasen)

$A + C$ bei eingefasstem Boden (i. d. R. Naturböden*)

wobei

$A = 0{,}867 \times$ Abhängelänge

(0,867 ist sin 60°) und
$B = 175$ cm und
$C = 225$ cm

(B, C = Aufprallflächen, siehe Abschnitt II, Kapitel 2.3, Textabschnitte „Aufprallflächen für bodenbündig eingebaute Beläge" sowie „Aufprallflächen für eingefasste Schüttböden")

Beispiele für die Ausdehnung der Aufprallflächen in Schaukelrichtung:

Abhängelänge	Aufprallfläche A	Bodenart (B/C)	Fallraumlänge
	(B) (eine Seite, ab Mitte Gestell)		
150 cm	130 cm	bündig eingebaut	305 cm
200 cm	173,4 cm	bündig eingebaut	348,4 cm
250 cm	216,7 cm	bündig eingebaut	391,7 cm
300 cm	260,1 cm	bündig eingebaut	435,1 cm
	(C)		
250 cm	216,7 cm	lose geschüttet	441,7 cm
300 cm	260,1 cm	lose geschüttet	485,1 cm

Für Deutschland gilt aufgrund der A-Abweichung DIN EN 1176-1, Anhang I folgende Beispieltabelle:

Beispiele für stoßdämpfende Böden unter Schaukeln:

Abhängelänge	Sitzhöhe	freie Fallhöhe D	Bodenart
150 cm	45 cm	120 cm	Rasen
200 cm	45 cm	145 cm	Rasen
250 cm	45 cm	170 cm	Sand o. Ä.
150 cm	50 cm	125 cm	Rasen
200 cm	50 cm	150 cm	Sand o. Ä.
250 cm	50 cm	175 cm	Sand o. Ä.

* Rasen ist zwar ein Naturboden, gilt aber als bündig eingebauter Boden. Das Kriterium für die Länge des Fallraumes lautet sinngemäß: mit Kante (= Stolperkante) eingefasster oder mit dem umgebenden Boden bündig eingebauter Boden.

Aufprallflächen für bodenbündig eingebaute Beläge (synthetische Beläge/Rasen)

Bei 60° Auslenkung des Schaukelsitzes beginnt in der senkrechten Projektion die 175 cm lange Aufprallfläche, die in der Verlängerung weitere 50 cm weit frei von Gegenständen und stufenlos eben sein muss.

Hauptrisiko am Ende der Aufprallfläche sind Gegenstände, auf oder gegen die man fallen könnte.

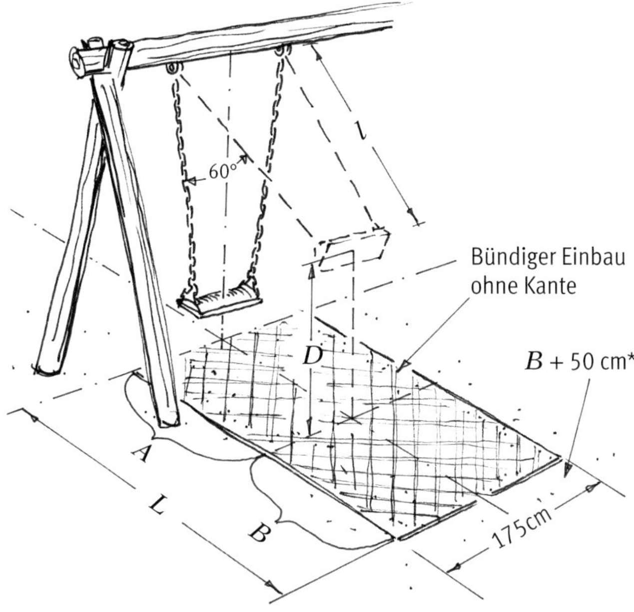

$A = 0{,}867 \times$ Abhängelänge l

B 175 cm bei bündig eingebauten stoßdämpfenden Böden (üblicherweise synthetischer Belag oder Rasen)

C 225 cm bei eingefassten Böden mit stoßdämpfender Wirkung (üblicherweise loses Schüttmaterial/Naturböden)

D maximale freie Fallhöhe

l Abhängelänge

L Länge der Aufprallfläche ($A + B$ oder $A + C$)

Aufprallflächen für eingefasste Schüttböden (Naturböden wie z. B. Sand)

Bei 60° Auslenkung des Schaukelsitzes beginnt in der senkrechten Projektion die 225 cm lange Aufprallfläche.

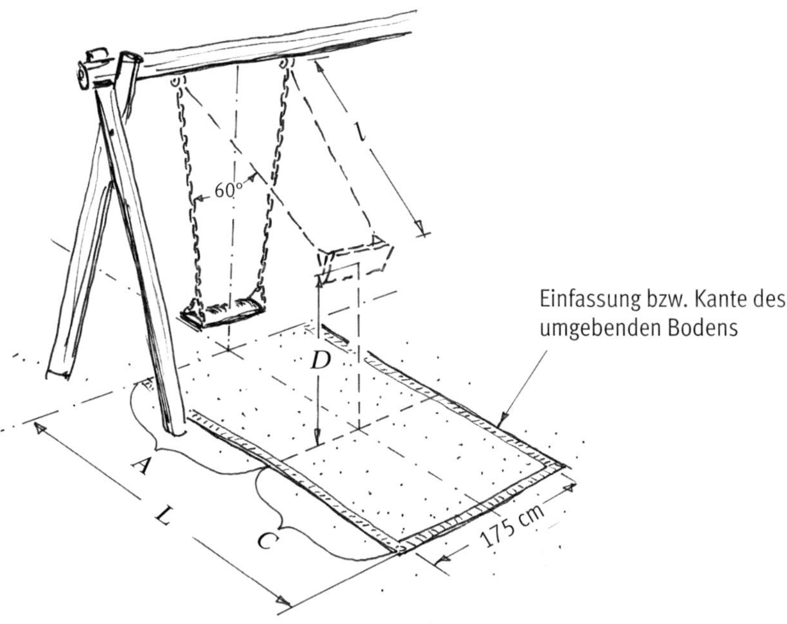

Fallräume von Schaukeln dürfen sich nie mit anderen Fallräumen überschneiden, außer bei z. B. Mehrfachschaukeln (z. B. Kontaktschaukeln).

* Auch nach dem Ende der Aufprallfläche (Bereich B oder C) sollten sich in der Verlängerung dieses Raumes keine Gegenstände befinden, die beim Herauslaufen aus dem Fallraum gefährdend wirken könnten, und der Bereich sollte stufenlos eben sein.

Einpunktschaukel

Für Einpunktschaukeln gilt für den Fallraum eine kreisförmige Anordnung des stoßdämpfenden Bodens.

$A = 0{,}867 \times$ Abhängelänge l

B 175 cm* bei bündig abschließenden stoßdämpfenden Böden (üblicherweise synthetischer Belag oder Rasen/Naturboden)

C 225 cm* bei Naturböden mit stoßdämpfender Wirkung (üblicherweise loses Schüttmaterial/Sand)

D maximale freie Fallhöhe

* Auch nach dem Ende der Aufprallfläche (Bereich B oder C) sollten sich in der Verlängerung dieses Raumes keine Gegenstände befinden, die beim Herauslaufen aus dem Fallraum gefährdend wirken könnten, und der Bereich sollte stufenlos eben sein.

Zusätzliche Anforderungen an Schaukeln mit mehreren Drehachsen (Typ 2)

Keine Winkeländerung zwischen Sitz und Rückenlehne bei Schaukelbewegung. Öffnungen zwischen Sitz und Rückenlehne zwischen 6 cm und 7,5 cm.

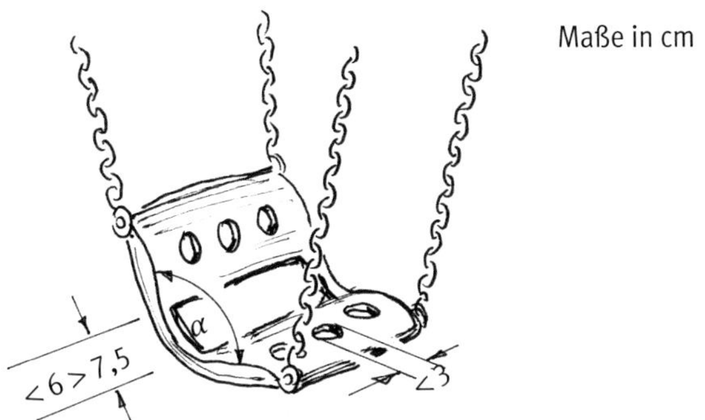

Der Winkel α darf sich nicht verändern.

Zusätzliche Anforderungen an Einpunktschaukeln (Typ 3)

Sofern das Gelenk, an dem die Abhängung befestigt ist, nicht eigens für diesen Schaukeltyp konstruiert wurde, muss eine Fangsicherung angebracht sein.

Die Fangsicherung muss die Drehbewegung desGelenkes ermöglichen.

Diese Anforderung berücksichtigt die Risiken bei der Verwendung von Standard-Kardangelenken oder anderen Bauteilen, deren Einsatz für diesen Schaukeltyp nicht geprüft ist.

Kontaktschaukeln (Typ 4)

Sitze müssen so konstruiert sein, dass das Abspringen von dem Sitz in Richtung zur zentralen Achse während des Schaukelns erschwert wird. Dies kann z. B. mit Hilfe eines Reifens oder eines Rückhaltebügels erreicht werden

Die Bodenfreiheit von senkrecht aufgehängten Reifen darf auf 10 cm reduziert werden.

Gruppenschaukeln

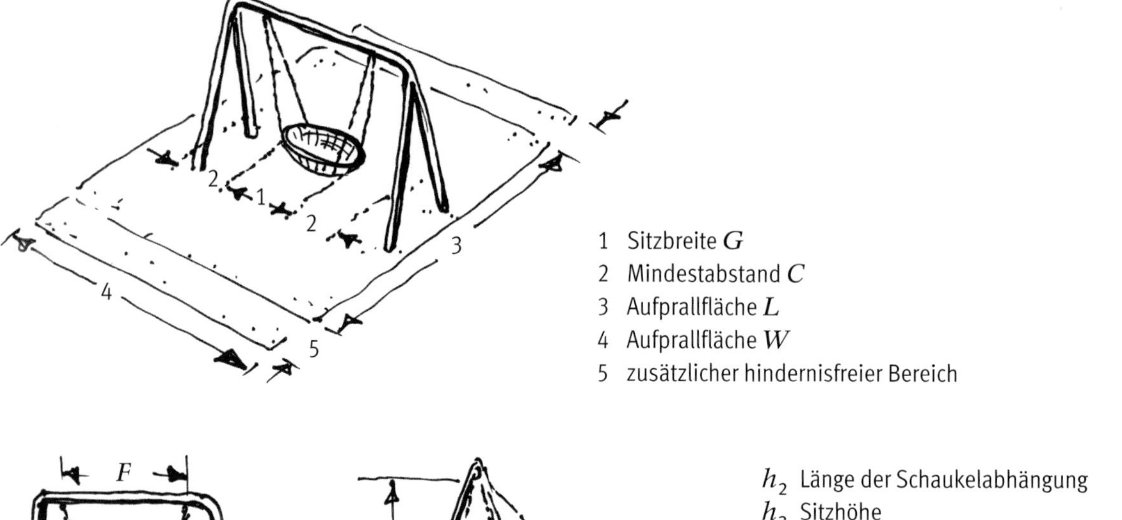

h_2 Länge der Schaukelabhängung
h_3 Sitzhöhe
A $0{,}867 \times h_2$
D größtmögliche freie Fallhöhe
F Abstand zwischen den Abhängungen
G Abstand zwischen den Abhängepunkten am Schaukelsitz

Bei Gruppenschaukeln an einem Typ-1-Gerüst müssen zusätzliche Sicherungen an den Lagern (Sicherungsketten) vorhanden sein!

3 DIN EN 1176-3 – Zusätzliche besondere sicherheitstechnische Anforderungen und Prüfverfahren für Rutschen

Dezember 2017

	DIN EN 1176-3	DIN

ICS 97.200.40

Ersatz für
DIN EN 1176-3:2008-08 und
DIN EN 1176-3
Berichtigung 1:2008-12

Spielplatzgeräte und Spielplatzböden –
Teil 3: Zusätzliche besondere sicherheitstechnische Anforderungen und Prüfverfahren für Rutschen;
Deutsche Fassung EN 1176-3:2017

Playground equipment and surfacing –
Part 3: Additional specific safety requirements and test methods for slides;
German version EN 1176-3:2017

Équipements et sols d'aires de jeux –
Partie 3: Exigences de sécurité et méthodes d'essai complémentaires spécifiques aux toboggans;
Version allemande EN 1176-3:2017

Gesamtumfang 24 Seiten

DIN-Normenausschuss Sport- und Freizeitgerät (NASport)

3.1 Anwendungsbereich

Diese Europäische Norm legt zusätzliche sicherheitstechnische Anforderungen an Rutschen fest, die dauerhaft installiert für die Benutzung durch Kinder vorgesehen sind. Das Ziel ist, dem Nutzer Schutz gegen mögliche Gefährdungen bei der Nutzung des Gerätes zu bieten. Sofern die Hauptspielfunktion nicht Rutschen ist, dürfen die entsprechenden Anforderungen in diesem Teil der EN 1176, soweit zutreffend, angewendet werden.

Dieses Dokument gilt nicht für Wasserrutschen, Rollenbahnen oder Rutschanlagen, die mit Hilfsgeräten, wie z. B. Matten oder Schlitten, benutzt werden. Dieses Dokument gilt nicht für geneigte Flächen, die den Benutzer nicht umschließen und führen, z. B. Treppengeländer (geneigte parallele Stangen).

Keine Rutschen im Sinne der DIN EN 1176-3

- Rutschen mit Hilfsgeräten wie Matten oder Schlitten etc. – keine Rutschen im Sinne der Norm

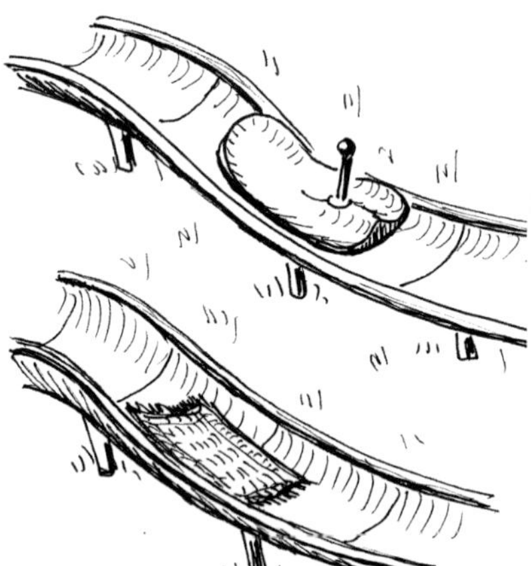

- Rollenrutsche – keine Rutsche im Sinne der Norm

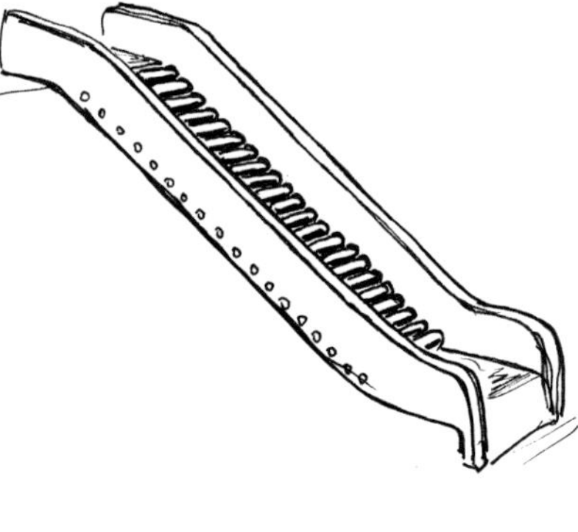

- Wasserrutsche – keine Rutsche im Sinne der Norm, Wasserrutschen sind in DIN EN 1069 beschrieben.

- Berutschbares Hausdach – keine Rutsche im Sinne der Norm

- Hochbett mit Rutschbrett – keine Rutsche im Sinne der Norm

- Kleine Spielelemente mit Rutschflächen – keine Rutschen im Sinne der Norm

- Gebogene Rohre mit Rutschmöglichkeit – keine Rutsche im Sinne der Norm

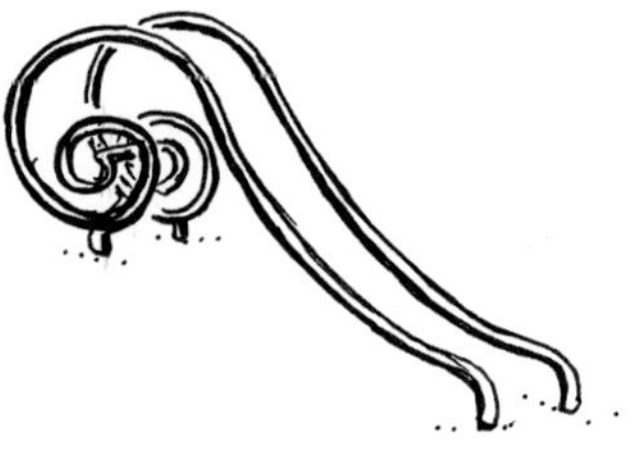

3.2 Begriffe

(Rutschen im Sinne der Norm, die in allen Normteilen gleich verwendet werden)

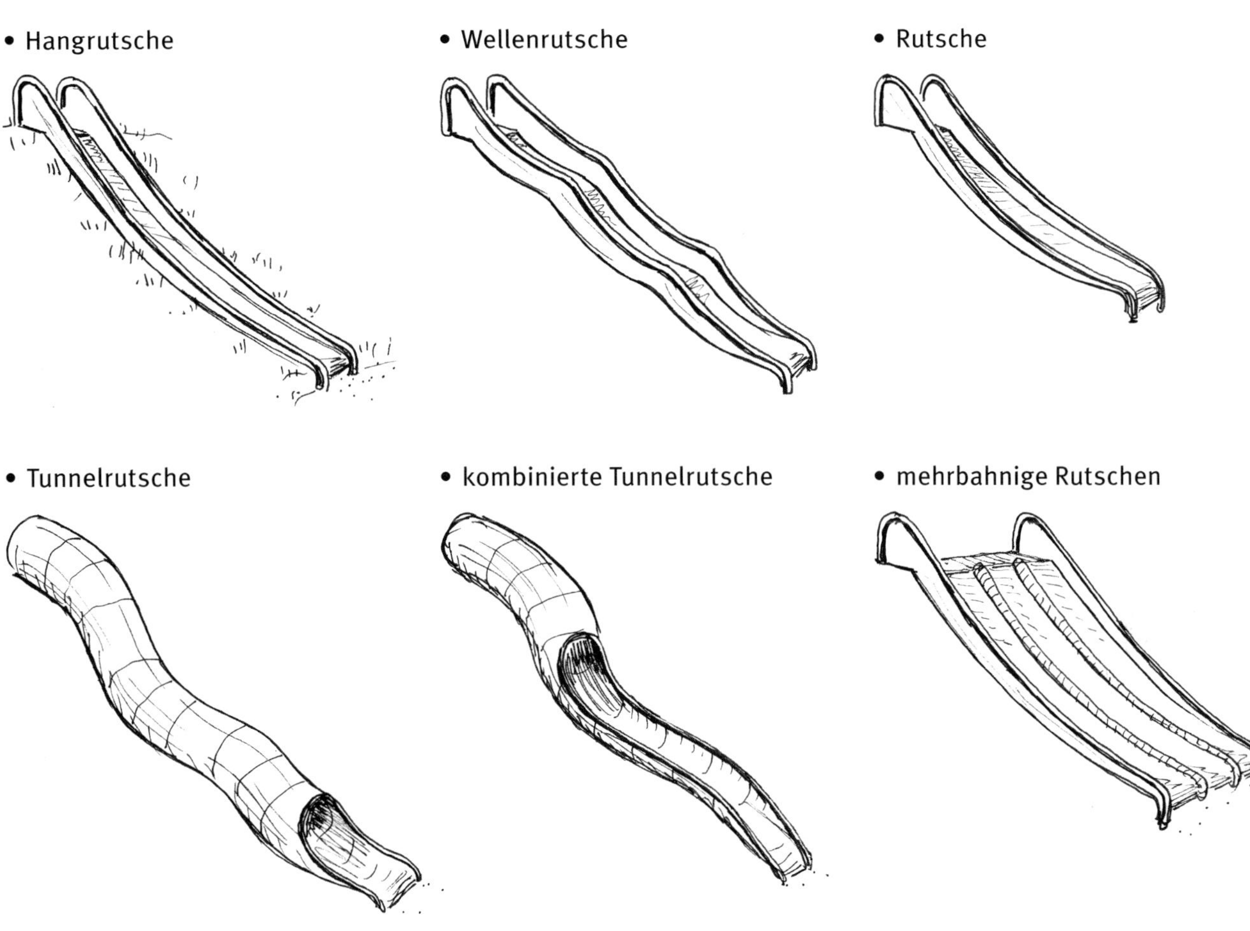

- Hangrutsche
- Wellenrutsche
- Rutsche
- Tunnelrutsche
- kombinierte Tunnelrutsche
- mehrbahnige Rutschen

- freistehende Rutsche (Bockrutsche)

- kombinierte Rutsche (Anbaurutsche)

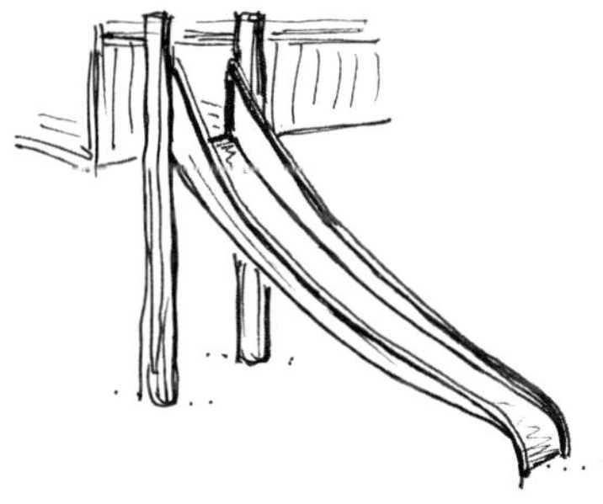

- Breitrutsche

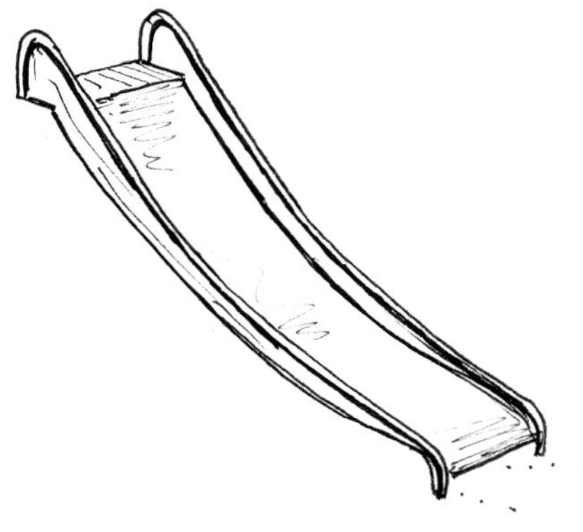

- Wendelrutsche, Kurvenrutsche

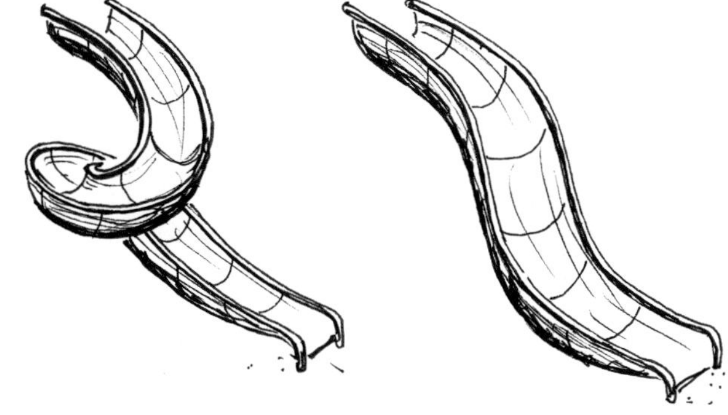

Teile der Rutsche:

A	Einsitzteil
B	Rutschteil
C	Auslaufteil
$B + C$	Rutschenlänge
D	Rutschenhöhe

ohne Bezifferung: „Einbaulänge"

Die o. g. Begriffe werden von Herstellern unterschiedlich verwendet.

Unter der Rutschenlänge wird zum Teil die gesamte Rutschblechabwicklung angegeben.

Dies ist im Sinne einer vergleichbaren Angebotsabgabe nach der Definition der Norm nicht akzeptabel.

Die Einbaulänge ist die Projektion in der Draufsicht und hauptsächlich für die Planung von Rutschen relevant.

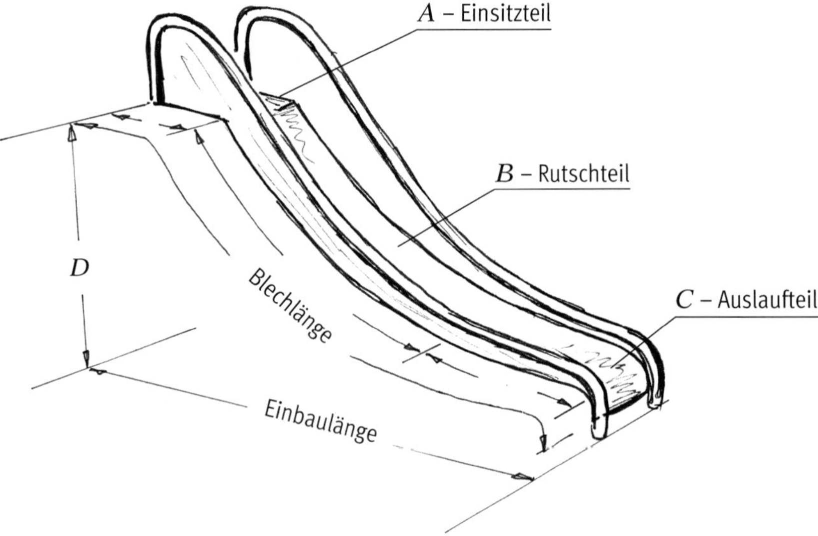

3.3 Sicherheitstechnische Anforderungen

Rutschenaufgang

Der Aufgang muss durch eine Leiter, Treppe, ein Klettergerät oder -bereich erfolgen außer bei Hangrutschen.

Bei freistehenden Rutschen darf der Aufgang nicht schmaler als der Rutscheneinsitz sein, die Höhe ist auf maximal 250 cm begrenzt.

Die Richtung des Zugangs muss in einer Flucht mit der Rutschrichtung liegen.

Einsitzteil – Länge und Winkel

- Länge mindestens 35 cm, über 40 cm Länge gelten Anforderungen wie bei einer Plattform.

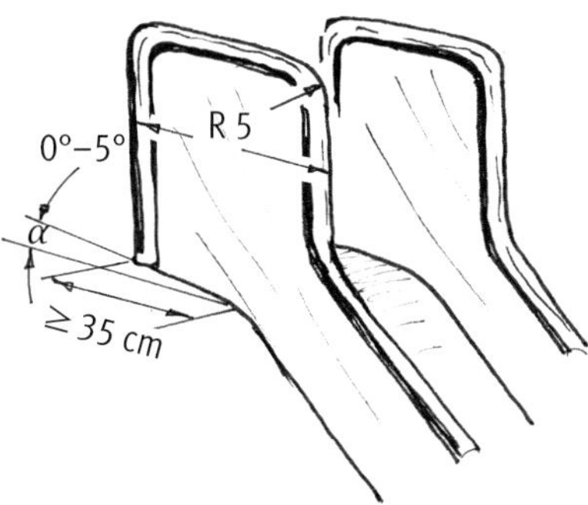

- Das Einsitzteil kann Teil der Plattform sein.

- Bestimmung der Länge des Einsitzteils

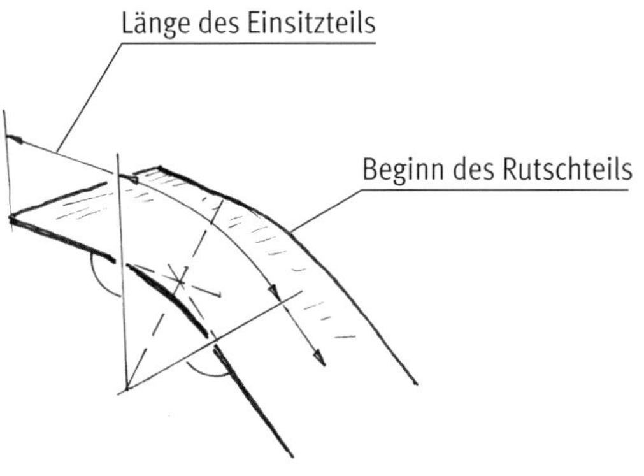

Seitenschutz

Fallhöhe	Höhe des Seitenschutzes
Fallhöhe ≤ 120 cm	> 10 cm
Fallhöhe > 120 cm < 250 cm	> 15 cm
Fallhöhe > 250 cm	> 50 cm

Absturzsicherungen

Seitenteile müssen in Rutschrichtung mit $R = 5$ cm abgerundet sein.

- Bei Einsitzhöhen unter 100 cm ist keine Absturzsicherung nötig. Für Geräte, die leicht erreichbar sind, muss ab 60 cm Fallhöhe eine Brüstung vorhanden sein.

- Bei Einsitzhöhen zwischen 100 cm und 200 cm wird als Absturzsicherung ein Geländer benötigt, wenn das Einsitzteil länger als 40 cm ist.

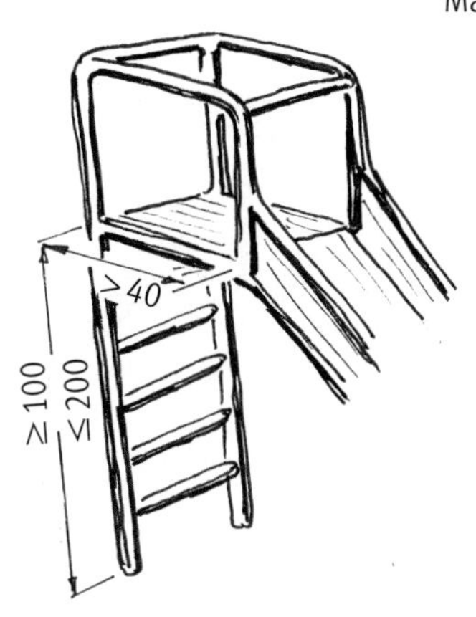

- Bei Einsitzhöhen über 200 cm wird als Absturzsicherung eine Brüstung benötigt.

Maße in cm

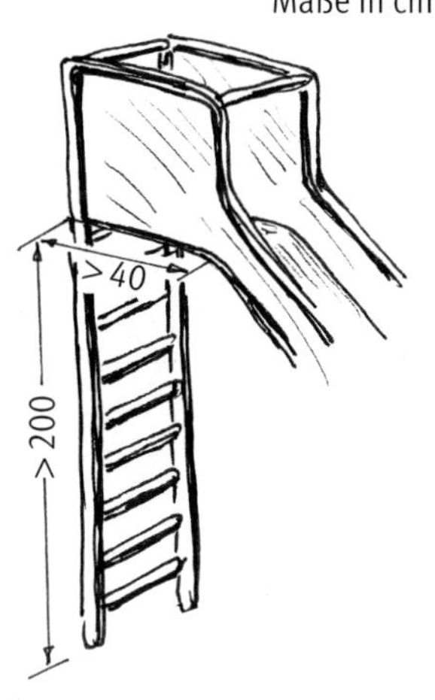

Absturzsicherung

Ab 100 cm Fallhöhe benötigen Rutschen eine seitliche Absturzsicherung und eine Querstange.

Die Qualität der Absturzsicherung muss je nach Fallhöhe der von Geländern oder Brüstungen entsprechen.

Für kombinierte Rutschen (Rutschen an Plattformen) gilt:

- Bei Absturzsicherungen, die höher als 70 cm sind, kann die Querstange ein Teil des Geländers oder der Brüstung sein.

Die Absturzsicherung muss wie eine Barriere ausgeführt sein, wenn Folgendes gilt:

- Das Einsitzteil ist länger als 40 cm, oder
- das Einsitzteil ist leicht zugänglich und die Fallhöhe beträgt mehr als 100 cm, oder
- die Fallhöhe beträgt mehr als 200 cm.

• Einsitzteil ist die Plattform, hier kann die Absturzsicherung Teil des Geländers/Brüstung sein.

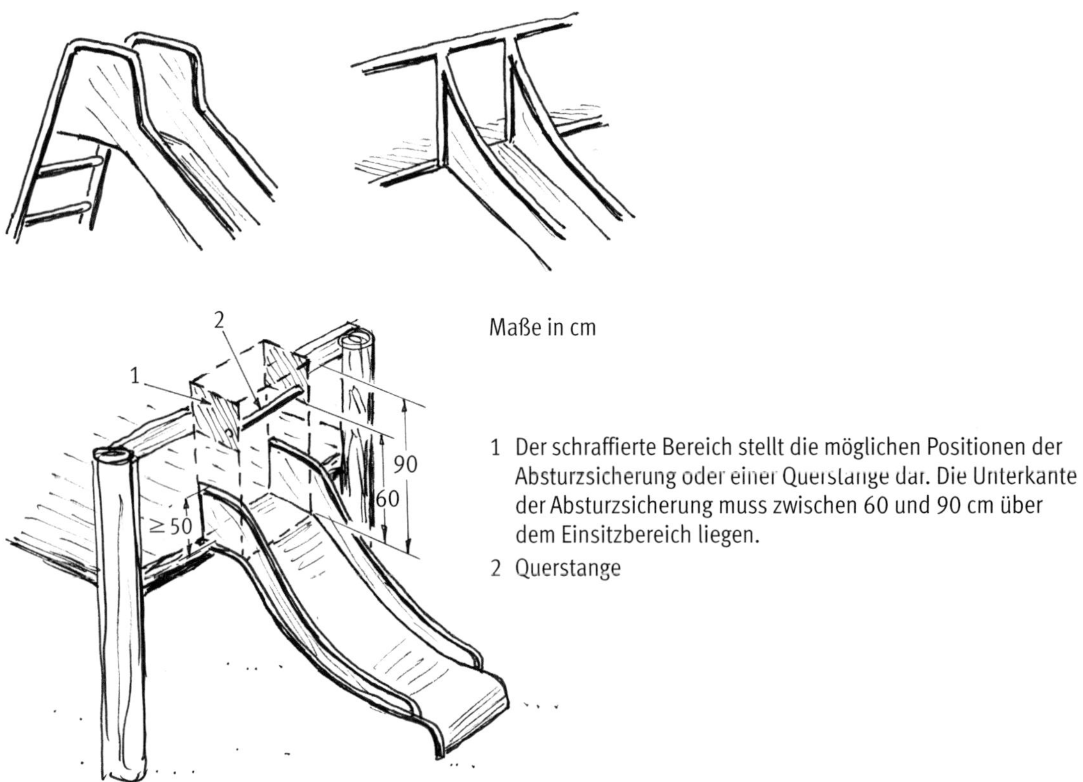

1 Der schraffierte Bereich stellt die möglichen Positionen der Absturzsicherung oder einer Querstange dar. Die Unterkante der Absturzsicherung muss zwischen 60 und 90 cm über dem Einsitzbereich liegen.

2 Querstange

• Rutschen mit Einsitz >40 cm außerhalb der Plattform. Hier gelten die gleichen Anforderungen an Geländer und Brüstungen wie bei normalen Plattformen.

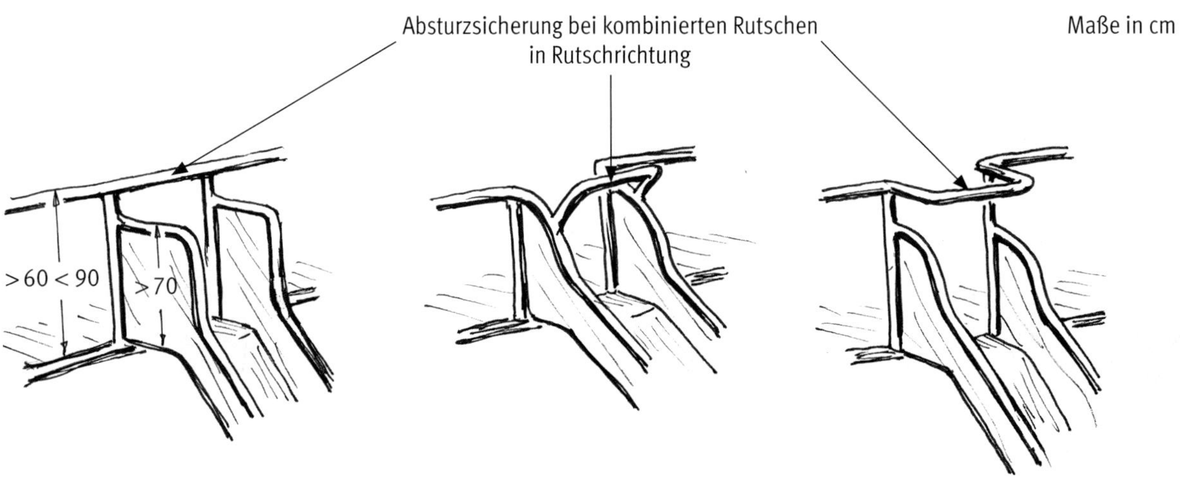

Rutschteil

Winkel

Der Neigungswinkel der Rutsche darf 60° nicht überschreiten. Im Durchschnitt muss er maximal 40° betragen. Gemessen wird auf der Mittellinie ①.

Bei Änderung des Neigungswinkels von mehr als 15° muss auf den ersten 200 cm Höhenunterschied der Radius mindestens 45 cm betragen ②.

Die Erfahrung hat gezeigt, dass jedoch weitaus größere Radien sinnvoll sind, da ansonsten z. B. bei einer Wellenrutsche eine solche Umlenkung mit einer Neigungswinkeländerung größer 15° wie eine Sprungschanze wirken kann. Auch können Stauchungen auftreten, wenn z. B. nach 180 cm eine solch kleine Umlenkung erfolgt. Nach den ersten 200 cm Höhenunterschied muss der Radius mindestens 100 cm betragen. ② Auch dieses Maß halten wir für zu klein gewählt.
Als sinnvoller Anhaltspunkt zur Bestimmung der Umlenkradien kann die Körpergröße des vorgesehenen Benutzers angenommen werden ③.

Von dem Rutschenden werden die sich ergebenden Umlenkradien von ca. 90 cm bis 120 cm nicht mehr als abrupte Umlenkung, sondern als sicherer und angenehmer Übergang empfunden ③.

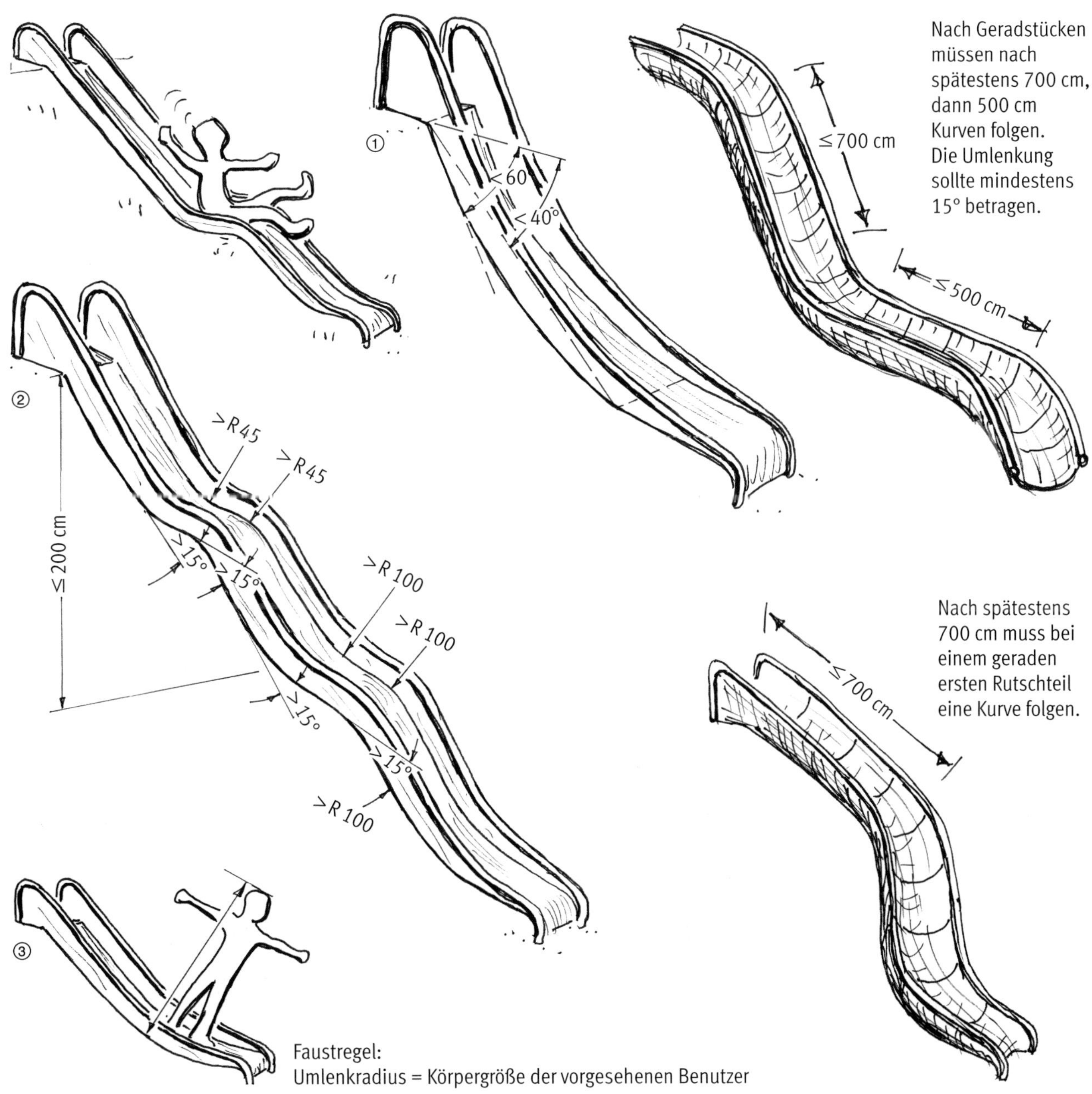

Breite

Einsitzige Rutschen dürfen maximal 70 cm breit sein, mehrsitzige müssen mindestens 95 cm breit sein – gemessen 10 cm unterhalb der Seitenbegrenzung, mehrbahnige Rutschen dürfen je Bahn nur maximal 70 cm breit sein.

Die praxisbewährte Mindestbreite für einbahnige Rutschen liegt bei 40 cm.

einsitzige Rutschen

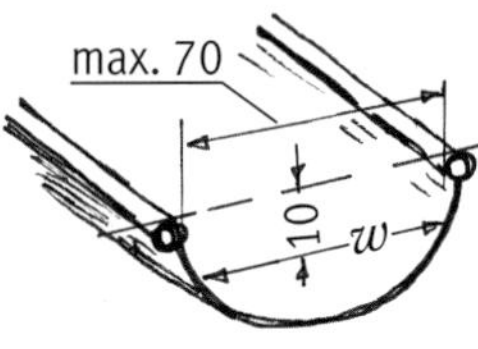

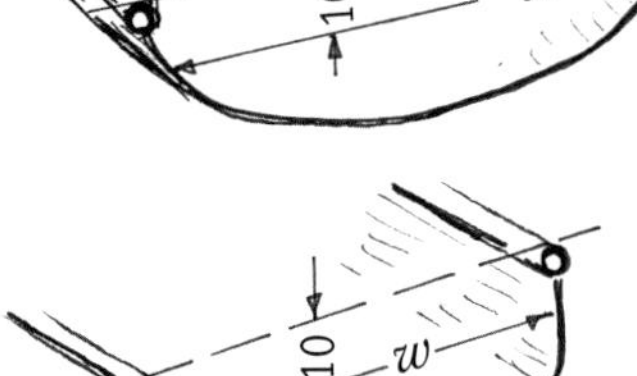

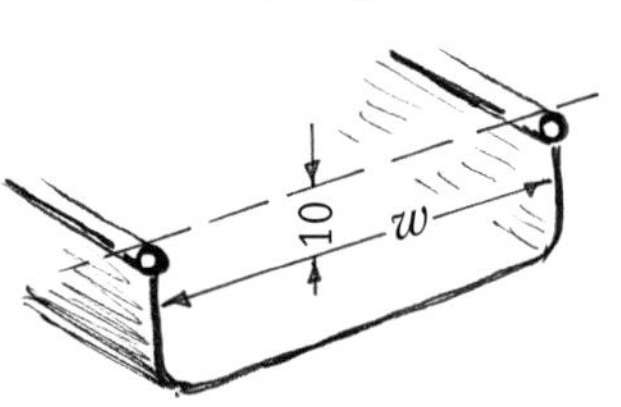

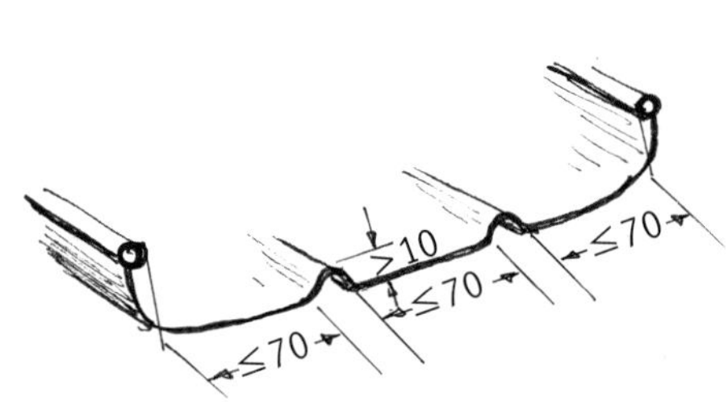

Auslaufteil

Neigung:

- maximal 10° bei Typ 1;
- maximal 5° bei Typ 2.

Länge:

Typ 1:

- ≥30 cm bei Rutschlängen ≤150 cm;
- >50 cm bei Rutschlängen >150 ≤750 cm;
- >150 cm bei Rutschlängen >750 cm.

Typ 2:

- ≥30 cm bei Rutschlängen ≤150 cm;
- >0,3 × Länge des Rutschteils bei Rutschlängen >150 cm.

Höhe des Auslaufs über Boden:

- ≤20 cm bei Rutschlängen <150 cm;
- ≤35 cm bei Rutschlängen ≥150 cm.

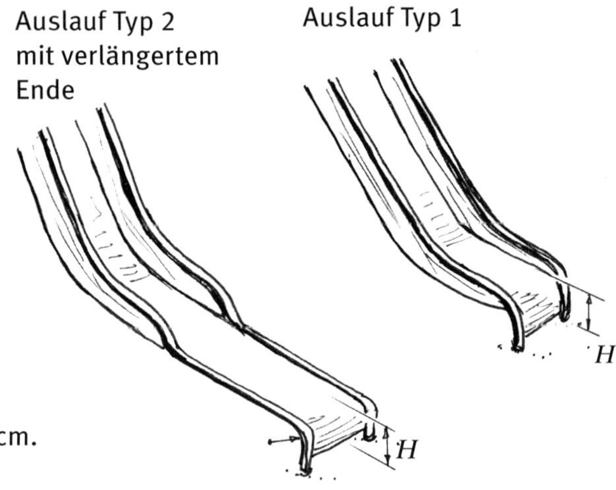

Bestimmung der Neigung im Auslauf hier bei einem Auslauf Typ 1 = maximal 10°
Typ 2 = maximal 5°.

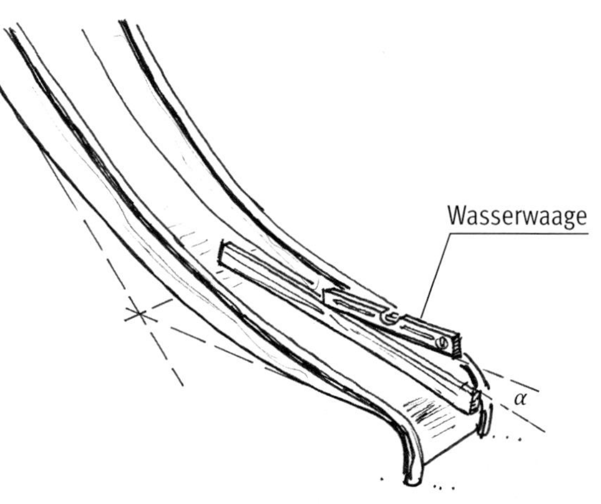

Beispiele für Blechumlenkungen am Ende, Rundungsradius der Blechumlenkung mindestens 5 cm.

Blech bis zum Boden gezogen (nur Typ 1)

Blech endet über Boden: mindestens 100° nach hinten umgelenkt (nur Typ 1)

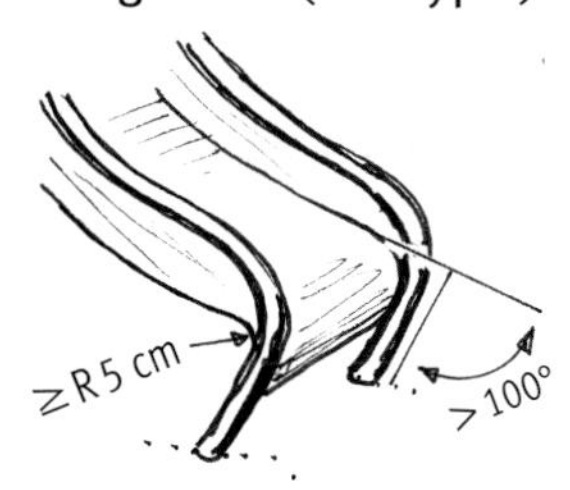

Seitenbegrenzung und Rutschenprofil

Die Verwendung einer Messschablone lässt für die Gestaltung des Rutschprofils entsprechenden Freiraum.

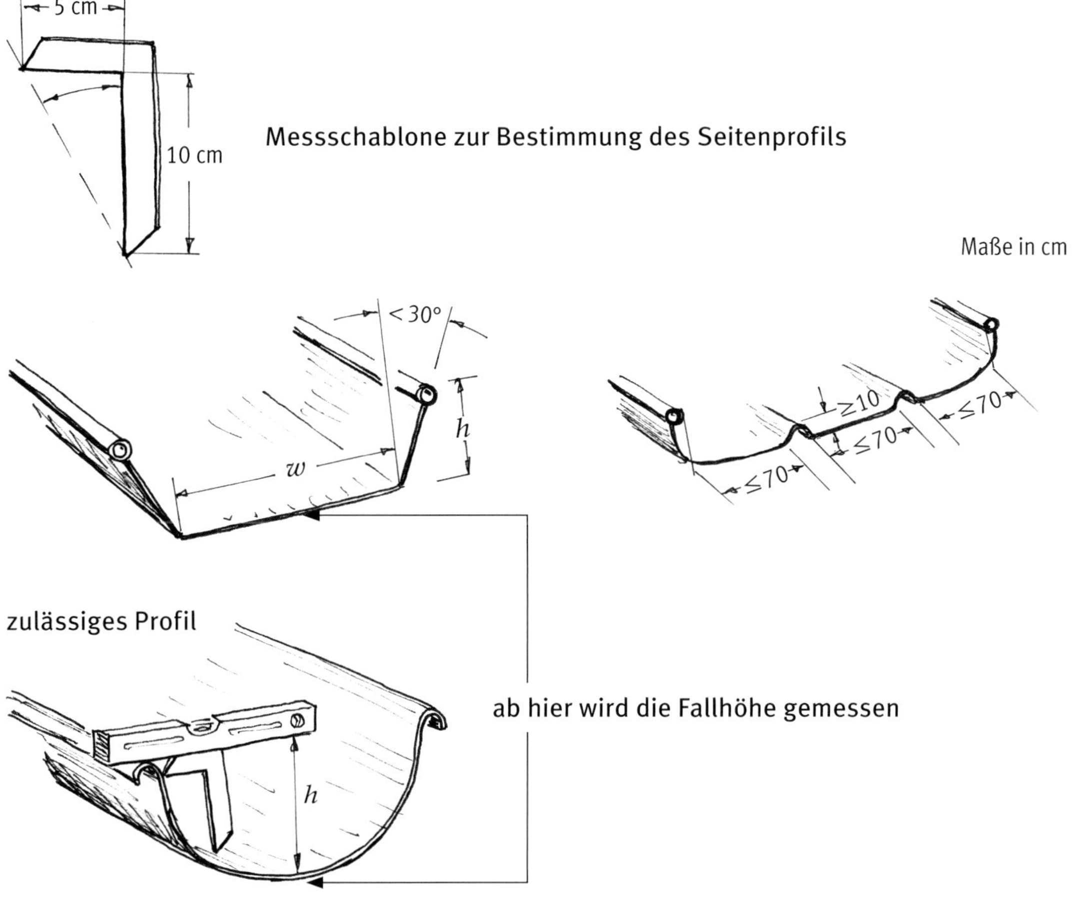

Messschablone zur Bestimmung des Seitenprofils

zulässiges Profil

unzulässiges Profil

Mindesthöhe der Seitenbrüstung

Freie Fallhöhe	Höhe der Seitenbrüstung
≤120 cm >120 ≤ 250 cm >250 cm	≥10 cm ≥15 cm ≥50 cm
Wenn leicht zugänglich >200 cm	 ≥50 cm

Seitenteile im Einsitz müssen nicht komplett geschlossen (ausgefüllt) sein (nach DIN EN 1176-3, Abschnitt 4.4.3), sondern können den Anforderungen für Brüstungen und müssen den Anforderungen für Fangstellen entsprechen.

Die Seiten im Rutschbereich müssen geschlossen ausgeführt sein.

Die Trennungen bei mehrbahnigen Rutschen müssen mindestens 10 cm hoch sein und über das gesamte Rutschteil gehen.

Aufprallfläche

Der seitliche Fallraum muss nach DIN EN 1176-1, Abschnitt 4.2.8.2.4 ausgeführt werden.

In Rutschrichtung für Typ 1 zusätzliche Aufprallfläche: mindestens 200 cm,*

für Typ 2 zusätzliche Aufprallfläche: mindestens 100 cm.

Als Boden wird ein Material gefordert, das HIC 1000 entspricht.

Der Boden, der das Auslaufteil umgibt, muss mindestens eine kritische Fallhöhe von 100 cm erfüllen (Oberboden, Rasen, Kies etc.).

Bei am Hang aufliegenden Rutschen gibt es keine Fallhöhe und deshalb keine Anforderung an die Dämpfungseigenschaften des Bodens, da die Messung der kritischen Fallhöhe für jedes Material mit einer Fallhöhe von 0 cm einen HIC-Wert von 0 ergibt!

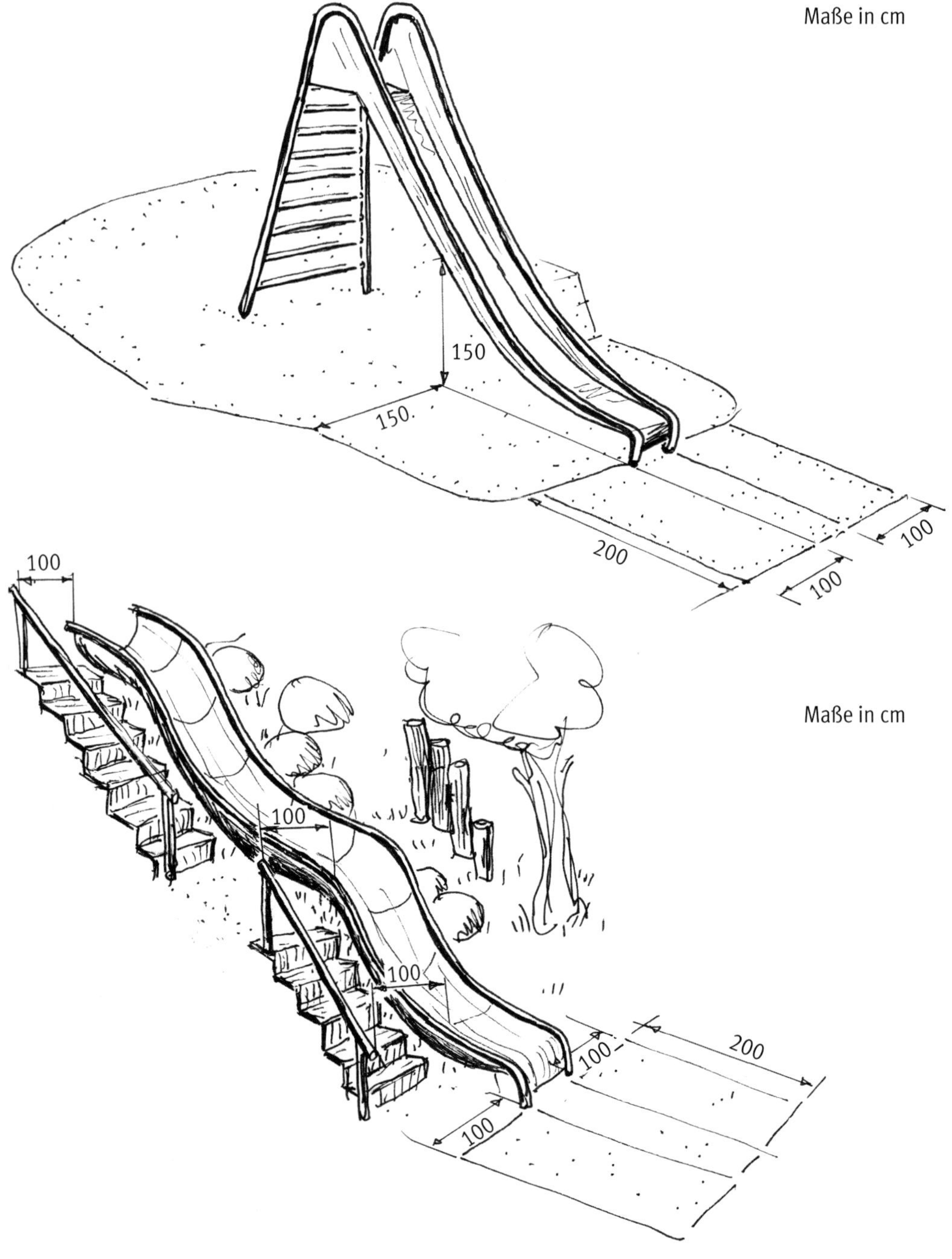

* Bei kurzen Rutschen mit weniger als 150 cm Rutschlänge sind nur 150 cm zusätzliche Aufprallfläche erforderlich.

Beispiele für den Fallraum einer Rutsche.

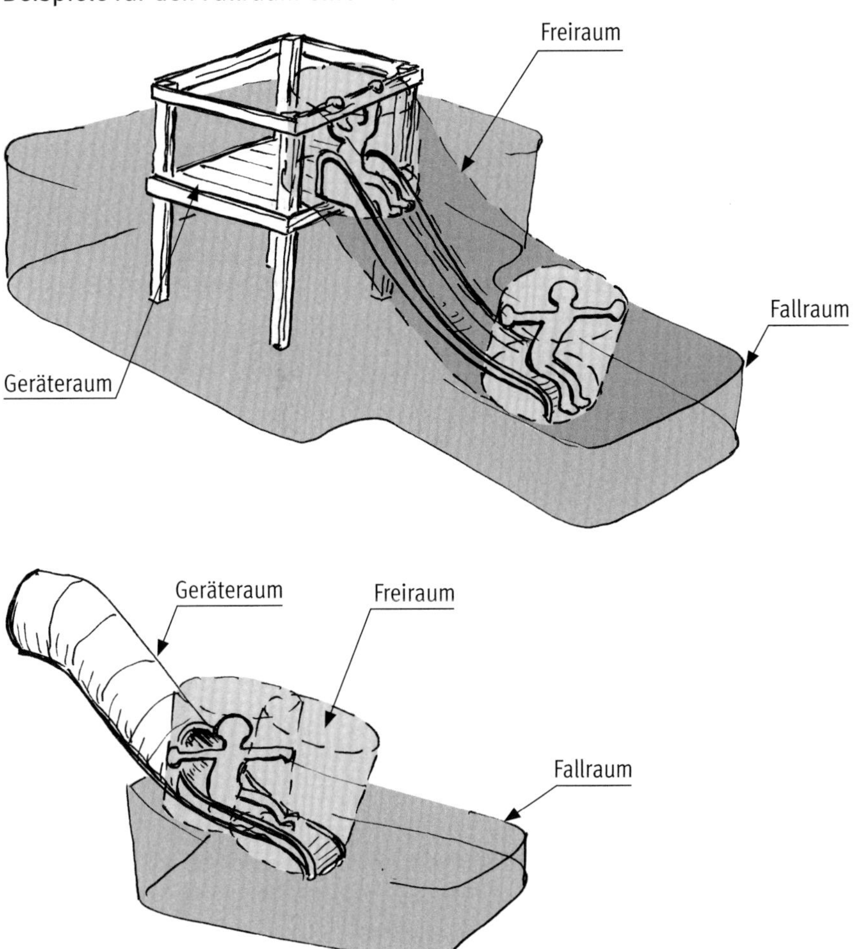

Die Fallräume von Rutschen dürfen sich mit anderen Fallräumen überschneiden.

Tunnelrutschen

Das Rutschprofil muss eine lichte Weite von mindestens 75 cm in horizontaler und vertikaler Richtung aufweisen.

Anmerkung der Autoren: Entgegen diesen normativen Anforderungen halten die Autoren auch Tunnelrutschen mit einer geringeren Breite als 75 cm für sicher. So haben z. B. Rutschen mit nur 60 cm Breite bei 75 cm Höhe gezeigt, dass ein seitliches Anschlagen mit dem Kopf weniger wahrscheinlich ist!

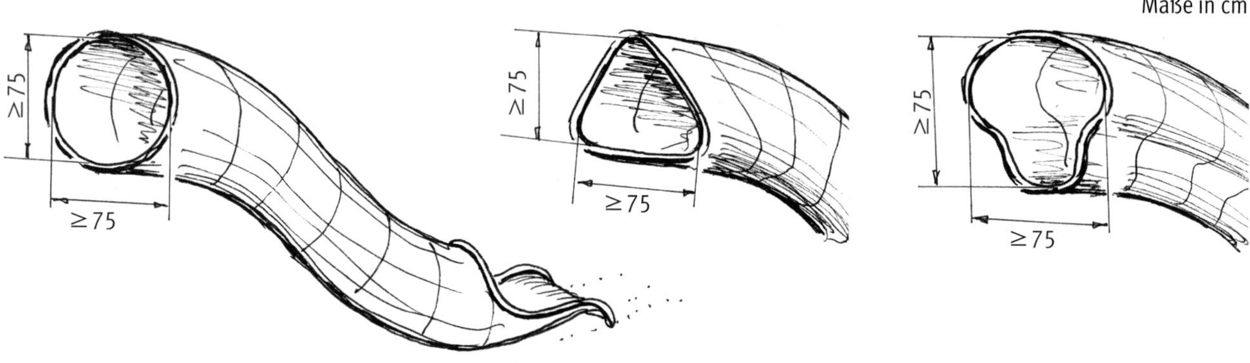

Eine Rutsche, deren Startbereich (= Fallhöhe) über 300 cm liegt, kann normgerecht ausgeführt werden, indem man den Anfang der Rutsche übertunnelt und die Öffnung des Tunnels bei einer freien Fallhöhe von 300 cm beginnen lässt.

Diese Übertunnelung wird i. d. R. mit den Maßen (Breite) des offenen Teils der Rutsche gebaut.

Eine derartige Übertunnelung ist keine Tunnelrutsche im Sinne der Norm und muss den Anforderungen an die lichte Mindestbreite von 75 cm nicht entsprechen, zumal ein Reduzierstück von der Normmindestbreite von 75 cm für Tunnelrutschen auf eine Rutschbreite im offenen Teil der Rutsche von beispielsweise 55 cm möglicherweise das größere Risiko wäre.

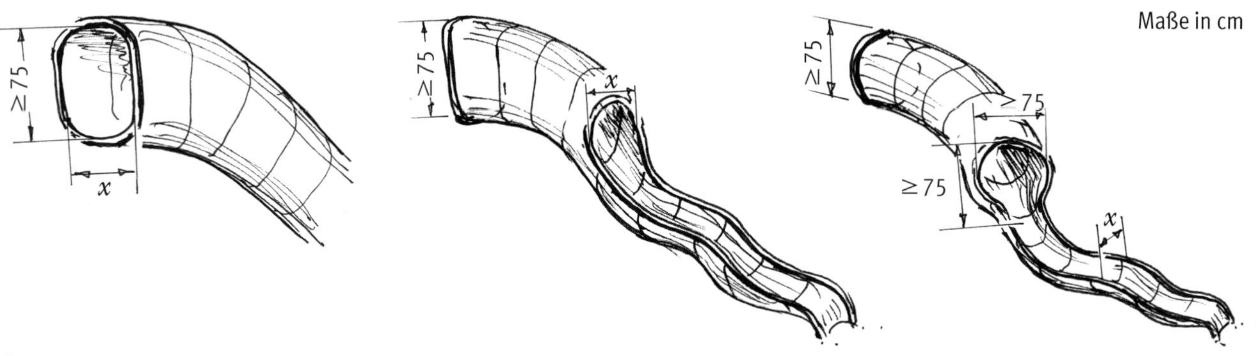

Öffnungen im Tunnelteil sind nicht erlaubt.

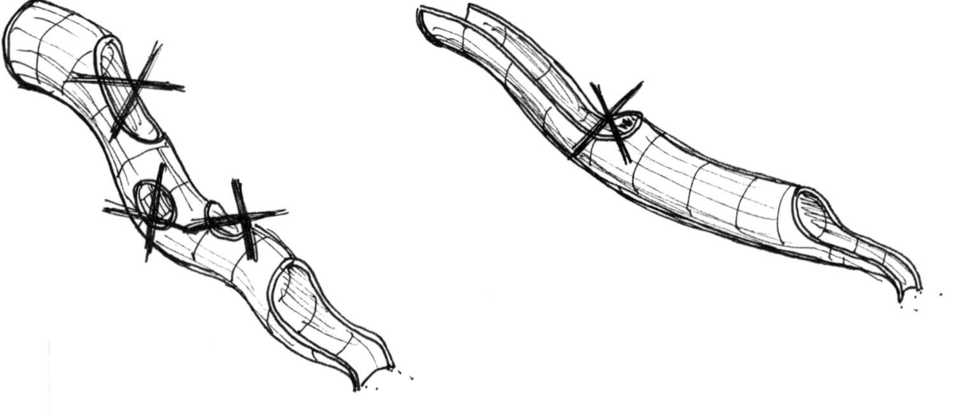

4 DIN EN 1176-4 – Zusätzliche besondere sicherheitstechnische Anforderungen und Prüfverfahren für Seilbahnen

Mai 2019

DIN EN 1176-4

DIN

ICS 97.200.40

Ersatz für
DIN EN 1176-4:2017-12

Spielplatzgeräte und Spielplatzböden –
Teil 4: Zusätzliche besondere sicherheitstechnische Anforderungen und Prüfverfahren für Seilbahnen;
Deutsche Fassung EN 1176-4:2017+AC:2019

Playground equipment and surfacing –
Part 4: Additional specific safety requirements and test methods for cableways;
German version EN 1176-4:2017+AC:2019

Équipements et sols d'aires de jeux –
Partie 4: Exigences de sécurité et méthodes d'essai complémentaires spécifiques aux téléphériques;
Version allemande EN 1176-4:2017+AC:2019

Gesamtumfang 19 Seiten

DIN-Normenausschuss Sport- und Freizeitgerät (NASport)

4.1 Anwendungsbereich

[AC⟩ Diese Europäische Norm gilt für Seilbahnen, mit denen sich Kinder entlang eines Tragseils aufgrund der Einwirkung der Schwerkraft fortbewegen. ⟨AC] Diese Norm legt zusätzliche sicherheitstechnische Anforderungen an Seilbahnen fest, die dauerhaft installiert und für die Benutzung durch Kinder vorgesehen sind.

Keine Seilbahnen im Sinne der DIN EN 1176-4

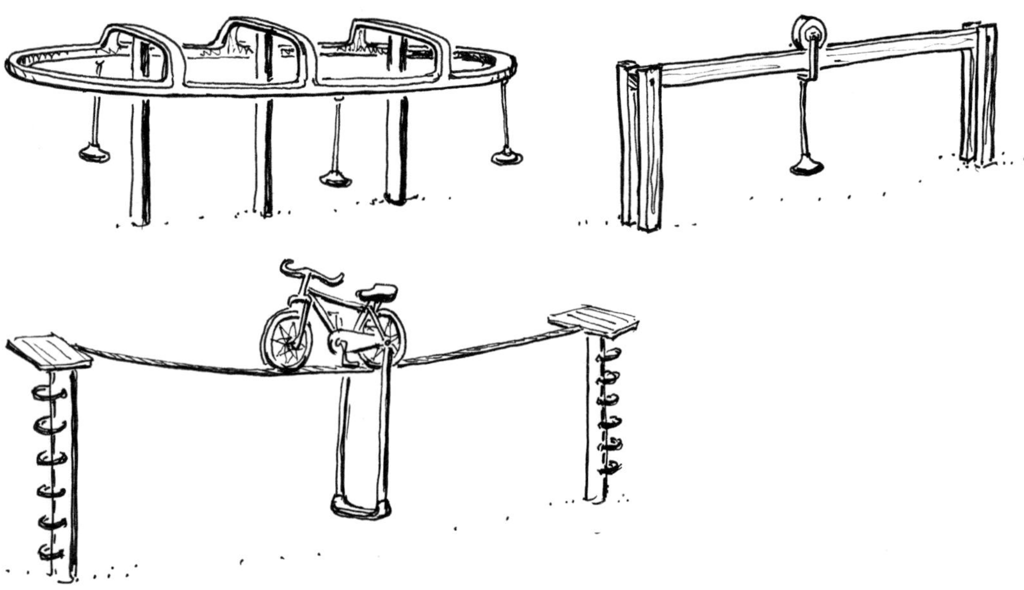

4.2 Begriffe

(die in allen Normteilen gleich verwendet werden)

Seilbahn

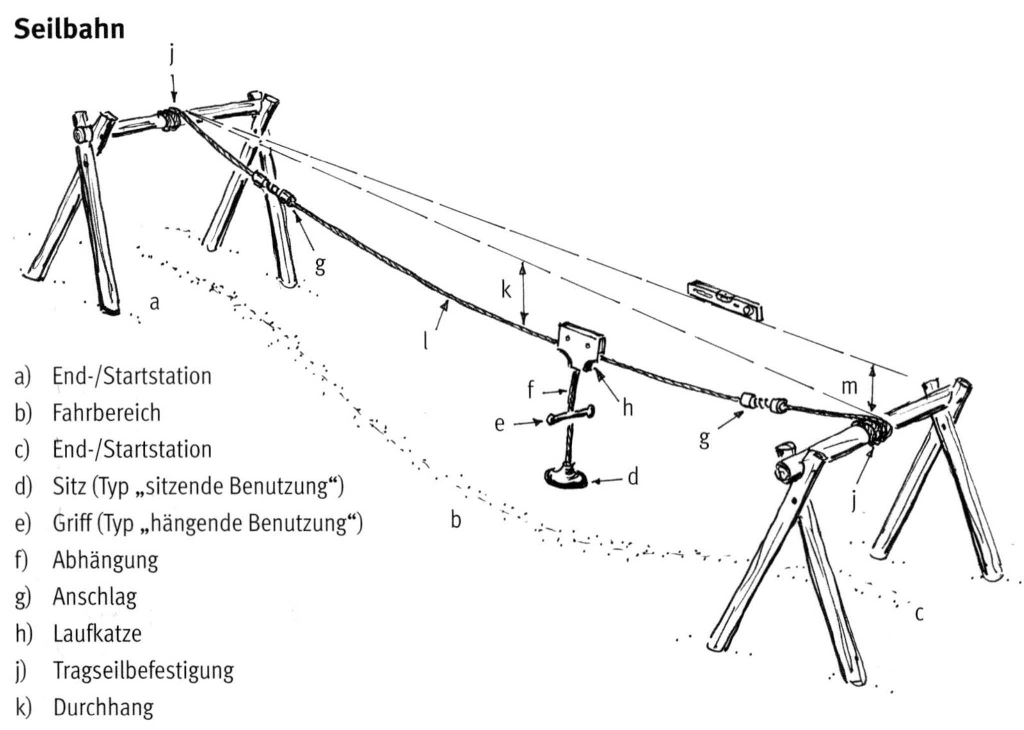

a) End-/Startstation
b) Fahrbereich
c) End-/Startstation
d) Sitz (Typ „sitzende Benutzung“)
e) Griff (Typ „hängende Benutzung“)
f) Abhängung
g) Anschlag
h) Laufkatze
j) Tragseilbefestigung
k) Durchhang
l) Tragseil
m) Höhenunterschied

4.3 Sicherheitstechnische Anforderungen

Anschläge

Anschläge an der Endstation müssen die Fahrt der Laufkatze allmählich bis zum Stillstand abbremsen.

Die Abhängung darf maximal 45° auspendeln – Prüfung nach DIN EN 1176-4, Anhang A.

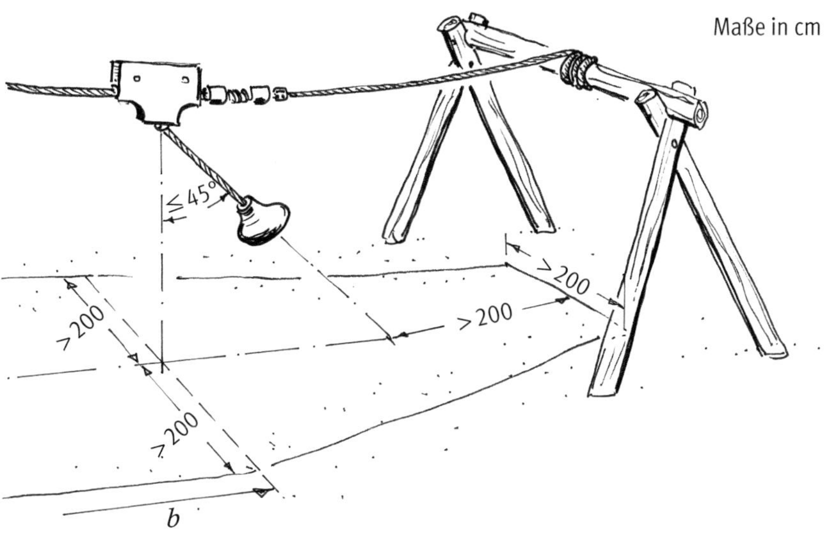

Griffe

Schlaufenbildung ist nicht zulässig.

Bei hängender Benutzung müssen Griffe den Anforderungen an das Umfassen nach DIN EN 1176-1, Abschnitt 4.2.4.6 entsprechen.

- Starre Griffenden müssen eine Prallfläche von mindestens 15 cm² aufweisen.

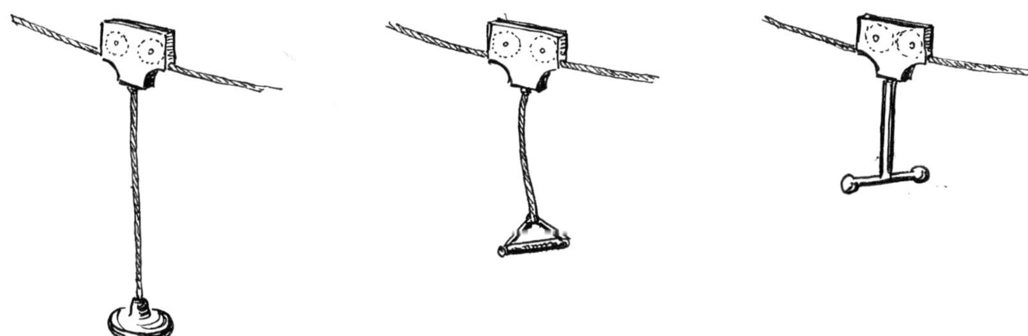

- Starre geschlossene Griffe sind dann zulässig, wenn sie den Anforderungen für Fangstellen entsprechen.

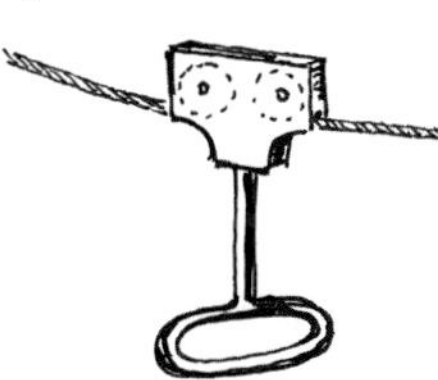

Der Abstand für Handgriffe zum Seil (mindestens 30 cm) richtet sich nach DIN EN 1176-1, Tabelle 3.

- Keine Schlaufen bei hängender Benutzung, die die Hand des Benutzers festhalten können.

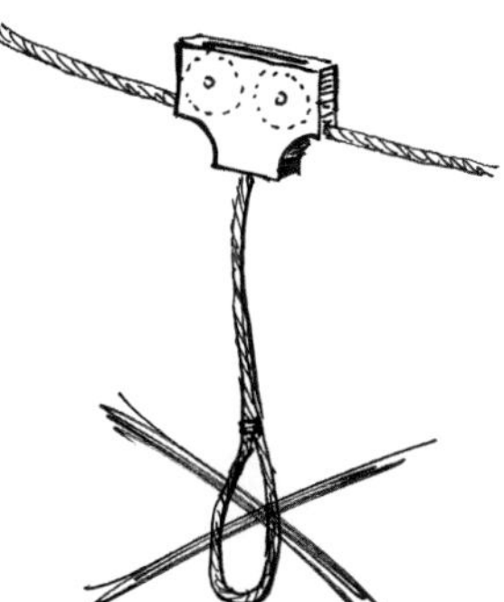

- Keine Sitze, in denen der Körper festgehalten werden kann.

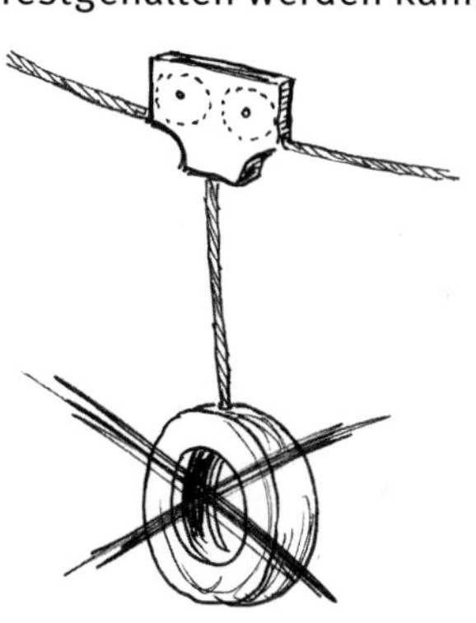

Bodenfreiheit

Bodenfreiheit sitzende Benutzung

- mindestens 35 cm bei Belastung von 65 kg.

Fallhöhe sitzende Benutzung

- h_1 = Höhe des Befestigungspunktes;
- h_2 = Bodenfreiheit;
- h_3 = Freie Fallhöhe maximal 200 cm unbelastet;
- c = Seilfreiraum.

Bodenfreiheit hängende Benutzung

- mindestens 150 cm an der Startstation bei flexiblen Griffelementen (unbelastet);
- mindestens 200 cm an der Startstation bei starren Griffelementen (unbelastet);
- mindestens 200 cm im Fahrbereich (Belastung mit 69,5 kg).

Fallhöhe hängende Benutzung

Die Fallhöhe (Griffhöhe abzgl. 150 cm) darf 150 cm bei unbelasteter Laufkatze nicht überschreiten.

h_2 = Bodenfreiheit (belastet mit 69,5 kg)

h_3 = Fallhöhe

- sitzende Benutzung

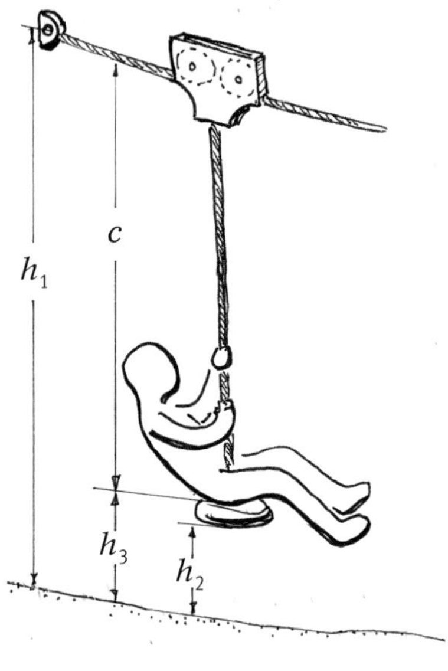

- hängende Benutzung

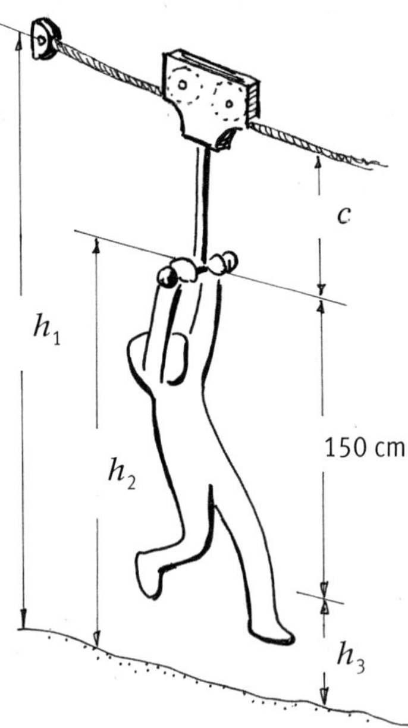

Aufprallfläche

Die Stoßdämpfung innerhalb der Aufprallfläche muss einer kritischen Fallhöhe von mindestens 100 cm entsprechen (Oberboden, Rasen ...).

Bei Fallhöhen über 100 cm müssen die stoßdämpfenden Eigenschaften der Aufprallfläche entsprechend angepasst werden.

Wo Startplattformen mit ihren Zugangsrampen aus nachgebenden Werkstoffen gebaut sind, einschließlich Holz und Metall, dürfen diese bis zu einer freien Fallhöhe von 100 cm ohne stoßdämpfende Oberfläche hergestellt sein.

A Startstation
B Fahrstellung
h_1 Höhe des Befestigungspunktes
h_2 Bodenfreiheit

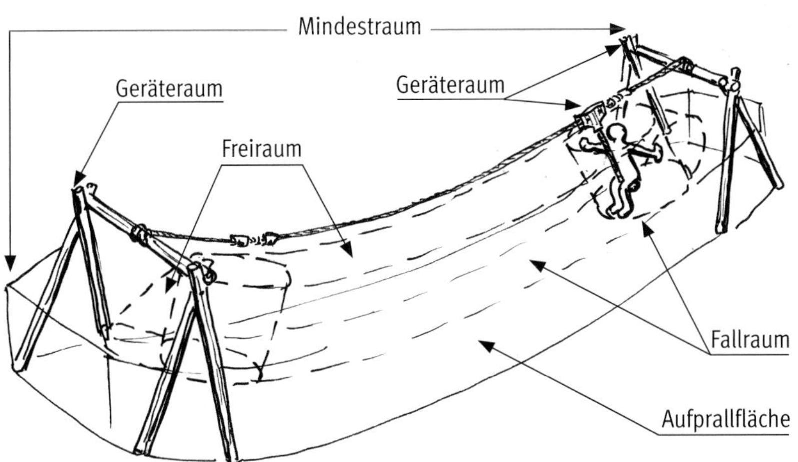

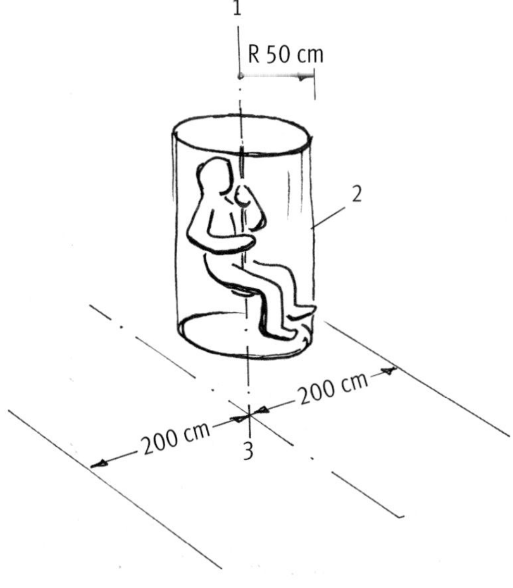

1 Mittellinie der Aufhängung
2 Freiraum
3 Endpunkt des Fahrwegs

5 DIN EN 1176-5 – Zusätzliche besondere sicherheitstechnische Anforderungen und Prüfverfahren für Karussells

Dezember 2019

	DIN EN 1176-5	DIN

ICS 97.200.40

Ersatz für
DIN EN 1176-5:2008-08 und
DIN EN 1176-5
Berichtigung 1:2008-12
Siehe Anwendungsbeginn

Spielplatzgeräte und Spielplatzböden –
Teil 5: Zusätzliche besondere sicherheitstechnische Anforderungen und Prüfverfahren für Karussells;
Deutsche Fassung EN 1176-5:2019

Playground equipment and surfacing –
Part 5: Additional specific safety requirements and test methods for carousels;
German version EN 1176-5:2019

Équipements et sols d'aires de jeux –
Partie 5: Exigences de sécurité et méthodes d'essai complémentaires spécifiques aux manèges;
Version allemande EN 1176-5:2019

Gesamtumfang 22 Seiten

DIN-Normenausschuss Sport- und Freizeitgerät (NASport)

5.1 Anwendungsbereich

Dieses Dokument legt zusätzliche sicherheitstechnische Anforderungen für Karussells fest, die zur dauerhaften Installation zur Benutzung durch Kinder vorgesehen sind.

Wenn die Hauptspielfunktion nicht die Drehbewegung ist, können die maßgebenden Anforderungen in diesem Teil der EN 1176 wie jeweils angemessen angewendet werden. Dieses Dokument gilt nicht für motorgetriebene Karussells, Karussells auf Rummelplätzen oder Lauftrommeln.

5.2 Begriffe

Keine Karussells im Sinne der DIN EN 1167-5

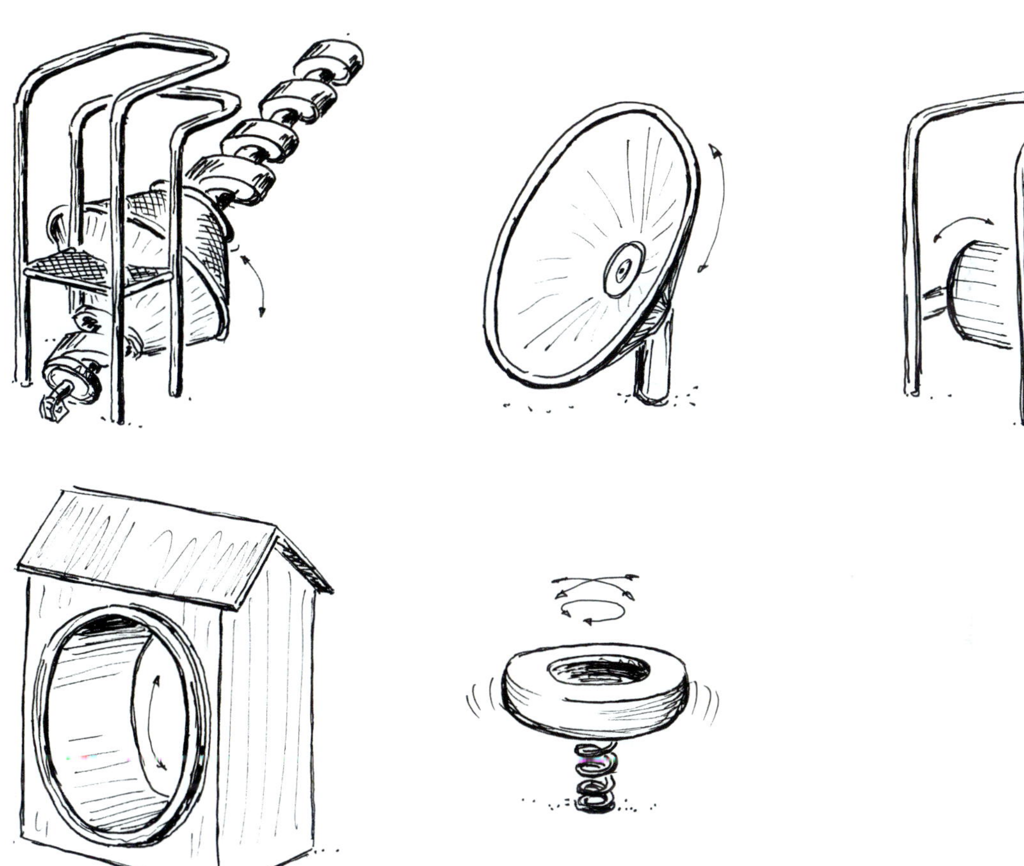

Karusselltypen

Allgemeines

Alle Karussells, die nicht nach Abschnitt 3 klassifiziert sind, sind keine Karussells im Sinne der Norm.

Dennoch kann es bei Neuentwicklungen sinnvoll sein, Geräte, die sich nicht klassifizieren lassen, nach der einen oder anderen Anforderung analog zu bewerten.

- Karussell Typ A (Drehkreuze)

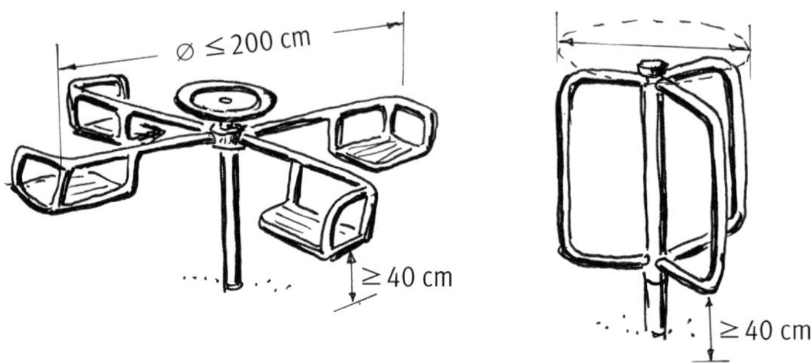

- Karussell Typ B (Drehkreuze mit mitdrehendem Boden)

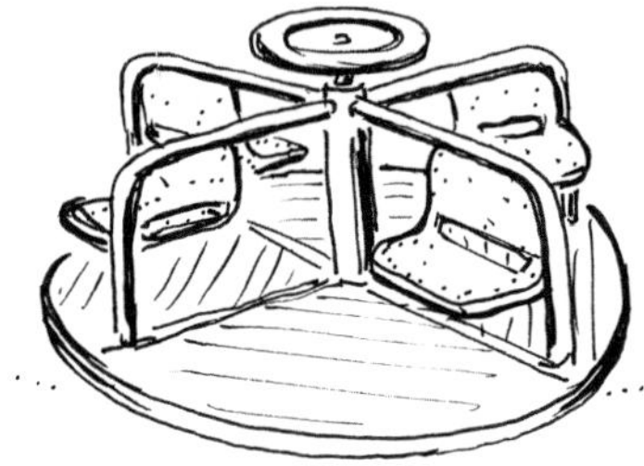
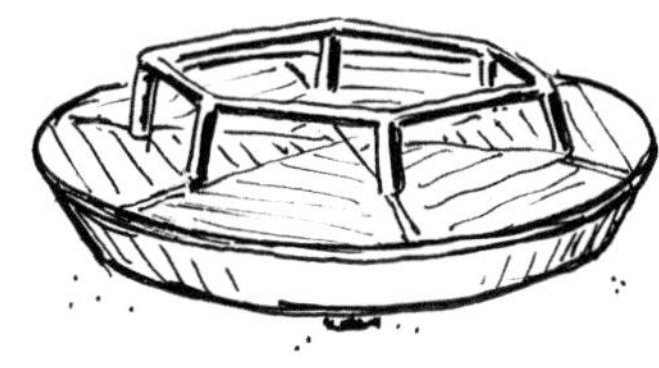
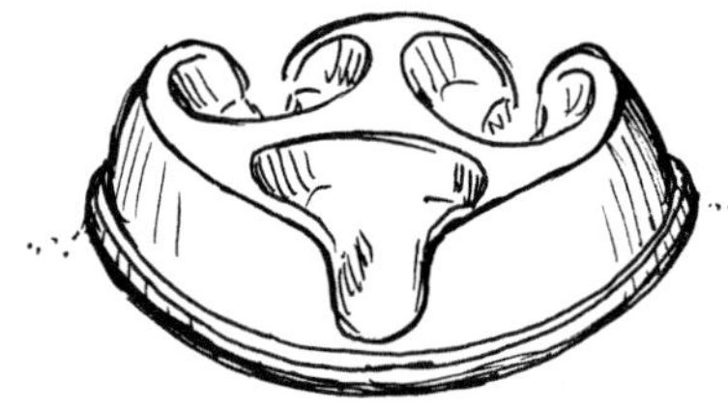

- Karussell Typ C (Drehpilze, Rundläufe)

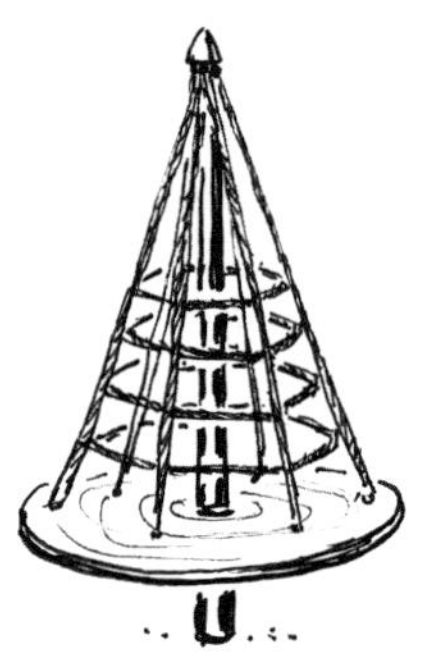

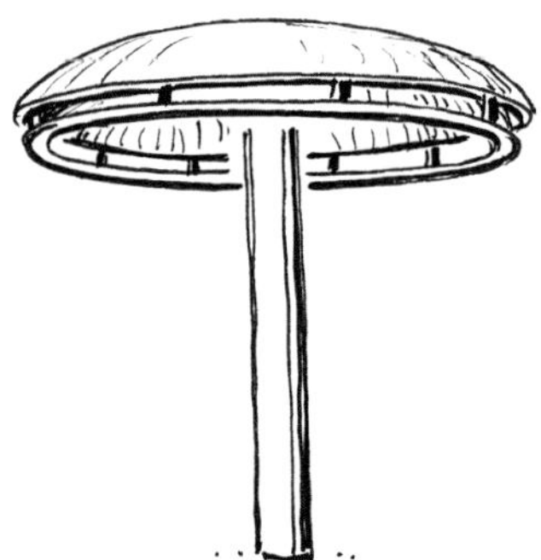

- Karussell Typ D (Bahngeführte Karussells)

- Karussell Typ E (Drehscheiben)

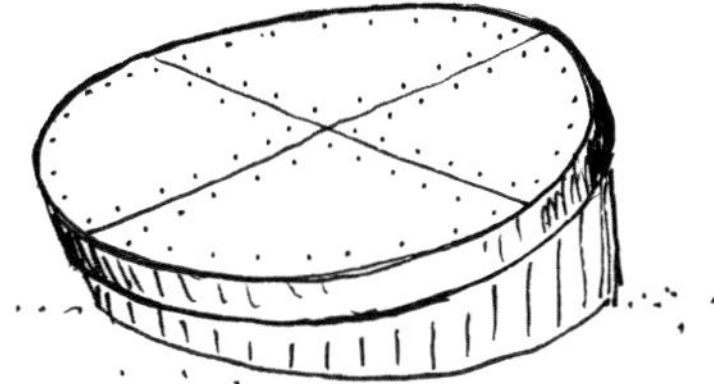

- Karussell Typ F1 (üblicherweise für einen Benutzer)

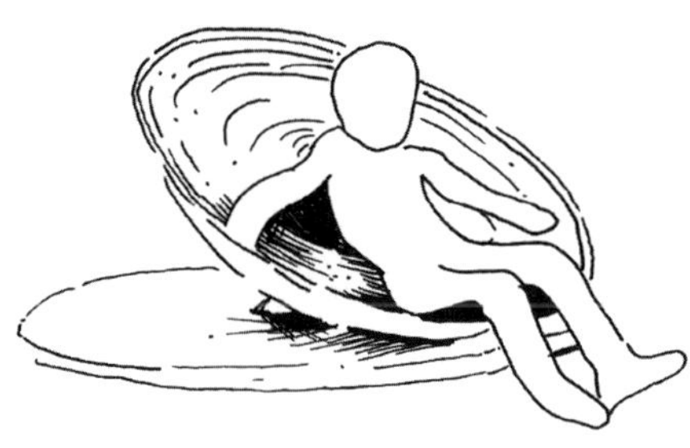

- Karussell Typ F2 (üblicherweise für mehrere Benutzer)

- Karussell Pirouette

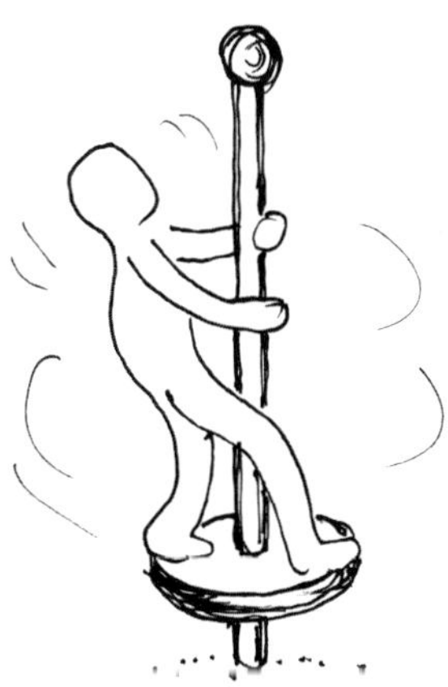

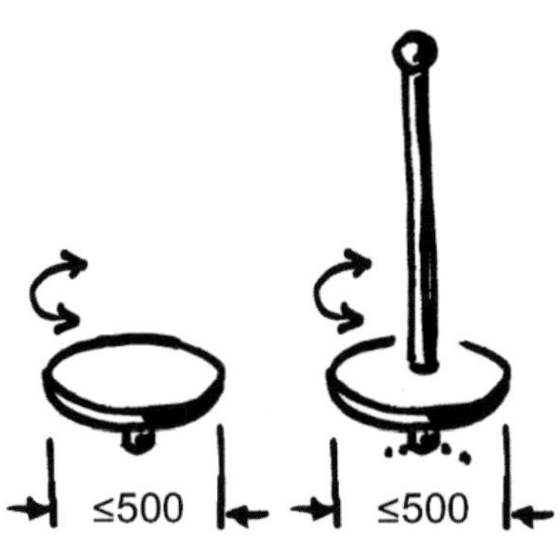

5.3 Sicherheitstechnische Anforderungen

Allgemeines

Gefahren an Karussells

Da Karussellkonstruktionen z. T. sehr massiv sein können, ist die Masse ein mögliches Gefahrenpotenzial, wenn z. B. scharfe Kanten oder Teile einen Benutzer oder auch Unbeteiligten treffen können.

Gefahren gehen von Spielüberlagerungen aus, die demzufolge bei Karussells auch nicht gestattet sind.

Freie Fallhöhe

an keiner Stelle mehr als 100 cm, Ausnahme siehe Typ C.

Mindestraum

a) seitlich des Karussells mindestens 200 cm;

b) Kopffreiraum über dem Karussell muss den Angaben in DIN EN 1176-1:2017, 4.2.8.2.3 entsprechen (180 cm für stehende Benutzung).

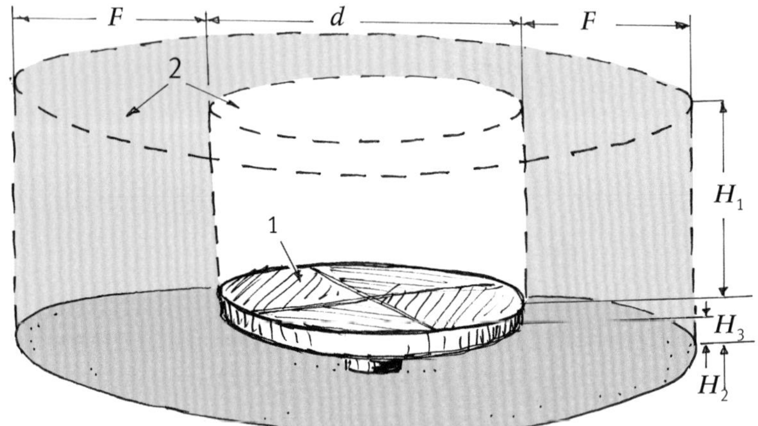

1 Boden
2 Freiraum
d Durchmesser des vom Gerät ausgefüllten Raums
F Freiraum und Fallraum
H_1 Kopffreiraum
H_2 Bodenfreiheit
H_3 freie Fallhöhe

Freiraum und Fallraum sind in der seitlichen Ausdehnung identisch – mit allen Anforderungen an diese Räume aus DIN EN 1176-1.

Dies ist eine Sonderregelung für Karussells, da hier verschiedene Kräfte wirken, die die Ausdehnung des Freiraums erfordern.

Eine Ausweitung des Fallraums über das Maß von 200 cm ist nicht weiter erforderlich, sodass beide Räume von den Ausdehnungen her gleich sind (Ausnahme hierzu siehe Typ C, E).

Benutzerstellen

Bezüglich Hängenbleiben von Körperteilen, Haaren oder Kleidungsstücken am Karussell und seinen Aufbauten: Die feststehende Achse muss einen Durchmesser von min. 75 mm aufweisen; Spalten müssen verdeckt werden. Aufgrund von Zentrifugalkräften gelten Anforderungen an Fangstellen für alle Öffnungen unabhängig von der Lage der Öffnung über der Spielebene.

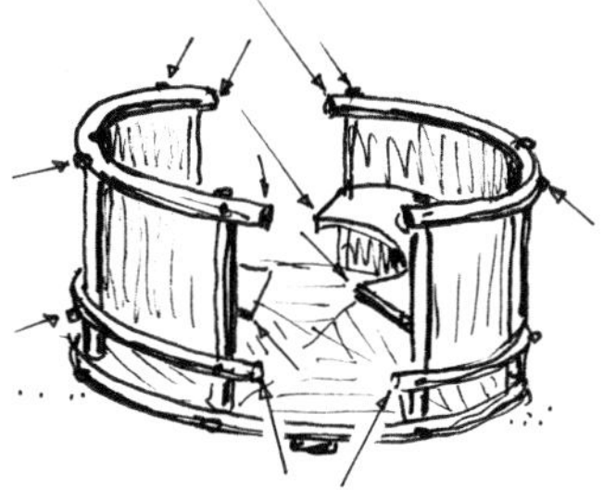

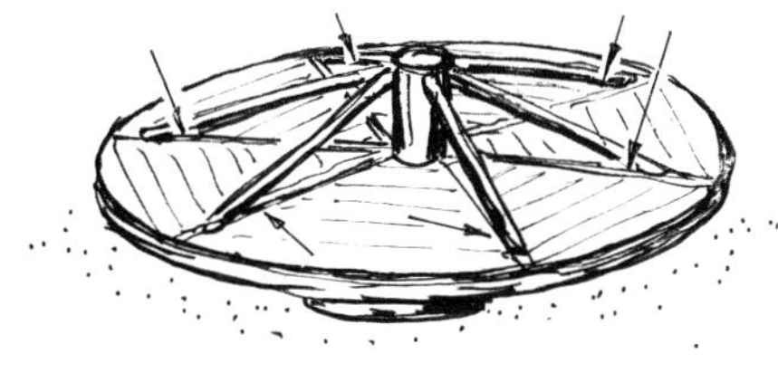

Fallhöhen und Aufprallflächen

Tabelle 1 — Freie Fallhöhe, Höhe von Benutzerstellen und Aufprallflächen von Karussells

Maße in Millimeter

Typ	Größtmögliche Höhe von Benutzerstellen	Freie Fallhöhe	Mindestausdehnung der Aufprallfläche	Freiraum
Typ A	Sitz 1 000	1 000	2 000	ja
Typ B	Karussellboden 1 000 Sitz 1 000	1 000	2 000	ja
Typ C	Griff 3 000 Sitz 1 500	Griffhöhe abzüglich 1 500[a], jedoch stets ≥ 1 000 für Sitzgelegenheiten 1 500[a]	2 000 + 1 000 hindernisfreie Fläche für Rundlauftypen[a]	ja
Typ D	Sitz 1 000	Sitzhöhe	1 500	nein
Typ E	Scheibe 1 000	1 000	3 000	ja
Typ F	Oberseite des Profils 1 000	1 000	1 500	F1: nein F2: ja, 1 000 mm vom Umfang

[a] Die Position wird von der Stelle aus gemessen, in der der hängende Sitz/Griff um mindestens 30° abgewinkelt ist.

Aus dem Tabelleninhalt leitet sich ab, dass Karusselle der Typen D und F1 keine Zwangsbewegung erzeugen. Somit sind Überschneidungen der Aufprallflächen zulässig.

Typenspezifische Anforderungen

Karussell Typ A (Drehkreuze)

- maximal 200 cm Durchmesser;
- mindestens 40 cm Bodenfreiheit;

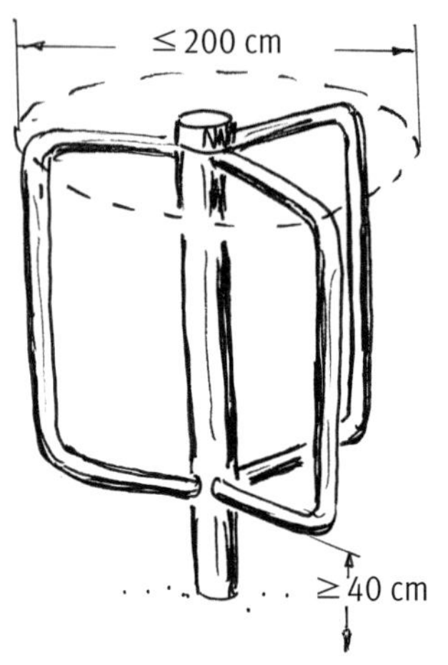

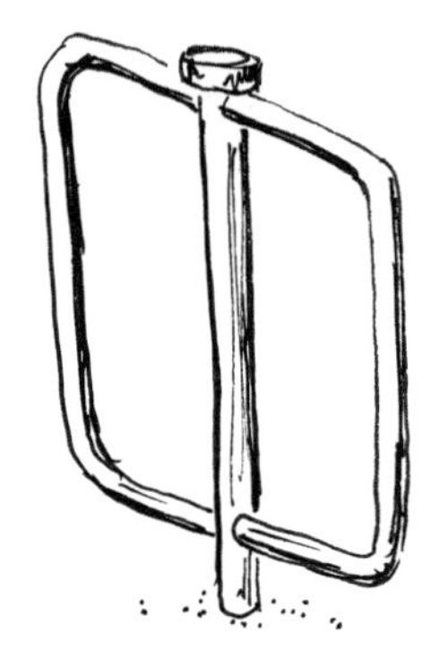

unzulässiges Drehkreuz

- mindestens drei Benutzerstellen gleichmäßig am Umfang verteilt, damit man die rotierenden Elemente besser sehen kann;
- mindestens 5 mm Rundungsradius für alle um die Achse bewegten Teile;

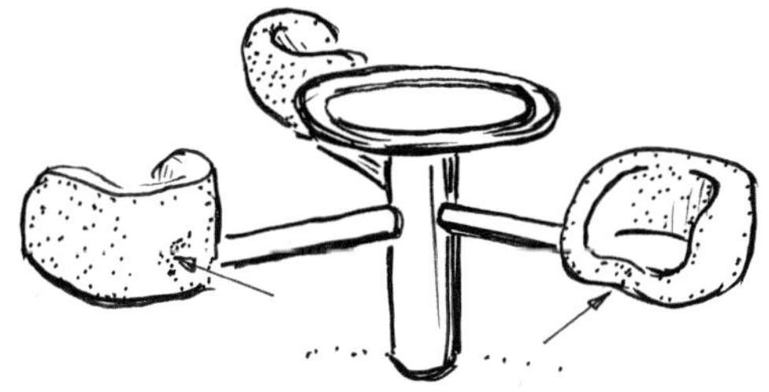

Anforderungen an Flächenpressung und Beschleunigung

- bei Sitzen Stoßdämpfung durch Gummiteil in Drehrichtung, mindestens 10 mm, weniger als Shore 60A

Karussell Typ B (mitdrehender Boden, bodenbündig eingebaut)

Der horizontale Versatz darf maximal 8 mm betragen. Der vertikale Versatz darf maximal + 20 mm betragen. Anforderungen siehe nachfolgende Seiten.

- Bodenbündiger Einbau: gleichbleibendes Spaltmaß von maximal 8 mm

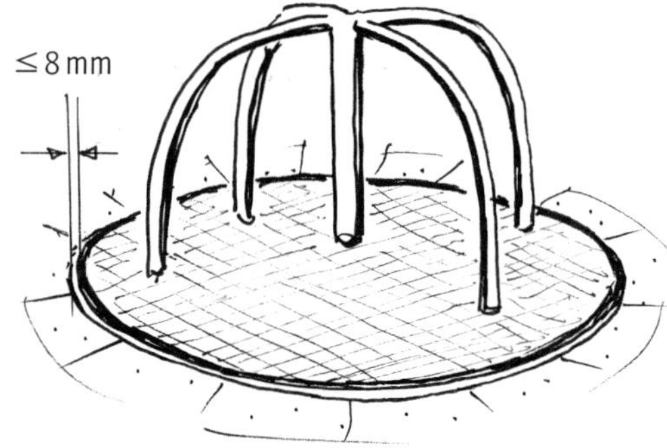

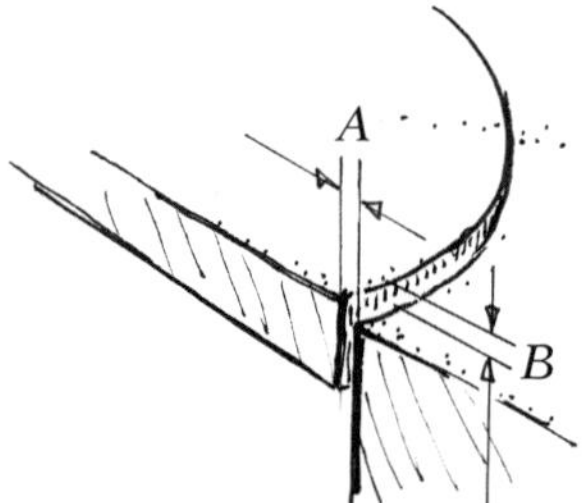

Der Spalt darf max. 0,8 cm betragen, der Höhenunterschied max. 2 cm.

A Spalt

B Höhenunterschied

Bild 7 – Horizontale Spalte und vertikaler Versatz

Mitdrehender Boden, nicht bodenbündig eingebaut

Die Rundheit (Unterschied zwischen min. und max. Durchmesser) muss kleiner als 5 cm sein.

Alle außen liegenden Teile müssen mit mindestens 5 cm gerundet werden.

Neigungswinkel max. 3°.

Anforderungen bei lichtem Abstand Unterseite – Karussellboden 6 cm bis 11 cm:

- glatte Unterseite mindestens 30 cm zur Achse hin;
- restliche Strecke zur Achse hin mindestens 6 cm Bodenfreiheit.

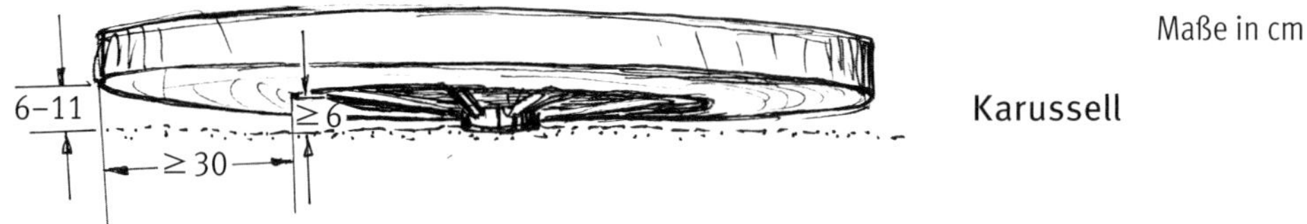

Karussell

Anforderungen bei lichtem Abstand Unterseite – Karussellboden über 40 cm:

- glatte Unterseite im gesamten Bereich.

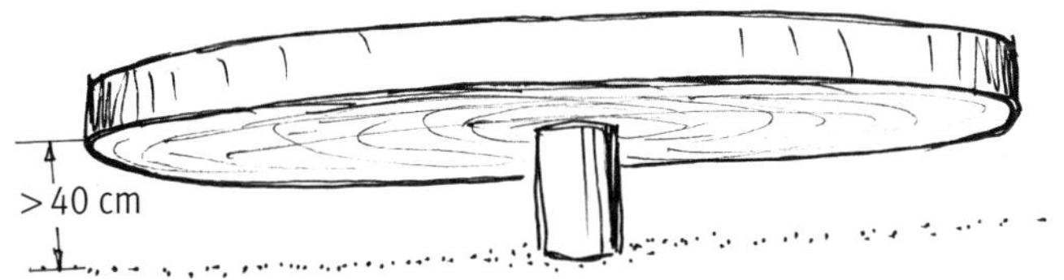

Karussell, über 40 cm,
Unterseite insgesamt glatt

Alle Aufbauten und Konstruktionsteile müssen sich in gleicher Richtung mitdrehen.

Aufbauten und Benutzerstellen dürfen nicht über den Rand des mitdrehenden Bodens hinausragen.

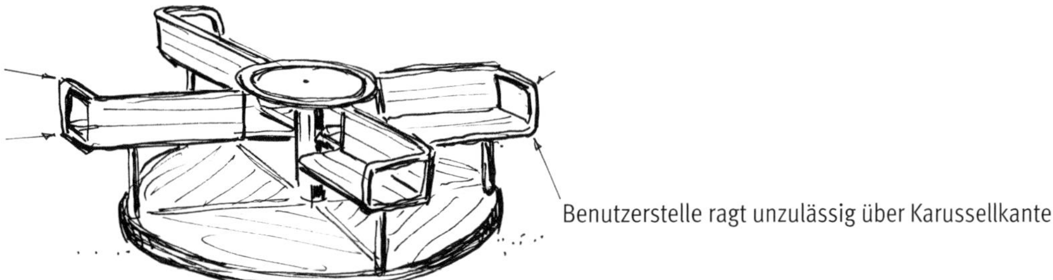

Handräder, wenn sie eingesetzt werden, müssen geschlossen ausgebildet sein.

- geschlossenes Handrad
- unzulässige Öffnungen im Handrad

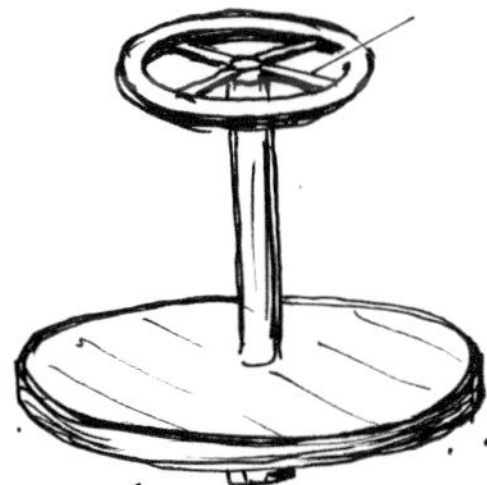

Kritische Stellen bei Verwendung von Handrädern sind vorstehende Schraubenköpfe und Spalten.

Ausführungsprinzip im Beispiel: feststehendes Handrad und drehende Plattform

Karussell Typ C (Drehpilze, Rundläufe)

Starre Benutzerstellen müssen gleich hoch abgehängt sein.

Abgehängte Benutzerstellen in einer Höhe von weniger als 180 cm dürfen keine größere Beschleunigung als 50 *g* und keine größere Flächenpressung als 90 N/cm² aufweisen (siehe Schaukelsitze).

Bei abgehängten Benutzerstellen müssen der Freiraum und der Fallraum (und damit die Aufprallfläche) vom Griff bei einem Winkel von 30° zur Senkrechten gemessen werden (200 cm).

Zusätzlich muss ein weiterer Bereich vorhanden sein, der sich mindestens 100 cm ausdehnt und ohne Hindernisse (Randsteine, Kanten, Pfosten, Palisaden etc.) ist. Hier bestehen keine Anforderungen an die Stoßdämpfung.

- Starre Benutzerstellen müssen gleich hoch abgehängt sein.

- Unter 180 cm hängende Griffe müssen den Prüfanforderungen für Schaukelsitze entsprechen.

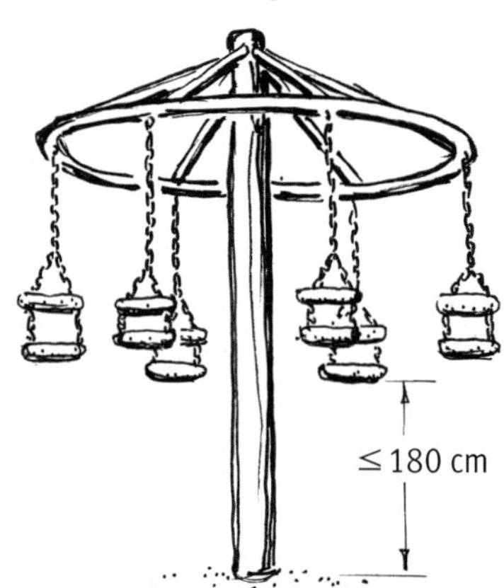

Karussell Typ D (Bahngeführte Karussells)

Antriebe

Kurbel- oder Pedalantrieb durch Hand oder Fuß ①

- Freilaufeinrichtung;
- Abdeckung für Antriebsteile wie Ketten, Zahnräder, Kardanwellen etc.;
- Öffnungen in diesen Abdeckungen maximal 5 mm in eine Richtung gemessen;
- Abstand zwischen Kurbelarmen und Abdeckungen oder feststehenden Konstruktionsteilen mindestens 12 mm oder immer kleiner als 5 mm;
- Scherstellen sind unzulässig;
- alle Teile, die der Benutzer erreichen kann, müssen mit r = mindestens 3 mm gerundet sein.

Antriebsräder

- Antriebsräder müssen während des Betriebs so abgedeckt sein, dass man nicht hineingreifen kann.

Tragkonstruktionsteile ②,

- die direkt mit Benutzerstellen und Antriebsteilen versehen sind, müssen an der Drehachse gelagert sein;
- dürfen um nicht mehr als 10 cm angehoben werden können (außer bei zwangsgeführten Bahnen).

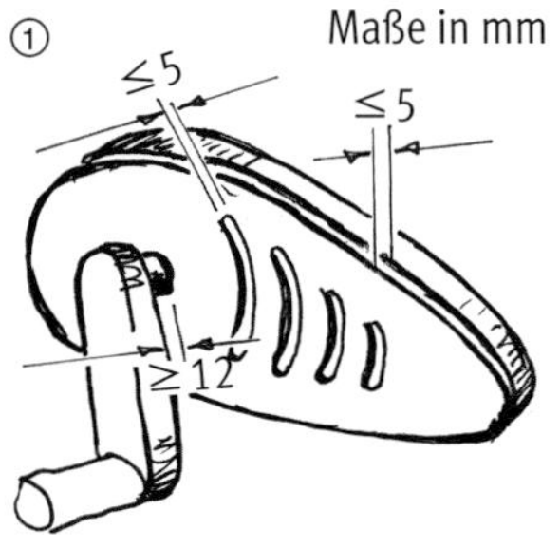

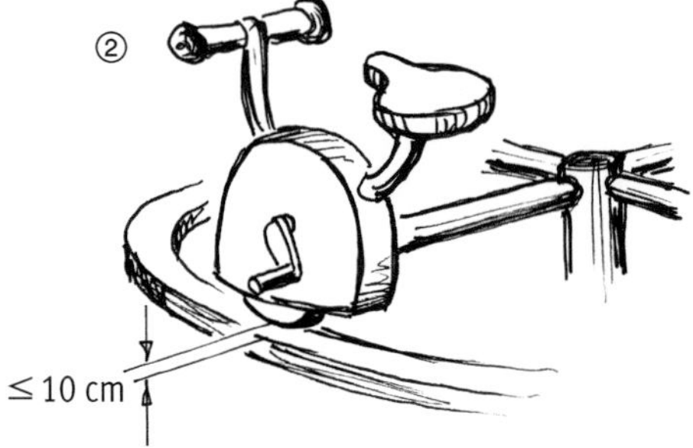

Karussell Typ E (Drehscheiben)

Boden:
- kreisförmig.

Oberseite:
- frei von Hindernissen, glatt und durchgehend.

Unterseite:
- glatt und durchgehend;
- keine radiale Abweichung zur Bodenfreiheit, z. B. Rippen o. Ä.

Bodenfreiheit:
- mindestens 30 cm bei losem Untergrund;
- mindestens 40 cm bei festem Untergrund.

Drehscheibe mit Fallraum/Freiraum von mindestens 300 cm, freie Fallhöhe maximal 100 cm.

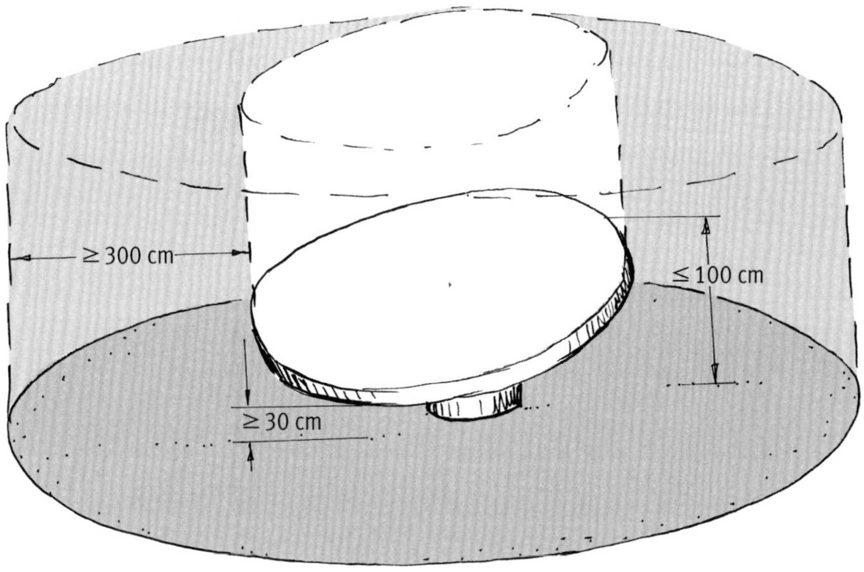

Schüsselförmige Karusselle Typ F1 und F2

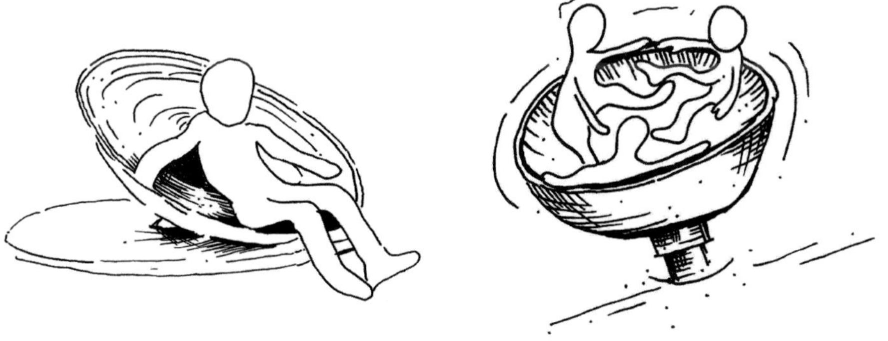

Die Hauptfunktion ist das Zurückhalten der Benutzer. Das Risiko des Hinausschleuderns wird dadurch verringert. Dies wird erreicht durch:
- konkaves Profil;
- kein Rand, der dazu verleitet, sich draufzusetzen;
- Handgriffe in niedriger Position;
- Fehlen einer Fläche zum Stehen (unregelmäßig, gewellt, wacklig ...).

Freistehende Karussells mit einem Durchmesser ≤ 50 cm (ohne Typenkennzeichen)

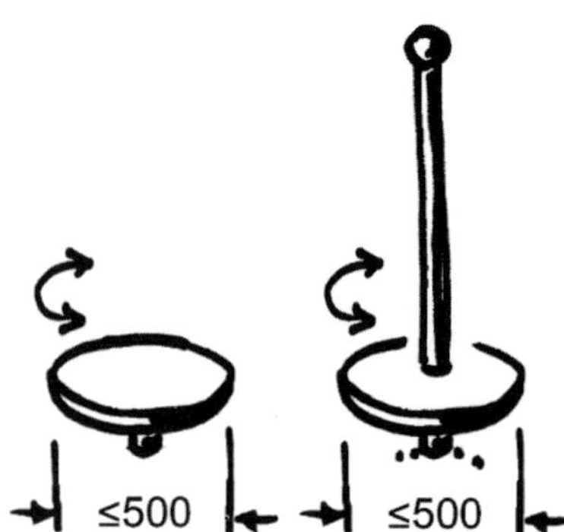

Diese Geräte besitzen keine erzwungene Bewegung. Die Bewegung kann durch Verlassen des Geräts gestoppt werden. Daher ist eine Überschneidung der Fallräume zulässig.

Die Höhe der Mittelstange, wenn vorhanden, muss min. 775 mm, von der Standfläche gemessen, betragen.

Prüfung des Endes oder Teile der Mittelstange mit dem Prüfring für die Griffe von Federwippen, wenn die Länge der Mittelstange < 1 800 mm.

Die Festigkeit der Mittelstange in einer Höhe von 775 mm muss mindestens 1 000 + 50 N betragen.

Der Stangendurchmesser muss zum Umfassen (16 mm bis 45 mm) oder Greifen (≤ 60 mm) geeignet sein.

Bei Anordnung als Gruppe nur mit Mittelstange zulässig.

6 DIN EN 1176-6 – Zusätzliche besondere sicherheitstechnische Anforderungen und Prüfverfahren für Wippgeräte

Mai 2019

DIN EN 1176-6

DIN

ICS 97.200.40

Ersatz für
DIN EN 1176-6:2017-12

**Spielplatzgeräte und Spielplatzböden –
Teil 6: Zusätzliche besondere sicherheitstechnische Anforderungen und Prüfverfahren für Wippgeräte;
Deutsche Fassung EN 1176-6:2017+AC:2019**

Playground equipment and surfacing –
Part 6: Additional specific safety requirements and test methods for rocking equipment;
German version EN 1176-6:2017+AC:2019

Équipements et sols d'aires de jeux –
Partie 6: Exigences de sécurité et méthodes d'essai complémentaires spécifiques aux équipements oscillants;
Version allemande EN 1176-6:2017+AC:2019

Gesamtumfang 22 Seiten

DIN-Normenausschuss Sport- und Freizeitgerät (NASport)

6.1 Anwendungsbereich

Dieses Dokument gilt für Wippgeräte, die nach der Definition in 3.1 als Spielplatzgeräte für Kinder benutzt werden. Sofern die Hauptspielfunktion nicht Wippen ist, dürfen die entsprechenden Anforderungen dieses Dokumentes, falls zutreffend, verwendet werden.

Dieses Dokument legt zusätzliche sicherheitstechnische Anforderungen an und Prüfverfahren für Wippen und Wippgeräte fest, die dauerhaft installiert und für die Benutzung durch Kinder vorgesehen sind.

Das Ziel besteht darin, den Nutzer gegen mögliche Gefahren während der Nutzung zu schützen.

ANMERKUNG Eine Anleitung zur Bewertung der Sicherheit anderer Formen von Wippen/Wippgeräten ist im informativen Anhang A enthalten.

Keine Wippgeräte oder Hüpfgelegenheiten im Sinne der Norm

Zum Beispiel:

- Sprungbrett
- Balancierbalken
- Hüpfplatten

Dem Anwendungsbereich folgend, können Anforderungen aus diesem Teil der Norm angewandt werden, falls zutreffend.

6.2 Begriffe

(die in allen Normteilen gleich verwendet werden)

Tragteil

Beispiele für Tragteile

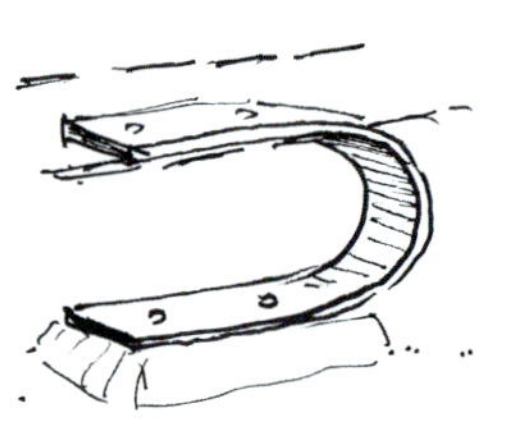

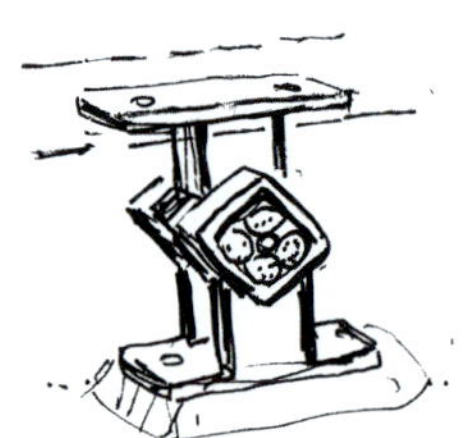

Dämpfung

Beispiele für Dämpfung

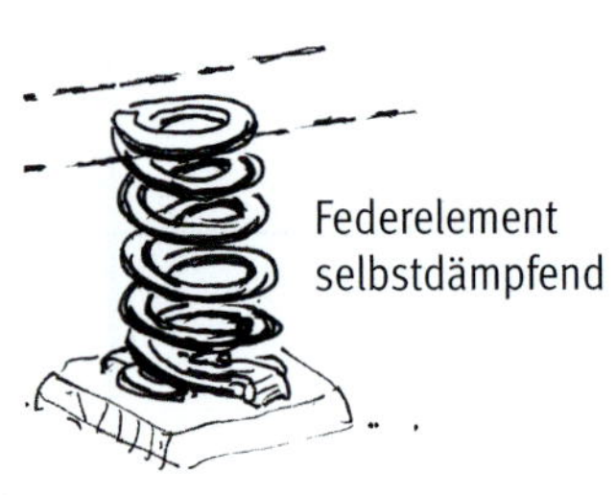

Axiale Wippe

Mit Wippmöglichkeit nur in vertikaler Richtung

Einpunkt-Wippgerät

Mit Wippmöglichkeit in eine oder mehrere Richtungen

Typ 2 A/B – 1 Tragteil

Mehrpunkt-Wippgerät

Typ 3 A/B – mehrere Tragteile

A-Typen	B-Typen
Typ 2A wippt in 1 Richtung und hat 1 Tragteil	Typ 2B wippt in mehrere Richtungen und hat 1 Tragteil
Typ 3A wippt in 1 Richtung und hat mehrere Tragteile	Typ 3B wippt in mehrere Richtungen und hat mehrere Tragteile

6.3 Sicherheitstechnische Anforderungen

Quetsch- und Klemmstellen

Die Prüfung erfolgt nach DIN EN 1176-6, Anhang C mit einem Prüfkörper ∅ 1,2 cm. Das Gerät wird in die jeweiligen Endstellungen gebracht und es wird geprüft, ob der Stab in vorhandene sich verändernde Öffnungen (z. B. Federwindungen) passt.

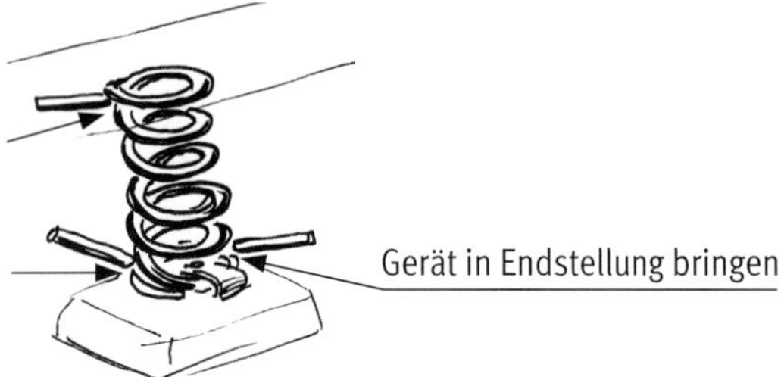

Fußstützen

Fußstützen müssen vorhanden sein, wenn die Bodenfreiheit weniger als 23 cm beträgt **und** keine Dämpfung vorliegt (Reifen bei Wippen bedeuten Dämpfung, daher sind keine Fußstützen erforderlich).

Bei Prüfung mit dem Prüfring E.1 darf kein Teil der Fußstütze über die Außenkante hervorstehen (siehe auch: Handgriffe).

Bodenfreiheit

Die Anforderungen an die Bodenfreiheit können entfallen, wenn die Geräte eine Dämpfung besitzen.

- Typ 1 – Bodenfreiheit mindestens 23 cm oder Dämpfung (Mittellager oder Reifen).

- Typ 2A – Fußstützen nicht erforderlich, Feder stellt Dämpfung dar.

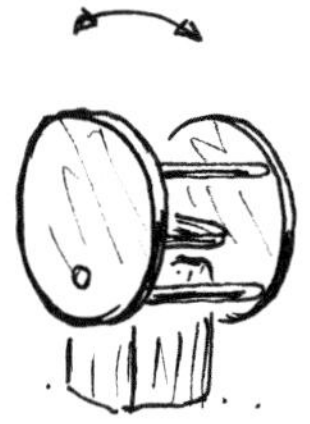

- Typ 2B – Fußstützen nicht erforderlich, Feder stellt Dämpfung dar.

- Typ 3A – Maximale freie Fallhöhe 100 cm.

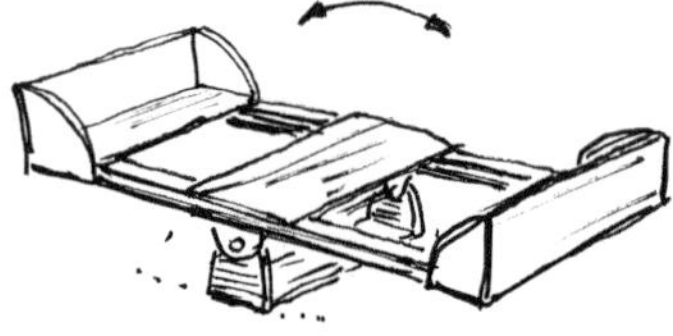

- Typ 3B – Maximale freie Fallhöhe 100 cm, Bodenfreiheit nicht erforderlich, Fußstützen nicht erforderlich.

Wir halten die Alternative „Anforderungen an die Bodenfreiheit oder Dämpfung“ für falsch. Wenn ein Dämpfungselement alternativ zu Fußstützen verwendet werden kann, sollten Mindestanforderungen an die Dämpfungseigenschaften in den jeweiligen Endlagen dafür bestehen. Zurzeit ist es Sache der Hersteller und Prüfer festzulegen, was eine geeignete Dämpfung bei einem Gerät darstellt.

Handgriffe

Für jede Sitz-/Stehgelegenheit müssen Griffe vorhanden sein.

Der Durchmesser muss zwischen 1,6 cm und 4,5 cm betragen.

Bei Geräten für kleine Kinder unter 36 Monaten wird empfohlen, höchstens 3 cm zu wählen.

Bei Prüfung mit dem Prüfring E.1 darf kein Teil des Handgriffes über die Außenkante hervorstehen ①.

Dieser Prüfkörper ist ausschließlich für Prüfungen der Geräte nach DIN EN 1176-6 zu verwenden.

(Siehe auch Abschnitt III, Kapitel 2.2, Textabschnitt „Prüfkörper für teilweise umschlossene und V-förmige Öffnungen".)

Formenprofile

- Der Rundungsradius im Wechsel des Profils muss mindestens 2 cm betragen.

- Solche Formen sind nicht zulässig.

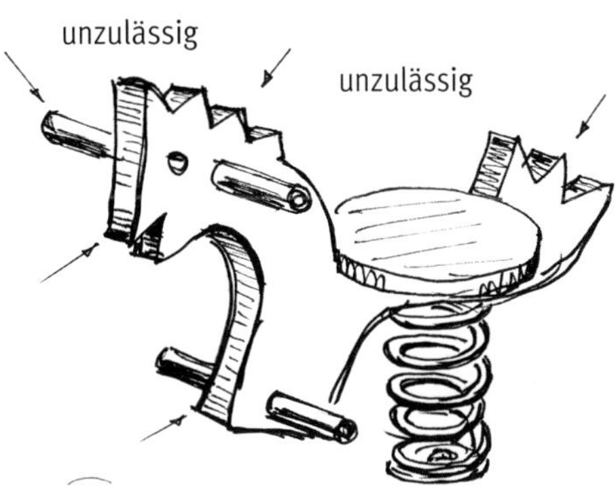

Auch an den Kanten sollten Formenprofile abgerundet werden.

- Scharfe Kanten sind gefährdend.

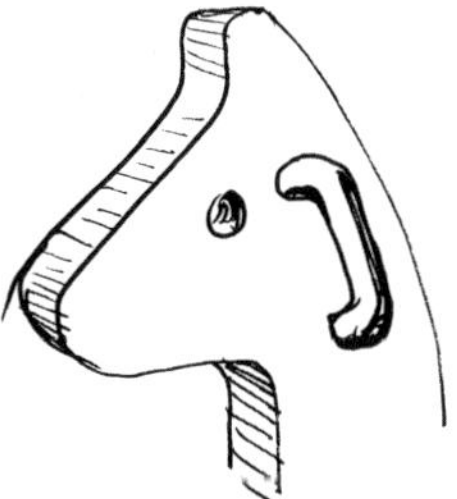

- Kanten abrunden mit mindestens R 3 mm.

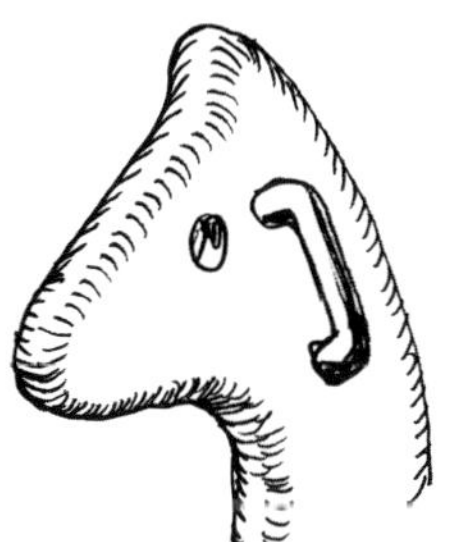

Fallraum

Im Gegensatz zu den Festlegungen aus DIN EN 1176-1 muss um jedes Gerät ein Fallraum mit einer Aufprallfläche von mindestens 100 cm Länge vorhanden sein ②.

Der Fallraum wird gemessen ab der äußersten Stellung des Gerätes in jede Richtung.

Tabelle 1 — Sicherheitstechnische Anforderungen

Typ	Größte freie Fallhöhe (siehe 4.2) mm	Größte Neigung der Sitz-/Stehgelegenheit (siehe 4.3)	Bodenfreiheit[a] mm
1	1 500	20	≥230
2A	1 000	30	wahlfrei
2B	1 000	30	≥230
3A	1 000	30	wahlfrei
3B	1 000	30	≥230
4	1 000	20	≥230
5	2 000	—	≥230
6	2 000	—	≥230

[a] Mit Ausnahme von Typ 4 (siehe 5.3) ist Mindestbodenfreiheit nicht erforderlich, wenn:
1) ein Dämpfungseffekt vorhanden ist, z. B., wenn das Tragteil eine Feder ist;
2) die Bewegung am äußersten Ende des Aufbaus hauptsächlich in horizontaler Richtung verläuft (Abweisungseffekt).

Überdeckung der Verankerung

Bei Wippgeräten für einzelne Nutzer mit weniger als 60 cm Fallhöhe darf die Bodenverankerung max. 30 % über die Sitzfläche herausragen.

Wippe

Die maximale freie Fallhöhe beträgt 150 cm.

Die Bodenfreiheit muss mindestens 23 cm betragen oder die Wippbewegung muss gedämpft sein.

Der Neigungswinkel darf maximal 20° betragen.

Fußstützen sind nicht erforderlich.

- Typ 1

Maße in cm

Einpunkt-Wippgerät Typ 2A (vorgegebene Richtung)

Die maximale freie Fallhöhe beträgt 100 cm.

Der Neigungswinkel darf maximal 30° betragen.

Fußstützen sind nicht erforderlich, wenn eine Dämpfung vorhanden ist (Feder).

Das Tragteil darf sich bei 695 N Last nicht mehr als 5 % zusammendrücken lassen.

Einpunkt-Wippgerät Typ 2B (alle Richtungen)

Die maximale freie Fallhöhe beträgt 100 cm.

Die Bodenfreiheit muss mindestens 23 cm betragen oder die Wippbewegung muss gedämpft sein.

Der Neigungswinkel darf maximal 30° betragen.

Fußstützen sind nicht erforderlich, wenn eine Dämpfung vorhanden ist (Feder).

Das Tragteil darf sich bei 695 N Last nicht mehr als 5 % zusammendrücken lassen.

- Typ 2 A/B – mit einem Tragteil

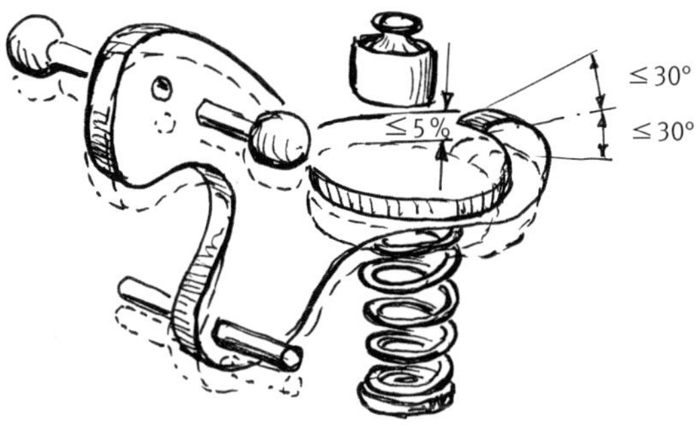

Fallraum/Freiraum

Die Fallräume von Wippen der Klassen 1, 2, 3 und 4 betragen mindestens 100 cm ab der äußersten Stellung. Die Typen 2, 3 und 4 besitzen keine Freiräume, die Fallräume dürfen sich überschneiden.

Bei Typen 2, 3 und 4 muss eine Aufprallfläche vorhanden sein, die mindestens eine kritische Fallhöhe von 60 cm aufweist!

Der Fallraum von Wippen Typen 5 und 6 wird gemessen (berechnet) nach DIN EN 1176-1, Abschnitt 4.2.8.2 in Abhängigkeit der maximalen Sitzhöhe. Bei den Typen 1, 5 und 6 ist der Fallraum = Freiraum. Dieser darf sich nicht überschneiden.

- Typ 2A

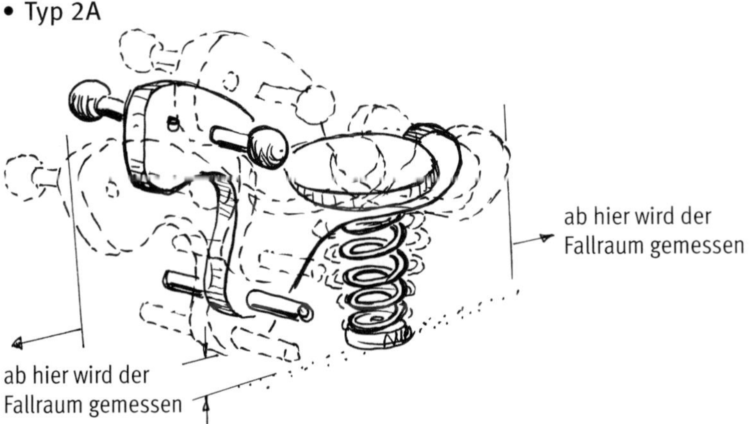

- Typ 5
- Typ 6

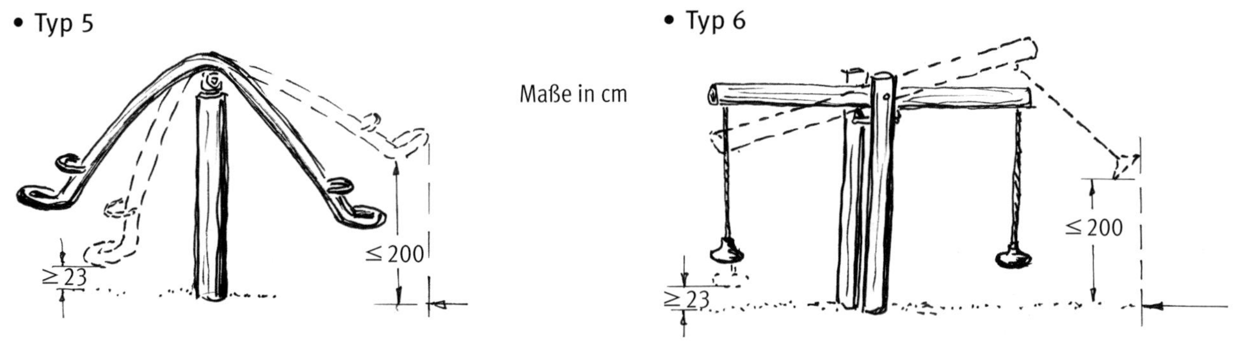

Mehrpunkt-Wippgerät Typ 3A (vorgegebene Richtung)

Die maximale freie Fallhöhe beträgt 100 cm.

Der Neigungswinkel darf maximal 30° betragen.

Fußstützen sind nicht erforderlich, wenn eine Dämpfung vorhanden ist (Feder).

Das Tragteil darf sich bei 695 N Last nicht mehr als 5 % zusammendrücken lassen.

Die seitliche Auslenkung bei einer Last von 695 N darf maximal 5° betragen.

Mehrpunkt-Wippgerät Typ 3B (alle Richtungen)

Die maximale freie Fallhöhe beträgt 100 cm.

Die Bodenfreiheit muss mindestens 23 cm betragen oder die Wippbewegung muss gedämpft sein.

Der Neigungswinkel darf maximal 30° betragen.

Fußstützen sind nicht erforderlich, wenn eine Dämpfung vorhanden ist (Feder).

Das Tragteil darf sich bei 695 N Last nicht mehr als 5 % zusammendrücken lassen.

Die seitliche Auslenkung bei einer Last von 695 N darf maximal 5° betragen.

Die Norm fordert für den Typ 3A zwar keine Bodenfreiheit bei vorhandener Dämpfung, jedoch ist angesichts der großen Massen, die bei dieser Art der Konstruktion entstehen und bewegt werden, eine Bodenfreiheit von mindestens 23 cm sinnvoll.

- Typ 3 A – mit mehreren Tragteilen

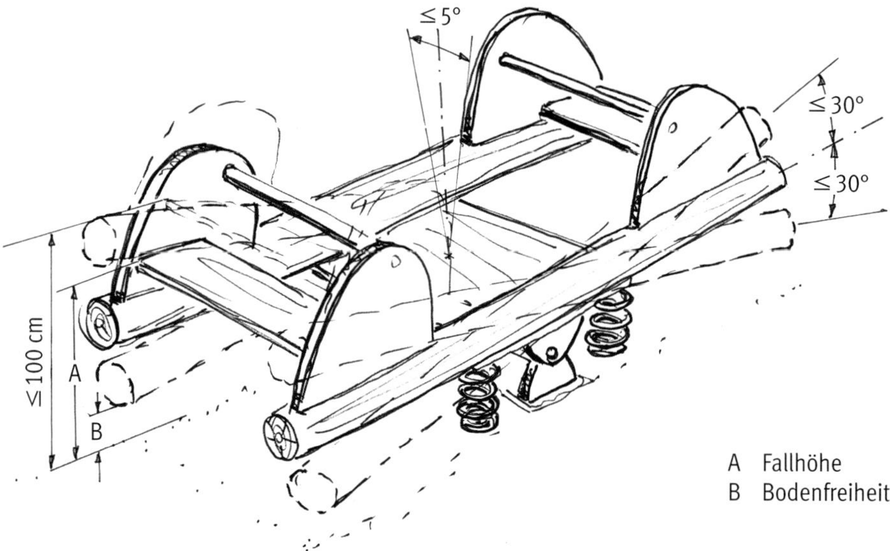

A Fallhöhe
B Bodenfreiheit

Schwingwippe

Die maximale freie Fallhöhe beträgt 100 cm.

Die Bodenfreiheit muss mindestens 23 cm betragen oder die Wippbewegung muss gedämpft sein.

Der Neigungswinkel darf maximal 20° betragen.

Fußstützen sind nicht erforderlich (aber dringend zu empfehlen).

Die gesamte Schwingweite darf 60 cm nicht überschreiten.

- Typ 4

Maße in cm

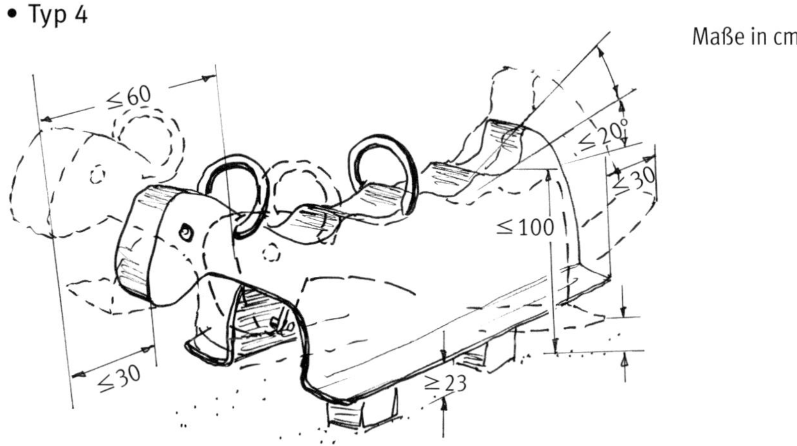

Einachsige Überkopf-Wippe

Die Fallhöhe darf bei maximaler Auslenkung des Balkens und bei 20° Auslenkung des flexiblen Sitzes zur Vertikalen nicht mehr als 200 cm betragen.

Der Neigungswinkel des Balkens sollte maximal 20° betragen

Der Mindestabstand vom Standpfosten zum Sitz muss 100 cm betragen, wenn der flexible Sitz um 20° gegen die Vertikale nach innen ausgelenkt ist.

- Typ 6

Maße in cm

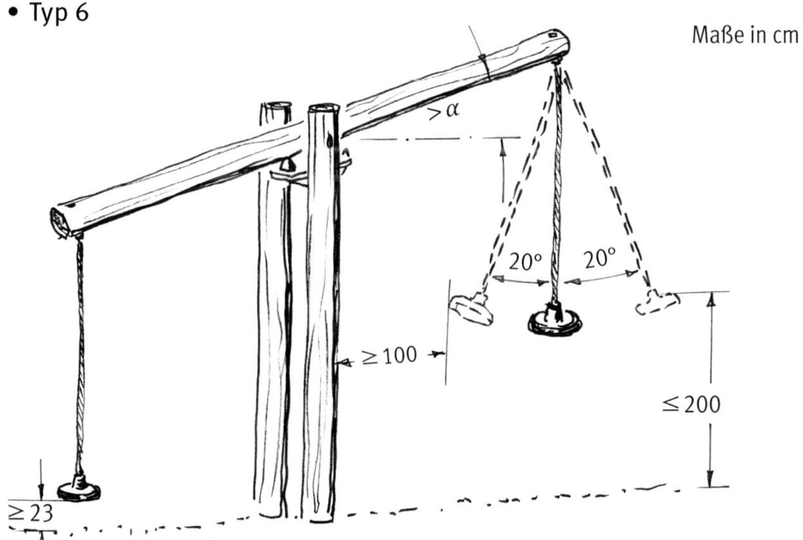

7 DIN EN 1176-7 – Anleitung für Installation, Inspektion, Wartung und Betrieb

Juni 2020

	DIN EN 1176-7	DIN

ICS 97.200.40

Ersatz für
DIN EN 1176-7:2008-08 und
DIN EN 1176-7
Berichtigung 1:2008-12

Spielplatzgeräte und Spielplatzböden –
Teil 7: Anleitung für Installation, Inspektion, Wartung und Betrieb;
Deutsche Fassung EN 1176-7:2020

Playground equipment and surfacing –
Part 7: Guidance on installation, inspection, maintenance and operation;
German version EN 1176-7:2020

Équipements et sols d'aires de jeux –
Partie 7: Recommandations relatives à l'installation, au contrôle, à la maintenance et à l'utilisation;
Version allemande EN 1176-7:2020

Gesamtumfang 17 Seiten

DIN-Normenausschuss Sport- und Freizeitgerät (NASport)

7.1 Anwendungsbereich

Der Anwendungsbereich wurde mit der Revision 2020 spezifiziert. Vor allem die Zusatzausstattungen werden in Anmerkung 2 erwähnt und es wird klargestellt, dass diese nicht der Normreihe entsprechen müssen, sondern maximal einer Risikobewertung unterliegen.

Mit der Revision 2020 wurden weitere Definitionen erstellt. Die Einführung neuer Definitionen beschreibt die Entwicklung des Teiles der Norm sehr plakativ. Es werden erstmalig die Begriffe Inspektion und Wartung definiert. Eine sachkundige Person sollte ausreichend Erfahrung in der Inspektion und bzw. in der Wartung von Spielplatzgeräten haben. Dabei ist eine entsprechende handwerkliche Ausbildung von großem Wert. Mindestens jedoch sollte eine sachkundige Person drei Jahre Erfahrung mit Spielplatzgeräten und deren Wartung und Inspektion Erfahrung mitbringen.

Betreiber von Spielplätzen sind den meisten Fällen kommunale Träger, aber auch kirchliche oder freie Träger von Bildungseinrichtungen. Letztlich ist es diejenige Institution, die für den Spielplatz verantwortlich ist. Dies können aber auch ein Gastwirt oder Privatpersonen sein, wenn der Spielplatz entsprechend öffentlich zugängig ist.

Risikobeurteilung umfasst die Gesamtheit aller Maßnahmen und Einschätzungen, um Risiken auf dem Spielplatz zu organisieren. Es geht dabei nicht darum, sämtliche Risiken zu beseitigen, sondern diese zu beschreiben und zu erfassen.

Wartung von Spielplatzgeräten

Bauwerke und technische Geräte aller Art müssen nicht nur sicher hergestellt und installiert werden. Jeder neue Gegenstand aller Art wird durch Benutzung beansprucht sowie mehr oder weniger abgenutzt. Hierdurch kann die Sicherheit, die zum Zeitpunkt der Herstellung vorhanden ist, mehr oder weniger stark gemindert werden. Auch bei Spielplatzgeräten kann die Sicherheit eines installierten und benutzten Gerätes aus verschiedenen Gründen abnehmen.

In Deutschland ist schon seit Jahrzehnten bekannt, dass Kinderspielplätze und insbesondere die dort installierten Spielplatzgeräte einer regelmäßigen Kontrolle und Wartung unterworfen werden müssen. Schwere Unfälle geschehen häufig in Zusammenhang mit nicht oder nur teilweise durchgeführter Wartung. Die gesetzliche Verpflichtung zu solchen Maßnahmen ergibt sich aus der allgemeinen Verkehrssicherungspflicht, die dem Träger des Spielplatzes obliegt (§ 823 BGB). Diese gesetzliche Verpflichtung ist im Rahmen der Rechtsprechung in detaillierte Pflichten umgesetzt worden.

Im Zusammenhang mit der Erarbeitung der Norm DIN EN 1176 hielt man es für erforderlich, auch Regeln für Installation, Inspektion, Wartung und Betrieb von Spielplatzgeräten aufzustellen. Dies ist durch DIN EN 1176-7 geschehen. DIN EN 1176-7 ist eine Empfehlung, deren Einhaltung aber dringend geboten ist. Diese Norm ersetzt nicht die in Deutschland gültige Rechtsprechung zur Kontrolle und Wartung von Kinderspielplätzen/Kinderspielplatzgeräten. Im Grundsatz enthält die DIN EN 1176-7 aber alle Punkte, die in Deutschland nach der bisherigen Rechtsprechung erforderlich sind. Wie in der ganzen DIN EN 1176, so sind auch hier die Texte etwas anders gestaltet, im Kern der Aussagen gibt es aber keine Differenzen zu bisherigen Grundsätzen. Mit der Revision des Teils 7 im Jahr 2020 wurden die Empfehlungen aus der vorherigen Version größtenteils in Anforderungen überführt.

Nach der deutschen Rechtsprechung ist ein Sicherheitsmanagement mit folgenden Kriterien aufzubauen:

1. Es muss eine Organisationsstruktur (Management) aufgebaut werden.
2. Kontrollpersonen müssen eine Qualifikation für solche Arbeiten haben.
3. Kontrollaufgaben und Kontrollumfang müssen festgelegt werden.
4. Kontrollzeiträume müssen festgelegt werden.
5. Es sollen schriftliche Kontrollunterlagen erstellt und aufbewahrt werden.

Durch unterschiedliche Umstrukturierungsmaßnahmen bei den Spielplatzträgern haben sich manche Zuständigkeiten verändert. Das Schema des Sicherheitsmanagements darf dadurch aber nicht beeinträchtigt werden.

Die Praxis zeigt, dass Inspekteure und Kontrolleure zunehmend gewerblich tätig sind. Die Einführung und Durchsetzung des „Spielplatzprüfers" nach DIN 79161-1 dokumentiert dies zusätzlich.

Nach der Installation oder nach wesentlichen Veränderungen an Spielplatzgeräten ist eine Inspektion durch eine sachkundige Person obligatorisch. Eine sachkundige Person kann dabei ein Mitarbeiter des Betreibers oder des Geräteherstellers, ein Prüfer oder eine andere Person sein.

Wesentliche Änderungen an Geräten sollten aber auch mit einer sachkundigen Person besprochen werden. In der Praxis ist es empfehlenswert, dass diejenige Person die die Inspektion nach der Änderung durchführt, auch vor der Änderung zu Rate gezogen wird. Im Übrigen ist ein Standortwechsel eines Gerätes immer eine wesentliche Änderung und es bedarf einer weiteren Inspektion.

Es zeigt sich, dass es nicht ausreicht, die Norm zu kennen, sondern dass es sehr wichtig ist, vor allem den Hintergrund für die Anforderungen zu verstehen, da ansonsten eine ausführliche Beurteilung des Risiko-Nutzen-Zusammenhangs nicht ausreichend stattfindet. Zum einen kann der Spielwert dadurch unnötigerweise eingeschränkt werden, zum anderen entstehen Interpretationsräume, die eine kompetente Schlichtungsstelle wünschenswert machen.

Sicherheitsmanagement

Das Sicherheitsmanagement ist so aufzugliedern:

1) **Ebenen**

   a) **Leitungsebene** – z. B. Magistrat, Gemeindevorstand, Bürgermeister, Dezernenten in Großstädten – Vorstände und Geschäftsführer bei Wohnungsgesellschaften.

   b) **Entscheidungsebene** – Landschaftsarchitekten als Sachgebietsleiter – Bauingenieure als Bereichsleiter oder Sachgebietsleiter – Sachbearbeiter in Eigenbetrieben der Gemeinden oder in Wohnungsgesellschaften.

   c) **Ausführungsebene** – Handwerker in Bauhöfen und Betriebshöfen – Fachfirmen mit Mitarbeitern, die für solche Arbeiten qualifiziert sind.

2) **Qualifikation der Mitarbeiter**

   In der Regel wird eine bauhandwerkliche Ausbildung gewünscht. Die Mitarbeiter müssten Schäden erkennen und einwandfrei beheben können. Dazu wird in der Norm der Begriff Sachkunde erläutert.

   sachkundige Person

   Person mit geeigneter Ausbildung, die durch Kenntnisse und praktische Erfahrung qualifiziert ist, die geforderte Aufgabe durchzuführen

   Dabei wird davon ausgegangen, dass für unterschiedliche Anforderungen auch unterschiedliche Kompetenzen vorliegen müssen.

   Eine sachkundige Person kann der Betreiber, Prüfer, Mitarbeiter des Herstellers oder eine andere Person sein.

3) **Kontrollaufgaben und Umfang**

   Die Inspektion und Wartung sollten nach der Wartungsanleitung des Herstellers betrieben werden. Vorgesehen werden:

   - Sichtkontrolle (visuelle Routineinspektion);
   - Funktionskontrolle (operative Inspektion);
   - jährliche Hauptinspektion.

4) **Kontrollzeiträume**

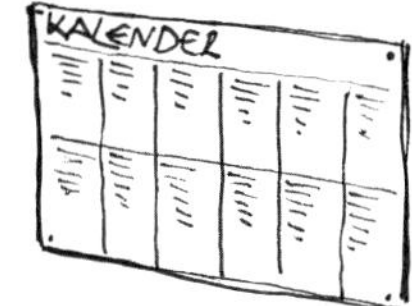

In der Dienstanweisung sind Kontrollzeiträume festzulegen. In Deutschland geht man von einer wöchentlichen Sichtkontrolle bei normal frequentierten Spielplätzen aus.

5) **Kontrollunterlagen**

Es wird angeraten, alle Kontroll- und Wartungsmaßnahmen schriftlich auf Kontrollblättern festzuhalten und diese für die Dauer von 3 bis 5 Jahren aufzubewahren.

Zur Ergänzung dieses Schemas kann die DIN 1176-7 unterstützend herangezogen werden.

Die wichtigsten, in der Norm angeregten Maßnahmen sind:

- Installation
  Die Installation muss betriebssicher nach den Anleitungen des Herstellers erfolgen.
- Inspektion und Wartung
  Die Inspektion und Wartung sollten nach der Wartungsanleitung des Herstellers betrieben werden.

  Vorgesehen werden:

  1) visuelle Routineinspektion;
  2) operative Inspektion;
  3) jährliche Hauptinspektion.
- Inspektionsplan
  Für die Inspektion sollte von vornherein ein geeigneter Inspektionsplan aufgestellt werden, Einzelheiten werden angegeben.
- Betrieb
  Es wird ein geeignetes Sicherheitsmanagement vorgeschlagen. Hinzu kommen Angaben über die Qualifikation des Personals und die Empfehlung zur Dokumentation.

6) **Sicherheit von Spielplatzgeräten**

Es gab immer wieder Diskussionen über die Zweitprüfung von Spielplatzgeräten auf Spielplätzen.

In einigen Fällen wurden Spielplatzgeräte, die in einer ersten Zertifizierung als sicher eingestuft wurden, in einer Nachprüfung auf einem Spielplatz als nicht sicher beurteilt. In einem solchen Fall kann folgendes Verfahren sinnvoll sein:

Der Zweitprüfer meldet seine Bedenken – gestützt durch eine Begründung – dem Betreiber des Spielplatzes, von dem er den Auftrag zur Beurteilung der Spielangebote bekommen hat. Wenn diese Sicherheitsbedenken die Technik eines Gerätes betreffen, sollte sich der Betreiber an den Hersteller des Gerätes wenden, der dann prüfen muss, ob das beanstandete Gerät dem typengeprüften Gerät, welches zur ursprünglichen Zertifizierung „sicher" geführt hat, entspricht.

Der Hersteller bestätigt ggf. diese Übereinstimmung zwischen der Bauart des typengeprüften Gerätes mit dem ausgelieferten Gerät und stützt dann die Aussage, dass das ausgelieferte Gerät als sicher zu gelten hat, durch eine Kopie der Zertifizierung. In der Regel wird dann der Betreiber den Zweitprüfer über diese Antwort informieren.

Sollte der Zweitprüfer/Betreiber mit dieser Antwort nicht zufrieden sein, wird der Betreiber den Hersteller darüber informieren und veranlassen, dass der Zweitprüfer sich mit dem Erstprüfer in Verbindung setzt und Sicherheitsfragen zum Gerät klärt. In diesem Zusammenhang ist es von Bedeutung zu sagen, dass jede Typenprüfung detaillierter und umfangreicher ist als eine Kurzzeitbetrachtung auf einem Spielplatz. Ebenso ist es von Bedeutung, dass die Kompetenz der Erstprüfstelle durch die Akkreditierung, die die Zertifizierung von Geräten erst möglich macht, belegt ist. Akkreditierte Prüfstellen müssen auf den unterschiedlichen Ebenen Sachkenntnis und Kompetenz nachweisen, ehe sie zertifizieren dürfen.

Es ist erforderlich, dass Sachfragen von „sicher" oder „nicht sicher" zwischen Experten geklärt werden. Das ist deshalb wichtig, damit nicht aus Ängstlichkeit oder falsch verstandenem Sicherheitsdenken heraus möglicherweise Geräte gesperrt oder abgebaut werden, die bei sachgerechter Einschätzung der Sicherheit mit einem akzeptablen Risiko von Kindern bespielt werden können.

Ein besonderer Aspekt ist die Fragestellung, ob Spielplatzgeräte nur dann als sicher zu zertifizieren sind, wenn sie der Norm entsprechen. Das Verständnis für ein hochentwickeltes Risk Management macht deutlich, dass das so nicht ist, sondern dass neben dem Abgleich zu Normanforderungen das tatsächlich vorliegende Risiko bewertet werden muss. Diese Betrachtungsweise macht klar, dass es nicht in erster Linie darum geht, die Norm zu erfüllen, sondern darum, dass die Kinder sicher spielen.

Standfestigkeit

Einmal im Jahr muss normgemäß die Standfestigkeit von Spielplatzgeräten verpflichtend überprüft werden.

Erfahrungsgemäß reicht der einmalige Turnus nicht immer aus, wie z. B. bei Einmastgeräten. Das stellt zusätzliche Anforderungen sowohl an die Hersteller und Lieferanten als auch an die Betreiber von Spielplatzgeräten.

Der Hersteller muss in besonderer Weise sorgfältig mit der Materialauswahl und Konstruktion umgehen, insbesondere dann, wenn durch das Spielen an Einmastgeräten größere Lasten eingeleitet werden. Darüber hinaus sollte der Hersteller auch in seinen Wartungshinweisen entsprechende Last-/Material-/Querschnittszusammenhänge deutlich machen, möglicherweise durch den Hinweis auf zusätzlich erforderliche Inspektions-/Wartungsmaßnahmen.

Der Betreiber hat die Aufgabe – in Kenntnis dieser Hinweise zu den Geräten – insbesondere die Einbein-Geräte durch sehr sorgfältige Wartungsorganisation nutzungsfähig zu halten. Bei der intervallgemäßen Inspektion muss vorausschauend eine Einschätzung für die Dauer bis zur nächsten Untersuchung vorgenommen werden. Das Ende der Lebensdauer eines Gerätes muss erkannt werden, bevor es zu einem Zusammenbruch kommt.

Holzprüfung

- Hammerschlag

- Nageln

- Widerstandsbohrer

- Zugprüfung an einem Standpfosten

- Prüfung des Standpfostens durch Freilegung der kritischen Zone

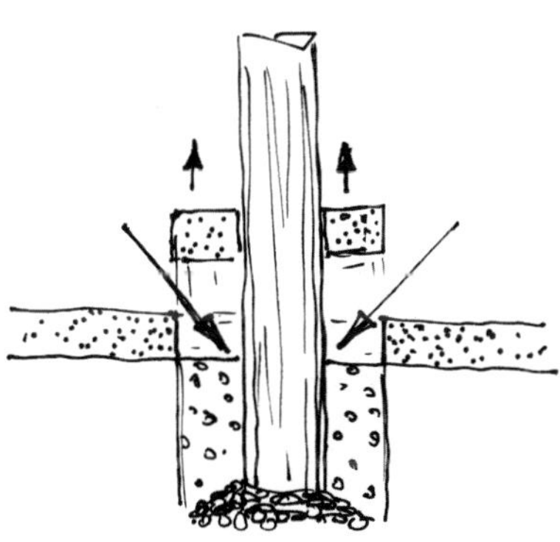

- Zugprüfung an einem Standpfosten

8 DIN EN 1176-10 – Zusätzliche besondere sicherheitstechnische Anforderungen und Prüfverfahren für vollständig umschlossene Spielgeräte

Juni 2020

	DIN EN 1176-10	DIN

ICS 97.200.40

Entwurf

Einsprüche bis 2020-07-22
Vorgesehen als Ersatz für
DIN EN 1176-10:2008-10

Spielplatzgeräte und Spielplatzböden –
Teil 10: Zusätzliche besondere sicherheitstechnische Anforderungen und Prüfverfahren für vollständig umschlossene Spielgeräte;
Deutsche und Englische Fassung prEN 1176-10:2020

Playground equipment and surfacing –
Part 10: Additional specific safety requirements and test methods for fully enclosed play equipment;
German and English version prEN 1176-10:2020

Equipements d'aires de jeux et revêtements de surface d'aires de jeux –
Partie 10: Exigences de sécurité et méthodes d'essai complémentaires spécifiques aux équipements de jeu totalement fermés;
Version allemande et anglaise prEN 1176-10:2020

Anwendungswarnvermerk

Dieser Norm-Entwurf mit Erscheinungsdatum 2020-05-22 wird der Öffentlichkeit zur Prüfung und Stellungnahme vorgelegt.

Weil die beabsichtigte Norm von der vorliegenden Fassung abweichen kann, ist die Anwendung dieses Entwurfs besonders zu vereinbaren.

Stellungnahmen werden erbeten

- vorzugsweise online im Norm-Entwurfs-Portal von DIN unter www.din.de/go/entwuerfe bzw. für Norm-Entwürfe der DKE auch im Norm-Entwurfs-Portal der DKE unter www.entwuerfe.normenbibliothek.de, sofern dort wiedergegeben;
- oder als Datei per E-Mail an nasport@din.de möglichst in Form einer Tabelle. Die Vorlage dieser Tabelle kann im Internet unter www.din.de/go/stellungnahmen-norm-entwuerfe oder für Stellungnahmen zu Norm-Entwürfen der DKE unter www.dke.de/stellungnahme abgerufen werden;
- oder in Papierform an den DIN-Normenausschuss Sport- und Freizeitgerät (NASport), 10772 Berlin oder Saatwinkler Damm 42/43, 13627 Berlin.

Die Empfänger dieses Norm-Entwurfs werden gebeten, mit ihren Kommentaren jegliche relevanten Patentrechte, die sie kennen, mitzuteilen und unterstützende Dokumentationen zur Verfügung zu stellen.

Gesamtumfang 37 Seiten

DIN-Normenausschuss Sport- und Freizeitgerät (NASport)

8.1 Anwendungsbereich

Dieses Dokument gilt für vollständig umschlossene Spielgeräte, die für die Aufstellung innerhalb und außerhalb von Gebäuden und für Kinder bis 14 Jahren vorgesehen sind, siehe 3.1.

Der Zweck dieses Dokumentes besteht darin, zusätzliche sicherheitstechnische Anforderungen bereitzustellen, die Einzelheiten dieser Konstruktionen behandeln.

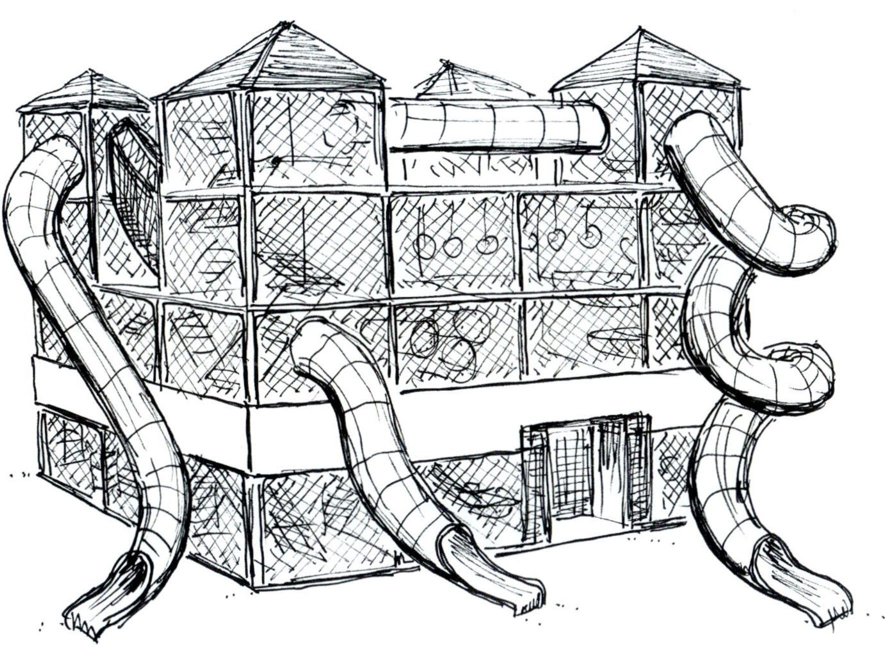

8.2 Begriffe

Unter dem Begriff „vollständig umschlossen" versteht man Spielplatzgeräte, die so gebaut sind, dass ein Herausfallen oder Herunterfallen außerhalb der Spielebenen nicht erfolgen kann.

Hierzu ist das Gerät mit Netzen oder Scheiben aus Kunststoffen vollständig abgeschlossen und gegen Beklettern von außen gesichert.

Hinweis: Die Anforderung von max. 30 mm für Maschenweiten gilt nur für Spielanlagen, die vollständig umschlossen im Innenraum aufgestellt werden. Dieses Maß geht davon aus, dass Kinder hier barfuß klettern. An anderen Spieleinrichtungen kann man die Anforderungen der DIN 15312 für Multisportanlagen heranziehen. Bis zu einer Höhe von 3 Metern dürfen die Netze bei rhombischen Maschen nicht breiter als 100 mm sein, bei quadratischen Maschen max. 50 mm.

- Vollständig umschlossen – kein Fall außerhalb der Spielebene möglich

- Sicherungen gegen das Beklettern von außen

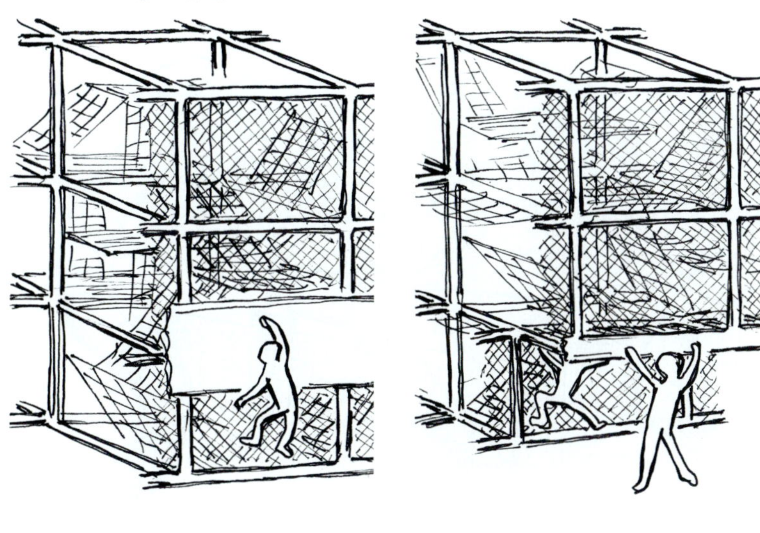

Nur an definierten Stellen befinden sich die so genannten „Ausgänge“.

Diese Geräte findet man fast ausschließlich in kommerziell betriebenen Spielhallen, in Einkaufszentren oder im Gastronomiebereich. Im Regelfall werden nur statische Geräte eingesetzt, die zum Toben oder Herumlaufen geeignet sind.

Ausnahmen hierfür sind Rutschen oder Hängebahnen.

Um diese Geräte sicher betreiben zu können, ist eine ständige Beaufsichtigung durch eingewiesenes Personal unabdingbar. Zu dieser Beaufsichtigung muss der Anlagenhersteller geeignete Hinweise geben (siehe auch Abschnitt II, Kapitel 8.4).

8.3 Wichtige Unterschiede zur DIN EN 1176-1

Zusätzlich zu den Anforderungen im Teil 1 der DIN EN 1176 sind hier vor allem die folgenden Schwerpunkte gesetzt:

Brandschutz

Während bei herkömmlichen Spielanlagen, die im Freien aufgestellt werden, nur das schlagartige Abflammen (Flash-Effekt) verboten ist, müssen alle Materialien für vollständig umschlossene Spielanlagen den Normen ISO 11925-2 und/oder DIN EN 1021-1 und DIN EN 1021-2 entsprechen.

Dadurch sollen leichtes Entflammen verhindert und im Brandfall ausreichend Zeit gewährleistet werden, die Anlage zu verlassen.

Evakuierungsmöglichkeiten

Um im Notfall ein schnelles Verlassen der Anlage, aber auch Hilfeleistung durch Erwachsene zu ermöglichen, sind in Abhängigkeit von der Größe (Kapazität) der Spielanlage geregelt:

- Zugangsmöglichkeiten für Erwachsene;
- Größe und Lage der Evakuierungswege;
- Maximaler Abstand einer Spielfläche vom Evakuierungsweg;
- Anzahl der Ein- und Ausgänge*;
- Maximaler Abstand einer Spielfläche vom Ausgang*;
- Einsehbarkeit der Spielbereiche und Evakuierungswege.

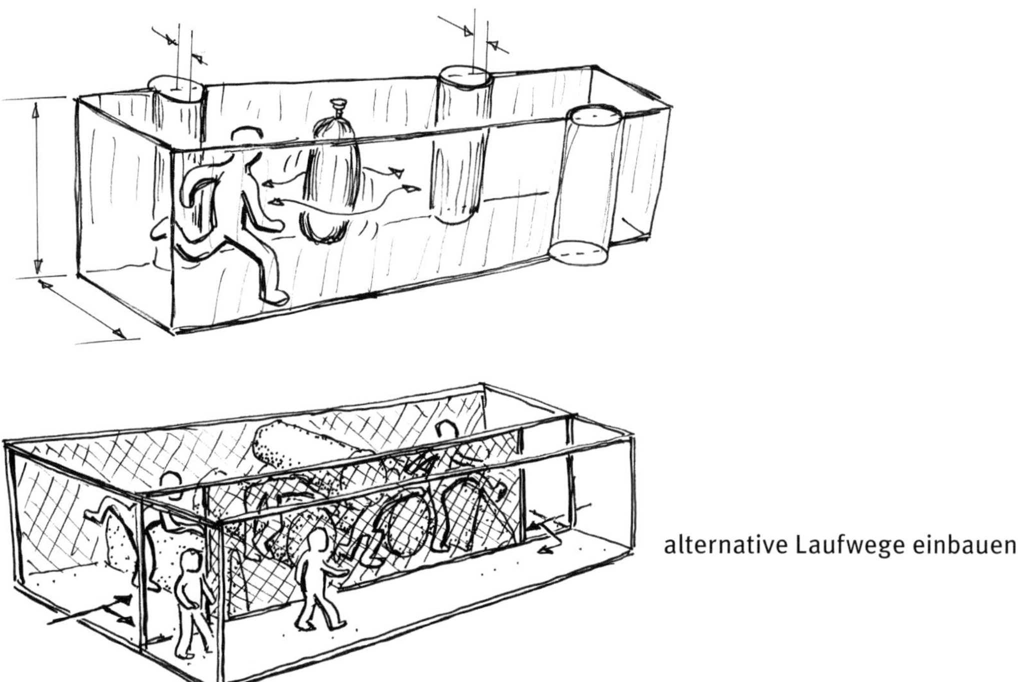

alternative Laufwege einbauen

Fallraum und Aufprallflächen, Freiräume

Bei vorhandenen gepolsterten Abgrenzungen können die Aufprallflächen und die Freiräume gegenüber DIN EN 1176-1 teilweise verringert werden.

Beschilderungen

Es müssen Angaben über Altersgruppen, Kapazität, Spielregeln und Notfälle deutlich sichtbar vorhanden sein.

* Ausgang = Ausgang aus dem Gerät, nicht aus dem Gebäude!

Spezielle Geräte

Hier werden die technischen Merkmale von Freifallrutschen, Überkopf-Laufbahnen und Ballbecken festgelegt.

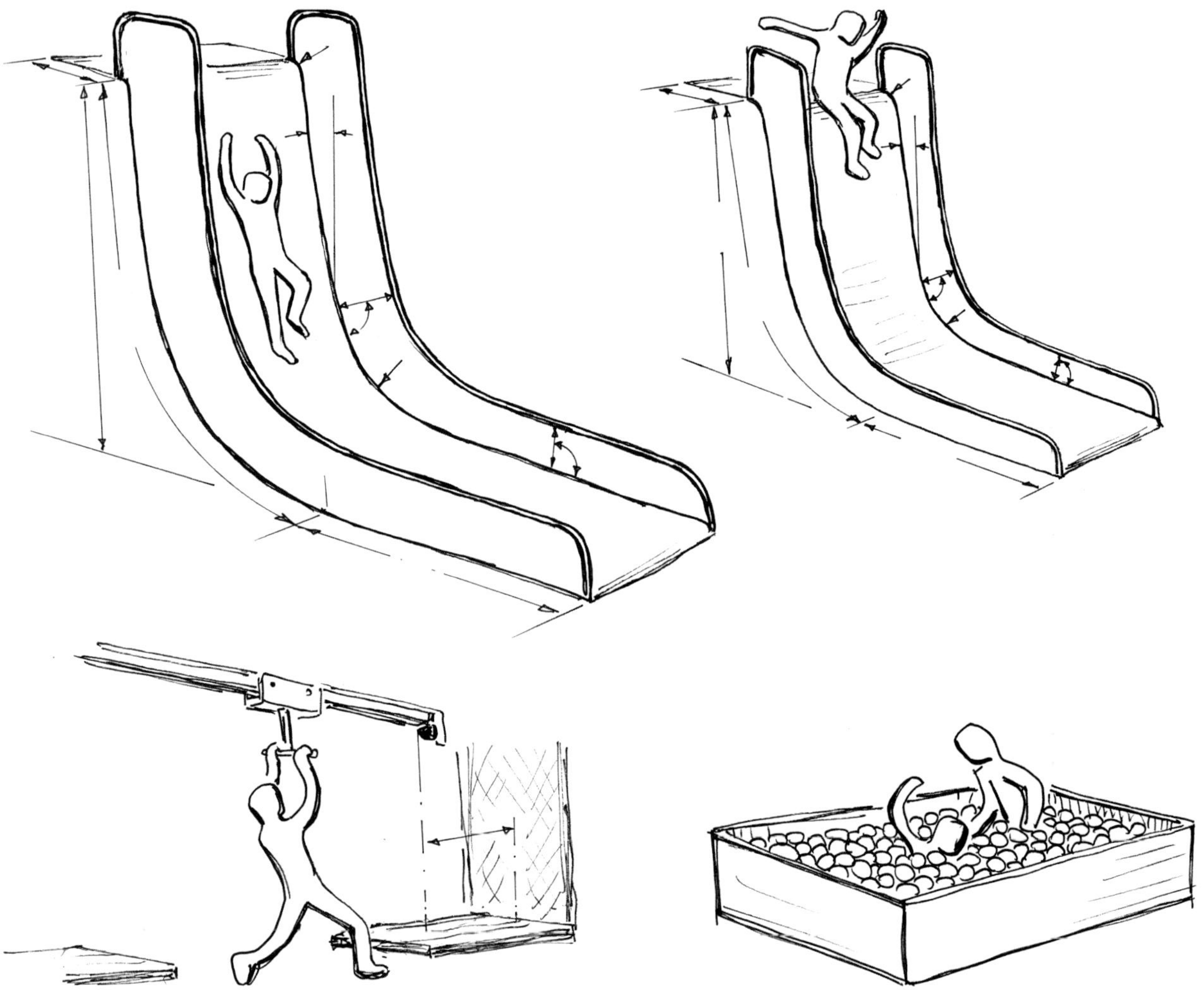

8.4 Informationen für Inspektion und Wartung, die vom Hersteller/Vertreiber zur Verfügung gestellt werden müssen

Neben den üblichen Informationen zu Inspektion und Wartung und deren Häufigkeit muss der Hersteller zu folgenden Punkten Informationen liefern:

- Wartung von elektrischen Systemen, Gas, Feuermeldesystem, Lüftung, Feuerbekämpfungseinrichtungen nach nationalen Normen und Vorschriften;
- Sicherheitsprüfliste für eine tägliche Kontrolle (diese muss täglich, vor Öffnen der Anlage, vom Personal ausgefüllt werden);
- Notwendigkeit einer jährlichen Inspektion durch eine sachkundige Person;
- Notwendigkeit der jährlichen Kontrolle von konstruktiven Bauteilen, die für die Standfestigkeit und Stabilität maßgebend beteiligt sind. Wenn versteckte Korrosion möglich ist, muss spätestens alle 5 Jahre eine spezielle Kontrolle erfolgen;
- Notwendigkeit der Wartung und Reinigung;
- Alle Zugänge für Reinigungs- und Wartungspersonal müssen während des Spielbetriebes gesichert werden.

9 DIN EN 1176-11 – Zusätzliche besondere sicherheitstechnische Anforderungen und Prüfverfahren für Raumnetze

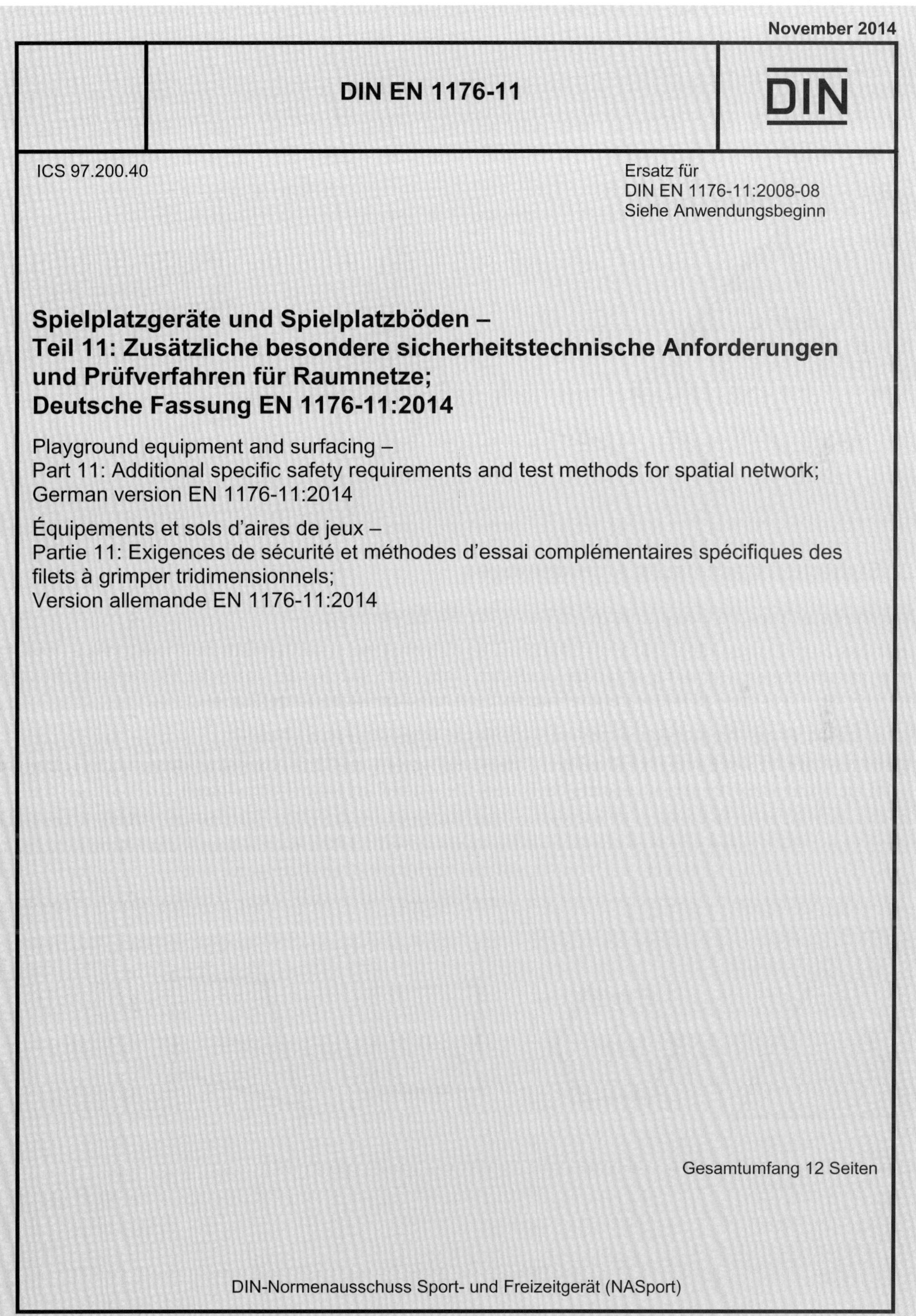

November 2014

DIN EN 1176-11

DIN

ICS 97.200.40

Ersatz für
DIN EN 1176-11:2008-08
Siehe Anwendungsbeginn

**Spielplatzgeräte und Spielplatzböden –
Teil 11: Zusätzliche besondere sicherheitstechnische Anforderungen und Prüfverfahren für Raumnetze;
Deutsche Fassung EN 1176-11:2014**

Playground equipment and surfacing –
Part 11: Additional specific safety requirements and test methods for spatial network;
German version EN 1176-11:2014

Équipements et sols d'aires de jeux –
Partie 11: Exigences de sécurité et méthodes d'essai complémentaires spécifiques des filets à grimper tridimensionnels;
Version allemande EN 1176-11:2014

Gesamtumfang 12 Seiten

DIN-Normenausschuss Sport- und Freizeitgerät (NASport)

9.1 Anwendungsbereich

Dieser Teil der Norm legt zusätzliche sicherheitstechnische Anforderungen für standortgebundene Raumnetze fest, die zur Benutzung durch Kinder vorgesehen sind.

Diese Norm gilt nicht für künstliche Kletteranlagen, die für das Training für sportliche Aktivitäten, z. B. alpines Bergsteigen, benutzt werden.

9.2 Begriffe

Drei Beispiele für Raumnetze

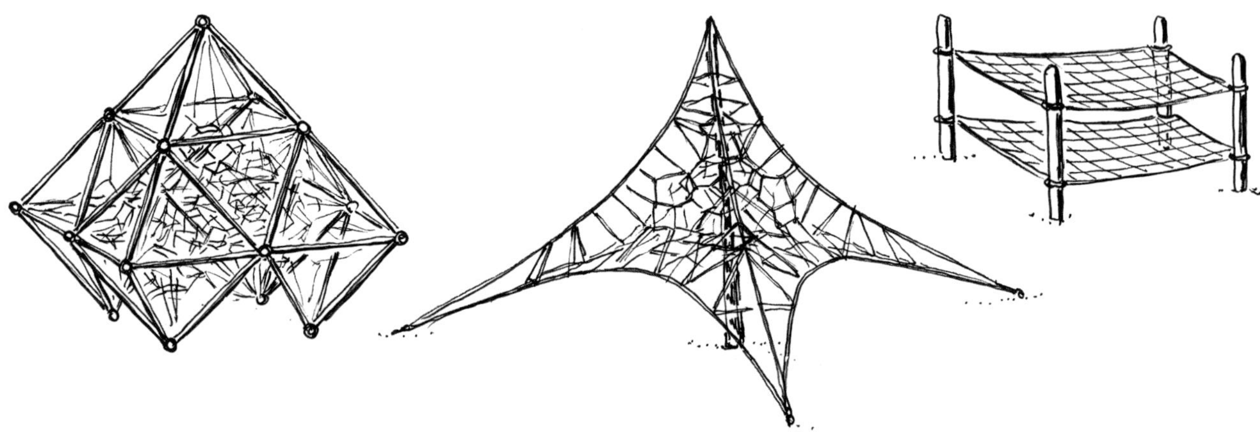

9.3 Sicherheitstechnische Anforderungen

Sicherheitstechnische Erkenntnisse als Basis für die Bewertung

In der Vergangenheit wurden häufig die Fallhöhen an Raumnetzen und innerhalb der Strukturen wegen fehlender Informationen sehr unterschiedlich bewertet. Daher sah sich der Europäische Normenausschuss gezwungen, für diese speziellen Gerätetypen zusätzliche Anforderungen zu definieren.

Grundsätzlich dienen hierbei drei sicherheitstechnische Erkenntnisse als Basis:

- beim Klettern ist der Benutzer gezwungen, stets mindestens drei Sicherungspunkte zu suchen. Dadurch wird ein höheres Sicherungsniveau als bei freiem Stehen auf Standflächen erzeugt;
- bei geneigten Außenkonturen von Netzpyramiden findet der Sturz nicht nach außen, sondern senkrecht nach unten statt. Daher werden konstruktive Elemente außerhalb des Raumnetzes nicht betrachtet. Zudem wird die Fallhöhe nur senkrecht nach unten, auf das nächste Netzelement gewertet;
- bei einer geeigneten Maschenweite ist ein unfreiwilliges Durchfallen nicht möglich, durch reflexartige Armbewegungen wird der Sturz stets gebremst.

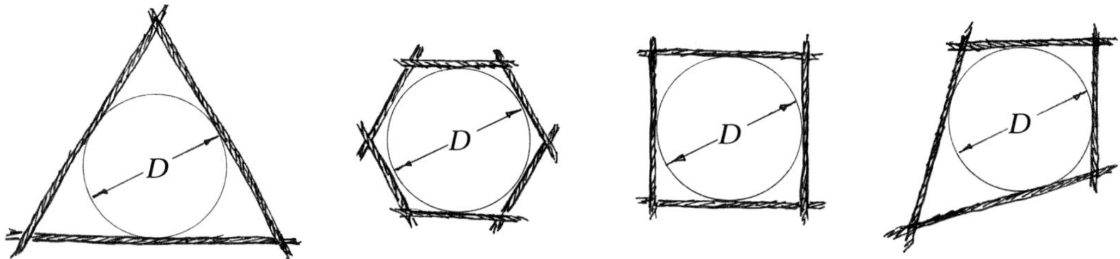

Bei D gleich oder größer als 65 cm ist entsprechender Fallschutz vorzusehen.

Fallschutz in Raumnetzen

Ausgehend von durchschnittlichen Größen und Greifweiten von Benutzern wurde ein Zylinder mit einer Höhe von 180 cm und einem Durchmesser von 65 cm definiert. Dieser Zylinder darf nicht senkrecht durch das Raumnetz fallen. Ist dieser Umstand allerdings gegeben, muss auf der Aufprallfläche Fallschutzbelag für die höchstmögliche Position des Zylinders vorhanden sein. Zusätzlich darf die maximale freie Fallhöhe nach DIN EN 1176-1, Abschnitt 4.2.8.1 maximal 300 cm betragen.

- nicht zulässig
- zulässig

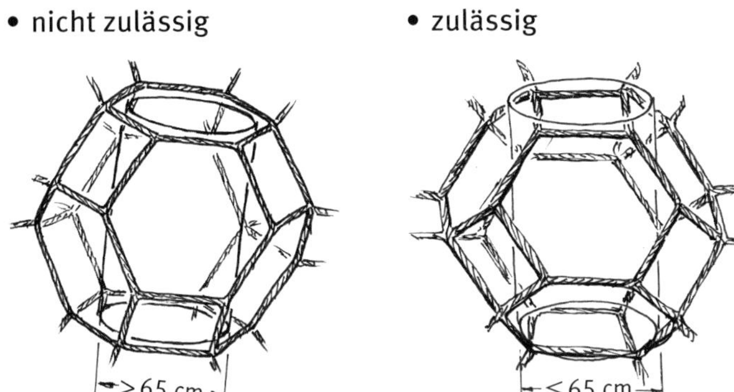

Fallschutz in übereinander liegenden Flächennetzen

Wenn Flächennetze mit einem Abstand von mehr als 100 cm übereinander angeordnet werden, darf die Maschenweite maximal 42 cm betragen.

Beträgt die Maschenweite des untersten Netzes mehr als 42 cm, muss auf der Aufprallfläche Fallschutzbelag für diese Netzhöhe vorhanden sein.

Beträgt der vertikale Abstand weniger als 100 cm, ist der Zylinder wie bei den Raumnetzen (180 cm × 65 cm) anzuwenden, sodass die Maschenweite auch größer als 42 cm (bis maximal 65 cm) sein darf.

Zu beachten ist hierbei aber, dass je nach Konstruktion ein Absturz nach außen möglich ist. Hierbei darf die freie Fallhöhe 300 cm nicht überschreiten, die Aufprallfläche ist nach DIN EN 1176-1, Abschnitt 4.2.8.2.4 zu berechnen.

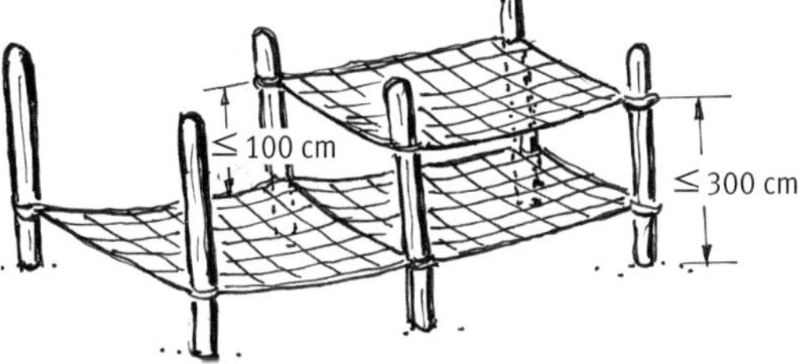

Messen der freien Fallhöhe bei Raumnetzen

Bei Raumnetzen wird die höchste Fußposition, die einen ungehinderten Fall senkrecht nach unten ermöglicht, als freie Fallhöhe gewertet. Die Aufprallfläche muss für diese Fallhöhe entsprechende Stoßdämpfung besitzen.

Leider ist das Bild in der DIN EN 1176-11 durch den gewählten Maßstab nicht in der Lage, die Anforderung zu zeigen.

- Fallhöhe bei Fachwerkpyramiden
- Fallhöhe bei Raumnetzpyramiden

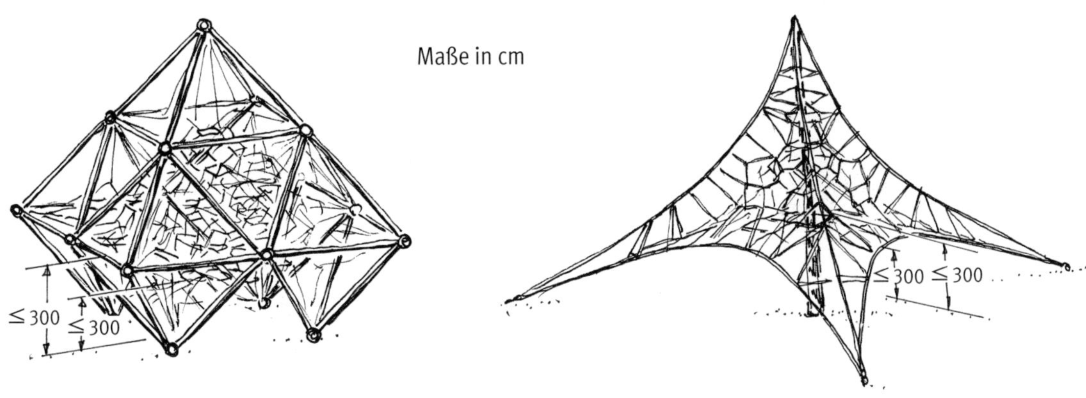

Schräg angeordnete Teile im Fallbereich

Wenn sich im Fallbereich glattflächige Konstruktionsteile befinden, die schräg angeordnet sind und dadurch einen abweisenden Charakter bekommen, dürfen die zulässigen Niveauunterschiede von maximal 60 cm erhöht werden. Dabei ergeben sich die folgenden maximalen Fallhöhen:

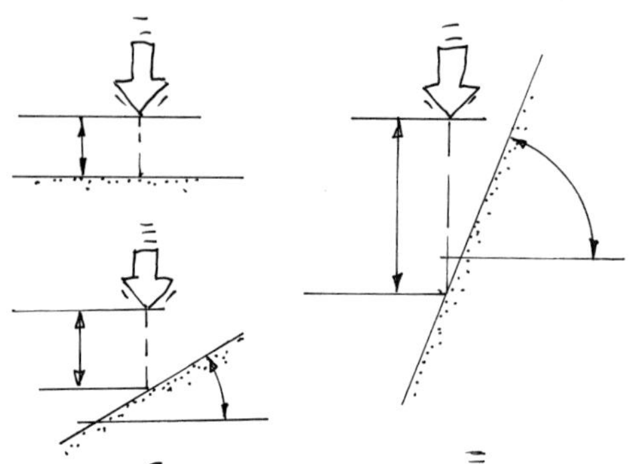

Neigung zur Horizontalen	zulässige Fallhöhe	Faktor
30°	70 cm	1,15
45°	85 cm	1,41
60°	120 cm	2,00
70°	175 cm	2,92
80°	300 cm	5,76

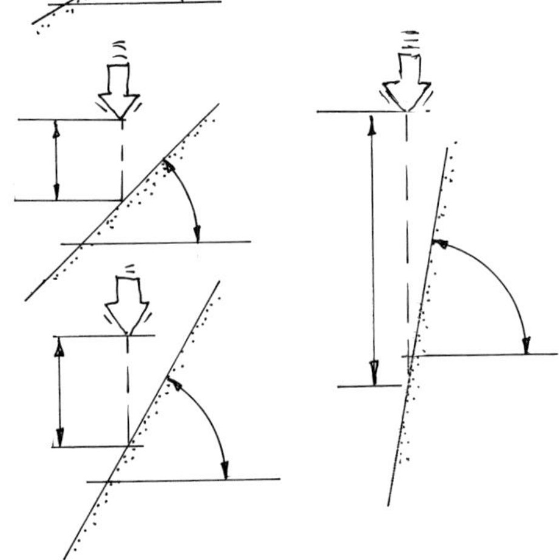

Anmerkung:
Diese Faktoren werden aus einer einfachen Kräftezerlegung der resultierenden Aufprallkräfte errechnet. Wendet man diese Faktoren auf Flächen im Fallbereich an, kann man analog bei geneigten Flächen größere Fallhöhen als bei waagerechten Flächen erlauben.

(siehe auch Abschnitt III, Kapitel 1.1.5)

Zusammenlaufende Teile

Bei Raumnetzen werden die Anforderungen an teilweise umschlossene und V-förmige Öffnungen nicht angewendet, wenn mindestens ein Teil der Öffnung flexibel, also im Regelfall ein Seil ist.

Ersatzweise ist die folgende Regel anzuwenden:

Bei zusammenlaufenden Teilen muss der Winkel mindestens 55° betragen, wenn das untere Teil waagerecht oder nach oben geneigt ist.

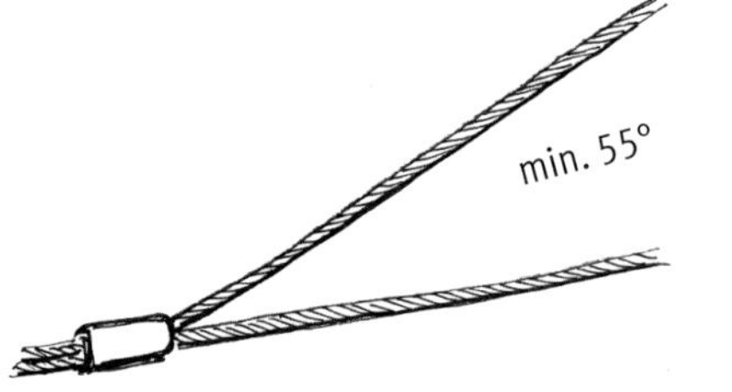

Wenn der untere Teil nach unten zeigt, werden keine Anforderungen an den Winkel gestellt.

10 DIN EN 1177 – Stoßdämpfende Spielplatzböden – Bestimmung der kritischen Fallhöhe

März 2018

	DIN EN 1177	DIN

ICS 97.200.40

Ersatz für
DIN EN 1177:2008-08 und
DIN EN 1177
Berichtigung 1:2008-12

Stoßdämpfende Spielplatzböden – Prüfverfahren zur Bestimmung der Stoßdämpfung; Deutsche Fassung EN 1177:2018

Impact attenuating playground surfacing –
Methods of test for determination of impact attenuation;
German version EN 1177:2018

Sols d'aires de jeux absorbant l'impact –
Méthodes d'essai pour la détermination de l'atténuation de l'impact;
Version allemande EN 1177:2018

Gesamtumfang 39 Seiten

DIN-Normenausschuss Sport- und Freizeitgerät (NASport)

10.1 Anwendungsbereich

Diese Europäische Norm legt die Prüfeinrichtung und die Verfahren für die Aufprallprüfung fest, mit denen die Stoßdämpfung von Böden durch Messung der beim Aufprall auftretenden Beschleunigung ermittelt werden kann. Prüfeinrichtungen entsprechend dieser Norm eignen sich für Prüfungen, die in einem Labor oder vor Ort durch eine der beiden beschriebenen Verfahren durchgeführt werden.

ANMERKUNG Die in dieser Norm beschriebenen Prüfverfahren sind auch auf Aufprallflächen nach anderen Normen als jene über Spielplatzgeräte anwendbar, z. B. für Fitnessgeräte im Außenbereich oder für Parkoureinrichtungen.

DIN EN 1177

Mit der Neufassung der DIN EN 1176 im Jahr 2008 wurden die Anforderungen aus der DIN EN 1177, die für die praktische Umsetzung auf dem Spielplatz von Bedeutung sind, in die DIN EN 1176-1 verschoben.

In der DIN EN 1177 ist nun nur noch die Prüfsystematik für die Bewertung von stoßdämpfenden Materialien beschrieben. Daher ist dieser Normenteil nur für das Messen der kritischen Fallhöhe im Labor oder vor Ort von Bedeutung.

Alle Anforderungen an den Boden, die für die Planung und Realisierung der Spielplätze von Bedeutung sind, findet man in der DIN EN 1176-1.

HIC – Head Injury Criterion

Aufgrund von statistischen Analysen verfügbarer Daten aus der Unfallforschung im Automobilbereich wurde das Kriterium für Kopfverletzungen HIC (Head Injury Criterion) für Fallschutzbeläge eingeführt. Die Obergrenze von 1 000 als Maßstab für die Schwere der Verletzungen stellt jene Grenze dar, die wahrscheinlich nicht zu einer dauerhaften Schädigung führt. Bei der Anwendung von HIC-Werten wird nur die kinetische Energie des Kopfes berücksichtigt, wenn er auf den Spielplatzboden aufschlägt. Dies wird als das beste verfügbare Modell angesehen, um die Wahrscheinlichkeit von Fallverletzungen vorherzusagen.

Für die Messung des HIC-Wertes wird ein Prüfkopf aus Aluminium (4,6 kg, $D = 160$ mm) mit einem Beschleunigungssensor aus verschiedenen Höhen auf den Belag fallen gelassen. Aus dem Kurvenverlauf der Beschleunigung, die auf den Kopf einwirkt, wird der HIC-Wert errechnet.

Neben dem HIC-Wert wird seit der Neufassung 2018 ein zusätzlicher Grenzwert relevant: Die maximale Beschleunigung (g_{max}) des Kopfes während des Aufpralls auf die Oberfläche darf 200 g, also das 200-Fache der Erdbeschleunigung g (9,81 m/s^2) nicht überschreiten. Als kritische Fallhöhe wird die Höhe bezeichnet, bei der der HIC den Wert 1 000 überschreitet.

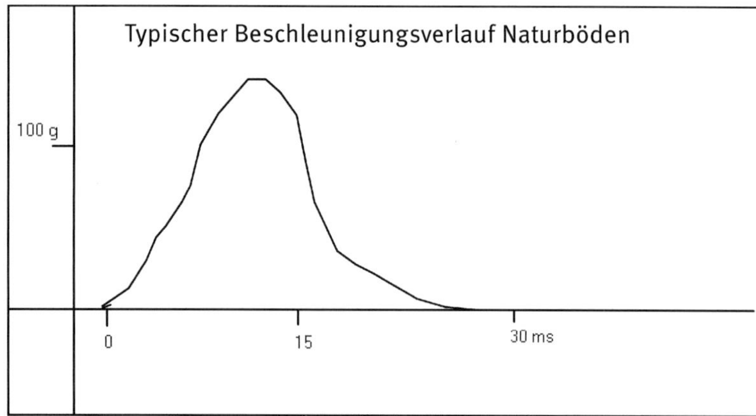

Die Erfahrung mit „Drauffallen“ hat gezeigt, dass die falldämpfende Qualität der Aufprallfläche bei einem großflächigen Aufprall nur einen sehr geringen Einfluss auf die Unfallschwere hat.

Abschnitt III Gestaltung und Prüfung von Spielplätzen und Spielplatzgeräten

1 Allgemeine Gestaltungsaspekte

Spielplatzgeräte gelten als sicher, wenn die Anforderungen der DIN EN 1176 erfüllt sind. Es ist natürlich auch möglich, sichere Spielplatzgeräte zu schaffen, ohne dass die Anforderungen dieser Norm erfüllt sind, und zwar dann, wenn z. B. eine andere technische Lösung als die in der Norm beschriebene mindestens die gleiche Sicherheit bietet. Dieses Prinzip war verankert im GTA/GSG § 3, 3 und hieß „gleiche Sicherheit auf andere Weise". Das derzeitige ProdSG (Produktsicherheitsgesetz) lässt dieses Prinzip weiterhin gelten (Gewohnheitsrecht). Die nachfolgenden Beispiele gelten für Fälle, die bis 2017 gebaut wurden (Bestandschutz (siehe Abschnitt I, Kapitel 1.6)).

1.1 Fallhöhe, Freiraum und Fallraum

1.1.1 Freiraum und Fallraum

Die Situation, dass ein Gerät an eine Wand grenzt, ist in der Norm nicht beschrieben. Bei Anordnungen, wie sie unten beispielhaft gezeigt sind, geht jedoch keinerlei Gefährdung von dieser Art der Aufstellung aus. Der Fallraum kann hier durch eine glatte Wand ohne Verminderung der Sicherheit eingeschränkt werden. In Großstädten, wo zum Teil in Innenhöfen Spielplätze gebaut werden, kann eine solche Anordnung helfen, sehr viel Platz zu sparen.

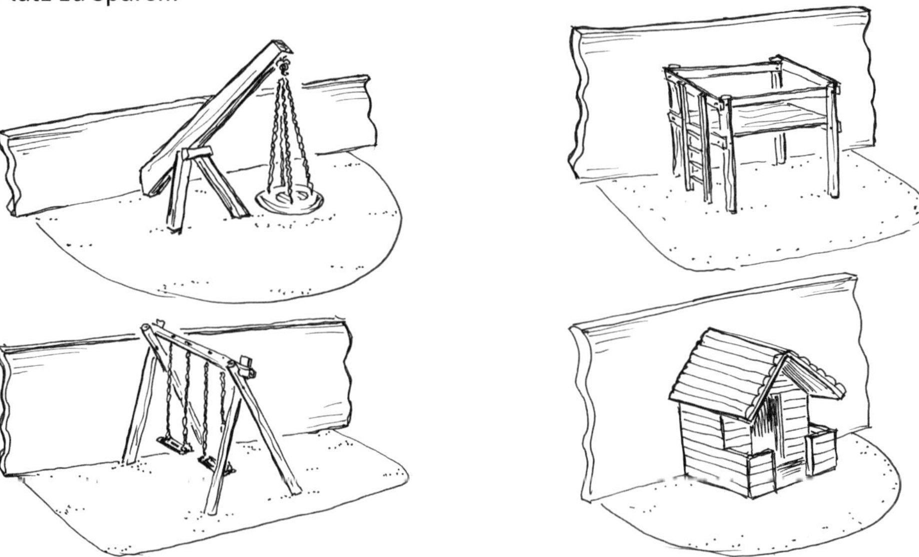

Auch Sprung- und Hüpfplatten sind ein Beispiel dafür, dass der Fallraum um ein Gerät nicht immer mit dem Mindestmaß von 150 cm eingehalten werden muss. Bei dieser Geräteart wäre die Spielfunktion des Hüpfens von einer zur anderen Plattform nicht mehr vorhanden, wollte man den Fallraum nach der Norm auf jede Plattform für sich anwenden.

Betrachtet man die Hüpfplatten als Einzelgeräte, wäre die untenstehende Anordnung erforderlich – jedoch gibt es dann keine Spielfunktion mehr ①.

Betrachtet man die Platten als eine Geräteeinheit (Gruppe), wird der Fallraum nach außen normenkonform angetragen – die Spielfunktion bleibt erhalten (siehe auch DIN EN 1176-1, Abschnitt 4.2.8.3, Anmerkung 1) ②.

Der Abstand zur Wand in diesem Beispiel entspricht nicht den Anforderungen an den Freiraum. Wenn die Wand jedoch glatt ist, ist eine sichere Benutzung gewährleistet.

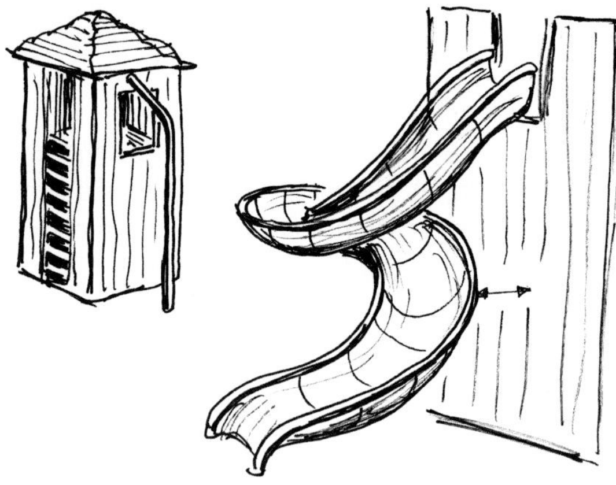

- Freiraum – Freiraum

Keine Überschneidung zulässig
(bei Karussells sind Freiraum und Fallraum von der Fläche her identisch).

- Freiraum – Fallraum

Keine Überschneidung zulässig.

- Fallraum – Fallraum

Überschneidung i. d. R. zulässig bis auf Fallräume bei Karussells und Schaukeln.

- Fallraum

Wenn auf einer Geräteseite keine Zu- und Abgänge vorhanden sind, kann der Fallraum auf die restlichen Seiten begrenzt werden.

Laut EK-Beschluss der Prüfstellen werden Brüstungen mit 130 cm Höhe als nicht übersteigbar angesehen. In diesem Beispiel kann die Bodenklasse entsprechend geringer gewählt werden.

1.1.2 Fallhöhe und Boden im Fallraum

Reduzierung von Fallhöhe (= geringere Bodenklasse) durch Anschrägen der Aufprallfläche:

Wenn ein Sturz auf eine horizontale Aufprallfläche erfolgt, gibt es Anforderungen an die Länge der Aufprallfläche und an die stoßdämpfenden Eigenschaften des Bodens ①.

Bei Anschrägen der Aufprallfläche kann sich der aufprallende Körper auf der Schräge abrollen.

Die horizontale Länge der Aufprallfläche kann dann verringert werden. Die Bodenklasse kann u. U. um eine Stufe **geringer** gewählt werden.

Es wird angeregt, die Fallhöhe um 1/3 zu reduzieren, wenn die Anschrägung mit 45° vorgenommen wird. Festzulegen wäre das Maß, wie weit die Anschrägung von der Fallkante entfernt sein muss bzw. wie breit die Abschrägung mindestens sein sollte ②.

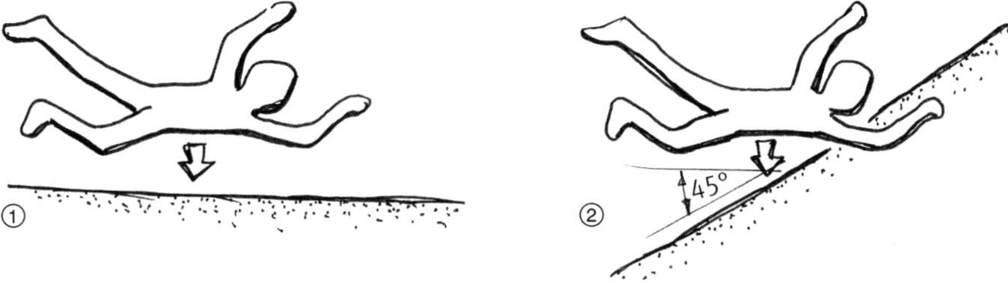

1.1.3 Schräg angeordnete Teile im Fallbereich

Wenn sich im Fallbereich glattflächige Konstruktionsteile befinden, die schräg angeordnet sind und dadurch einen abweisenden Charakter bekommen, dürfen die zulässigen Niveauunterschiede von maximal 60 cm erhöht werden. Dabei ergeben sich die folgenden maximalen Fallhöhen:

Neigung zur Horizontalen	zulässige Fallhöhe	Faktor
30°	70 cm	1,15
45°	85 cm	1,41
60°	120 cm	2,00
70°	175 cm	2,92
80°	300 cm	5,76

Anmerkung: Diese Faktoren werden errechnet aus einer einfachen Kräftezerlegung der resultierenden Aufprallkräfte. Wendet man diese Faktoren auf Flächen im Fallbereich an, kann man analog bei geneigten Flächen größere Fallhöhen als bei waagerechten Flächen erlauben.

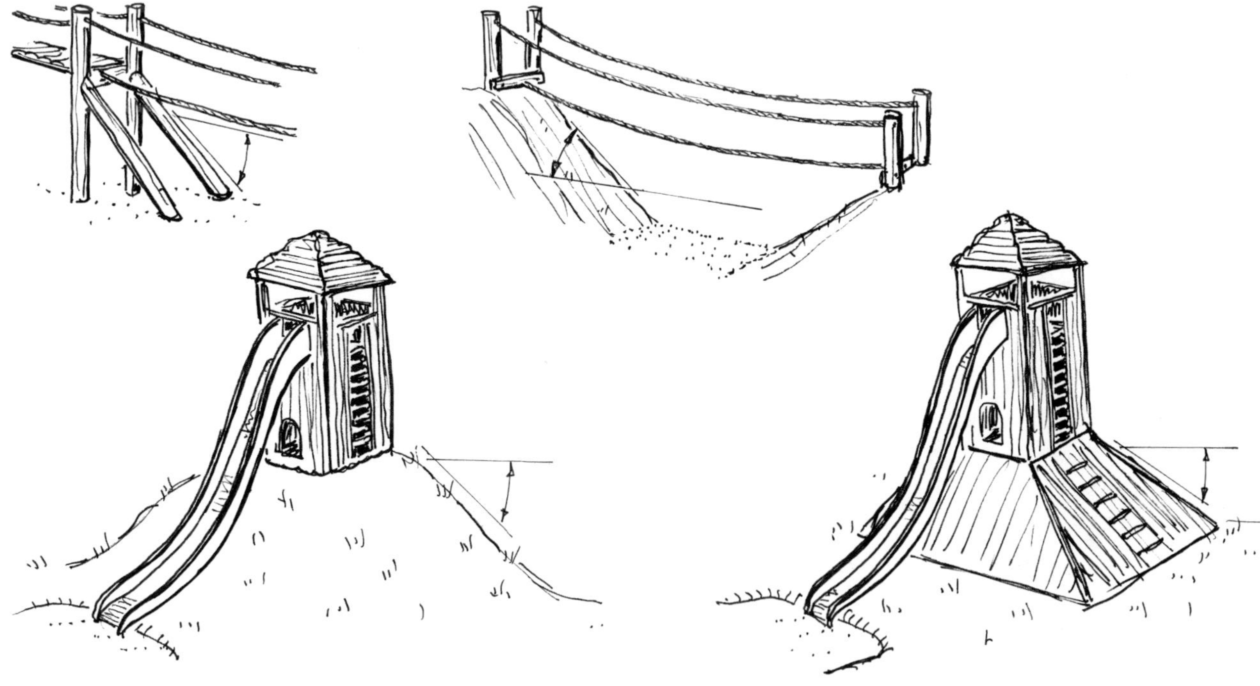

1.1.4 Ab wann ist eine Brüstung nicht mehr übersteigbar?

Laut EK-Beschluss der Prüfstellen kann bis zu einer Fallhöhe von 500 cm die Nichtübersteigbarkeit einer Brüstung mit 130 cm angenommen werden. Ab 500 cm Fallhöhe ist immer ein geschlossener Käfig gefordert.

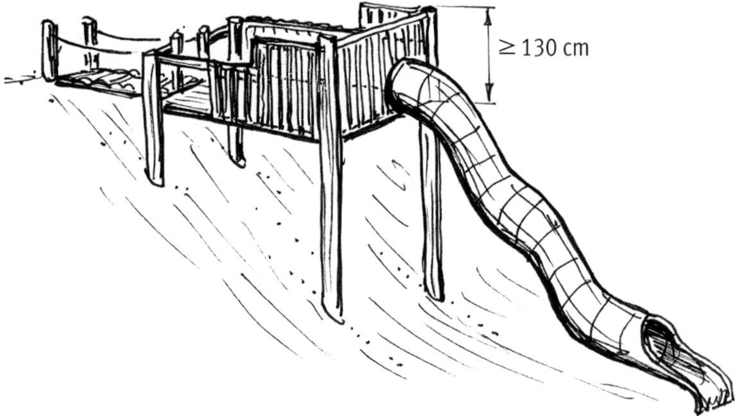

Es ist bei hohen Brüstungen wichtig, dass Kinder eine Durchblickmöglichkeit haben.

Fehlt diese, ist der Reiz hoch, über die Brüstung zu schauen bzw. hochzusteigen.

Bei Käfigkonstruktionen könnte der stoßdämpfende Boden entfallen, wenn sonst keine weiteren Fallhöhen im Gerät bestehen. Bereits 1994 wurde in Expertenkreisen darüber diskutiert, ob man höhere Plattformen als 3 Meter komplett mit einem Käfig verschließen muss oder ob eine Höhe von 130 cm in bestimmten Fällen ausreicht.

Daraus wurde im Rahmen des Erfahrungsaustauschkreises EK 38 ein Beschluss gefasst, der besagte, dass eine Barriere von 130 cm Höhe, die nicht zum Beklettern einlädt, genügend Sicherheit bietet. Ein Überklettern stellt hier eine ganz bewusste Handlung dar.

Im Jahr 2006 wurde dieser Beschluss im Nachfolgeausschuss zum EK 38, dem EK 2, erneut diskutiert und als richtig bestätigt! Es wurde als Ergänzung angeführt, dass die Höhe von 130 cm nicht in allen Fällen ausreichend sein muss. Daher muss bei einer Baumusterprüfung eine Höhe von mindestens 180 cm vorliegen, da zum Zeitpunkt der Prüfung der Aufstellort noch nicht bekannt ist. Da der EK 2 verbindliche Regeln nur für die Vergabe des GS-Zeichens einfordern kann, wurde aus rein formalen Gründen lediglich die Höhe von 180 cm für GS-Zeichenvergabe in die Beschlussliste eingetragen, die Möglichkeit einer Barriere von 130 cm bei Vorort-Begutachtungen aber nicht verneint!

1.1.5 Fallhöhe

Die Fallhöhe von Spielplatzgeräten ist auf maximal 300 cm beschränkt, die Gerätehöhe dagegen nicht. Die Gerätehöhe kann erheblich größer sein, wenn ein Fall ausgeschlossen ist.

1.1.6 Freiraum

Grundsätzlich dürfen keine Teile in einen Freiraum hineinragen.

Wenn jedoch durch das Gerät selbst eine Abdeckung erfolgt, sodass eine Gefährdung wirksam ausgeschlossen und der Freiraum abgeschirmt wird, kann die Anforderung freizügiger gehandhabt werden.

1.2 Zugänglichkeit

1.2.1 Leicht oder schwer zugänglich für Kinder unter 36 Monaten

Unterschiedlich schwierige Zugänge zu den Geräten haben eine Filterfunktion für verschiedene Altersklassen.

1.2.2 Leicht oder schwer zugängliche Dachflächen

Grundsätzlich sind alle Dachflächen nach DIN EN 1176 mit dem „Kordeltest" nach DIN EN 1176-1, Anhang D.3.2.3 zu prüfen.

Wenn eine Dachfläche jedoch gar nicht erreichbar ist oder nur mit erheblichem Kraftaufwand von turnerisch besonders begabten Kindern, könnte man folgenden Zusammenhang als plausible Regelung ansehen:

Die Frage, ob eine Dachfläche leicht oder schwer erreichbar/erkletterbar ist und somit geprüft werden muss oder nicht, könnte durch folgende Zusammenhänge geregelt werden:

- Je schmaler die Austrittsöffnung bei gleichzeitig größerem Dachüberstand ist, desto schwieriger ist es für ein Kind, den Körper um die Dachkante zu bewegen;

- je größer der Abstand zwischen unterer Fensteröffnungskante und Dachkante ist, desto schwieriger ist es, den Körper auf die Dachschräge zu ziehen.

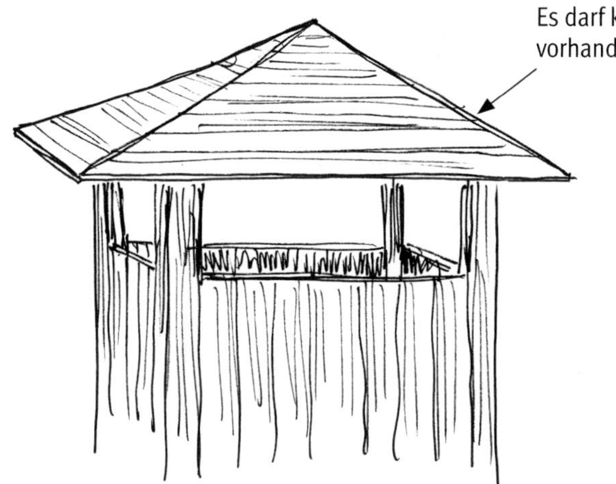

In jedem Fall sollte es keine Greifmöglichkeit auf der Dachfläche geben.

Nach DIN EN 1176-1, Abschnitt 4.2.8.1 ist es nicht erforderlich, Dächer, die nicht zum Spielen vorgesehen sind, in die freie Fallhöhe mit einzubeziehen, wenn nicht zum Zugang ermutigt wird.

1.2.3 Zugänglichkeit für Erwachsene

Alle Zugangsöffnungen, die einem Erwachsenen von ihrer Dimensionierung her den Zugang ermöglichen, sind geeignet, das eigentliche Schutzziel „Hilfestellung durch Erwachsene“ zu erfüllen.

Die Abmessung 35 cm × 50 cm stellt dabei die Mindestdurchschlupfgröße für einen erwachsenen Körper dar (z. B. Revisionsöffnungen im Rohrleitungs- oder Kesselbau).

Die Forderung der Norm nach einem Durchschlupf für Erwachsene (runder Zugang mit einem Mindestdurchmesser von 50 cm) kann auch durch andere Lochgrößen und -formen erfüllt werden.

Zu berücksichtigen sind bei geschlossenen Konstruktionen vor allem die Punkte:

- keine Sackgassen bilden;
- Hitzestaus vermeiden;
- keine beliebigen Längen zulassen;
- ausreichend belüften (besonders bei Materialausdünstungen wichtig – Zwangsbelüftung)

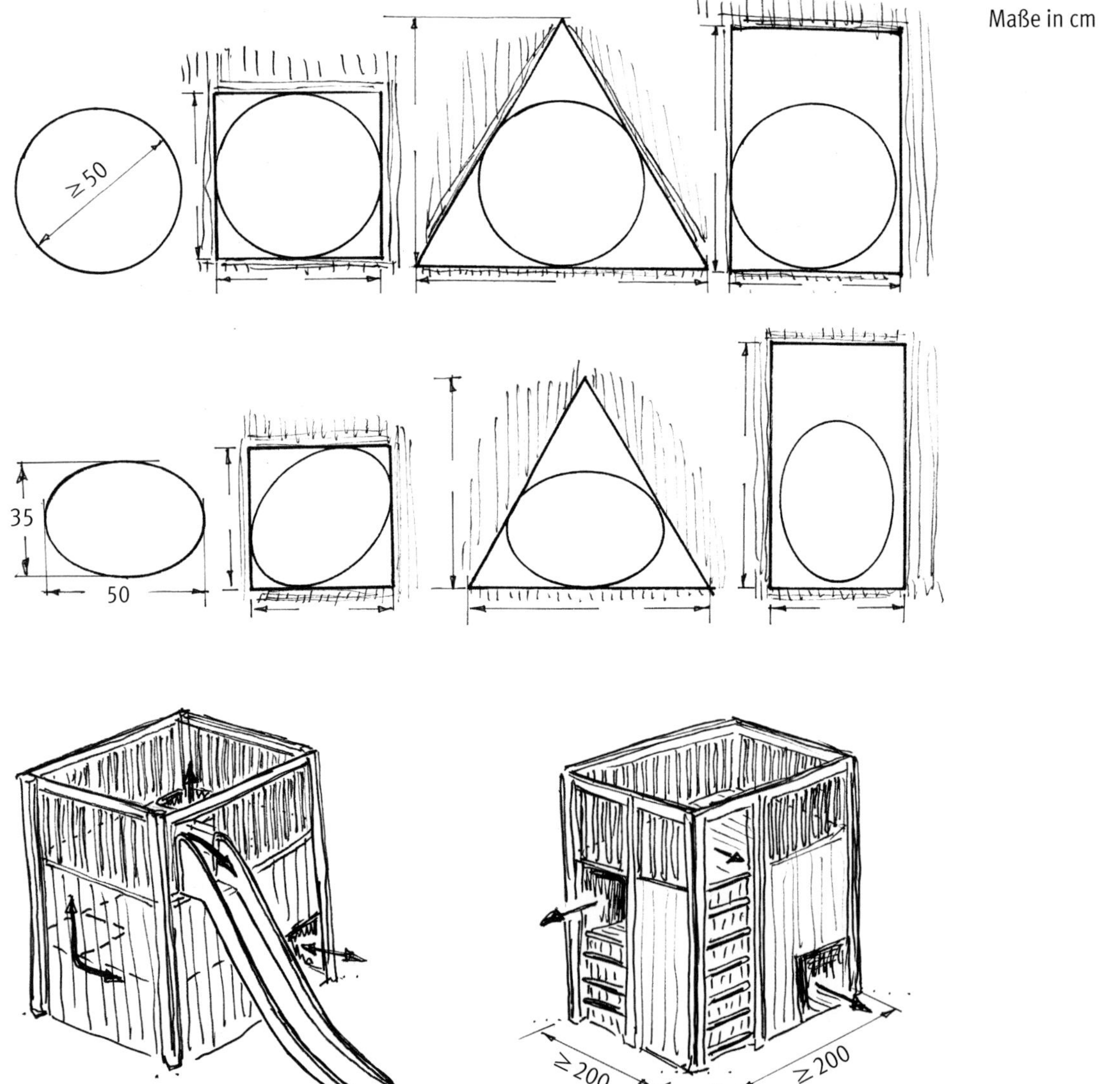

Anforderung für zwei voneinander unabhängige Zugänge bei Raumgrößen mit mehr als 200 cm Tiefe, Mindestöffnungsmaß der Zugänge von $d = 50$ cm.

1.3 Besonderheiten bei Schaukeln

Die nach Norm notwendige Bodenfreiheit von mindestens 35 cm kann bei Sitzen reduziert werden, die eine wesentlich geringere Masse als die standardmäßig verwendeten starren Schaukelsitze haben.

Für Kleinkinderschaukeln kann dies sinnvoll sein, damit kleine Kinder den Sitz besser erreichen.

Mindestabstände zwischen den Schaukelsitzen

Diese können zur seitlichen Abstützung hin reduziert sein, wenn von den Stützen keine Gefährdung ausgeht, d. h., sie müssen dann glattflächig und groß genug sein.

Fallhöhen bei Schaukeln

Eine Schaukel, die so hoch wäre, dass sie auf ebenem Boden wegen theoretisch zu hoher Fallhöhen unzulässig wäre, kann dennoch gebaut werden, wenn man das Bodenprofil so gestaltet, dass die Fallhöhen im zulässigen Rahmen bleiben.

Hinweis: Versuche mit überhohen Schaukeln haben gezeigt, dass durch die hohen Luftwiderstände ein Erreichen von mehr als 2–3 Meter Fallhöhe praktisch nicht möglich ist. Wenn zusätzlich keine Endhügel vorhanden sind, kann auch kein Impuls durch eine außenstehende Person erfolgen.

1.4 Inklusion

Im Sinne von „Kind auf dem Spielplatz“ beschreibt das Wort Inklusion das Bestreben, so häufig wie möglich durch die Schaffung von Räumen des Wohlbefindens **das Miteinander von Menschen zu fördern**. Wobei darauf zu achten ist, dass es weniger darauf ankommt, so viele Aktivitäten wie möglich anzubieten, sondern viel eher darauf, dass die Menschen sich auf dem Spielplatz miteinander wohlfühlen.

Spielplätze sind wichtige Orte des selbstbestimmten, informellen Lernens. Die Entwicklungschance liegt im täglichen Umgang mit der Unterschiedlichkeit der Menschen, aus dem vielschichtige soziale, kognitive und emotionale Kompetenzen erwachsen, die ohne die Erfahrung gemeinsamen Spielens nicht möglich wären. Diese Erkenntnis hat dazu geführt, die pädagogische Bedeutung der schulischen und außerschulischen Spielplätze aufzuwerten.

Gute Rahmenbedingungen sind von Vorteil

Inklusion ist eine Querschnittsaufgabe. Sie betrifft jeden in einer Gesellschaft mit der Absicht, niemanden auszuschließen und Teilhabe zu ermöglichen. Dabei ist nicht nur die Barrierefreiheit zielführend, sondern das Vorfinden einer Umgebung, die zu einer individuellen Auseinandersetzung mit den vorhandenen Anforderungen anregt.

Rahmenbedingungen können diese Zielsetzung begünstigen, indem sie u. a. Zugangsschwierigkeiten minimieren. Spielplätze sollten möglichst einfach, intuitiv und unter Berücksichtigung unterschiedlicher sensorischer Fähigkeiten zu nutzen sein.

Anregungen sind nötig

- im Bereich der Sinnesaktivierung,
- im Bereich motorischer-konditioneller Aktivierung,
- im Bereich der psychisch-emotionalen Aktivierung,
- im Bereich Spielwert:
  - vielfältige Ansprache der Sinne (Mehr-Sinne-Prinzip);
  - selbsttätig nutzbar, mit Hilfe nutzbar;
  - vielfältige Sinnesaktivierung: vestibulär-kinästhetische, visuelle, akustische, haptische, olfaktorische Sinne;
  - motorische-konditionelle Aktivierung: Gleichgewichtserfahrungen, Auge-Hand-Koordination, Auge-Fuß-Koordination, Simultankoordination, Muskelreize (Umgang mit dem eigenen Körpergewicht u. a. durch Ziehen, Schieben, Klettern), komplexe Bewegungserfahrungen, Anstrengungscharakter. Ansprache der motorischen Grundtätigkeiten;
  - psychisch-emotionale Aktivierung: Höhenerfahrung, Risiko und Wagnissituationen, Selbstwahrnehmung, Selbsttätigkeit, Selbstwirksamkeit;
  - Spielidee, Spielwert und Nachhaltigkeit: Erkundungs- und Entdeckerqualitäten, Veränderbarkeit, Gelegenheit für Experimente, Interaktion mit anderen, Zweckfreiheit, gleichermaßen für mehrere Nutzergruppen geeignet;
  - Gestaltung und Sicherheit.

Hohe Nutzungsvielfalt, Atmosphäre, Aufenthalts- und Spielqualität sind neben persönlichen Bindungen wichtigste Anforderungen für eine gelingende Inklusion. Der „Spielwert inklusiv“ kann sich nur in situativer Interaktion, im Miteinander zeigen. Diese facettenreiche Qualität ist nicht mit einer formalen Matrix mit Normenorientierung abzufragen. Die Unterschiedlichkeit der Menschen bestimmt die Stärke der Situation. Die Spielideen der Beteiligten sorgen für ein Miteinander. Dies sollte durch geeignete Rahmenbedingungen auf Spielplätzen flankiert werden. Ausgeschlossen bleibt aus der Sicht der Autoren jedoch, dass über die additive Bewertung von äußerlich ablesbaren Verhältnissen eine gewinnbringende Steuerung von inklusivem Miteinander gelingen kann. Im Mittelpunkt die Menschen stehen.

Gemeinsam

Ein wesentliches Kriterium gelingender Inklusion ist der Prozess der gemeinsamen Planung und der Umsetzung. Inklusiv muss auch hier bedeuten, die Interessen der Nutzenden durch geeignete Partizipation ernsthaft, d. h. von Anfang an einzubeziehen.

Bei der Entwicklung von Spielplatzgeräten müssen sich die Hersteller grundsätzlich an der Diversität seiner Nutzer orientieren, statt alte Geräte immer wieder in neuer Form „aufzukochen“. Diversität in Bezug auf Alters- und Geschlechtergruppen sowie vorliegender Beeinträchtigungen müssen als Normalität verstanden sein. Spielplätze sollten für möglichst viele Menschen Zugang und Aufforderungscharakter haben, um sich mit den verfügbaren Fähigkeiten allein oder mit Hilfe anderer einbringen zu können.

Normung von inklusiven Spielräumen?

Eine Matrix für inklusive Spielplatzgestaltung liegt bereits vor und es stellt sich die Frage nach der Zielrichtung. Die dort erarbeiteten Anforderungen sollten nicht als zwingendes Muss, sondern als Chance verstanden werden. Bei der Beantwortung kann es helfen, Inklusion im Hinblick auf ihre räumliche Implikation auf zwei pragmatischen Ebenen zu denken. Zum einen ist die Sicherung von Zugangsvoraussetzungen (Barrierefreiheit) klare Aufgabenstellung an die Planer, z.B. Leitsystem, Bedienelemente, Zuwegung, Öffnungsmaße, Gefälle usw. Dies ist durch DIN-Normen hinreichend definiert. Zum anderen gilt es, eine Fülle von entwicklungsbezogenen Indikatoren zu beachten, die das wechselseitige Anregungspotenzial heterogener Gruppen besonders zulassen, sodass über die passenden Verhältnisse mehr inklusiver Spielwert entstehen kann.

Dies durch eine DIN-Norm zu fassen, ist nicht sinnvoll. Welche Matrix wäre in der Lage, soziale Prozesse zutreffend einzuschätzen? Sie würde eher komplexe Zusammenhänge auf schlichte Voraussetzungen verkürzen. Sie kann aber sehr wohl mit empfehlendem Charakter hilfreich sein.

Über die Qualität der Interaktionsprozesse entscheiden ausschließlich die Beteiligten, egal ob sie auf einem Spielplatz agieren, der vielseitig und barrierefrei ist, oder ob sie auf einem Stoppelfeld spielen.

Es geht vielmehr um die eigene Haltung jedes Planers, der das Grundrecht der vollen Teilhabe aller respektiert. Die beginnt bei der ernsthaften Beteiligung der Nutzenden. „Nichts über uns ohne uns“ heißt es in der UN-BRK – daraus erwächst die Forderung der vollen Einbindung von Menschen mit Behinderung bei der Entwicklung und Gestaltung von inklusiven Angeboten. Und das ist die Chance für inklusives Handeln.

1.5 Auszug aus „Unfallkasse Hessen – Außengelände für Krippenkinder – 2016“

Autoren: H. Hartmann, E. Gutsche, B. Köhmstedt, N. Schäfer, M. Werner-Niemetz, N. Kerl, E. C. Gründler

Krippenkinder sind nicht nur einfach jünger und kleiner als Kindergartenkinder, sie befinden sich auch in einem anderen Entwicklungsstadium. Viele Fähigkeiten der „späteren Kinderjahre“ sind noch nicht vorhanden oder entwickeln sich erst noch. Hieraus resultieren ganz besondere Anforderungen an die Aufenthaltsbereiche für diese Altersgruppe. Gerade bei der Außengeländegestaltung von Krippen ist aber zu beobachten, dass die Planung eines solchen Bereichs bei den Verantwortlichen viele Fragen aufwirft.

Dies liegt u.a. daran, dass bezüglich der Gestaltung von Krippenaußengeländen bisher noch wenige Erfahrungen vorliegen und entsprechende Literatur kaum verfügbar ist.

[Der Text] diese[r] Broschüre möchte dazu beitragen, die Lücke zu schließen. Sie richtet sich an Planerinnen und Planer, Erzieherinnen und Erzieher sowie Träger von Krippen. Ziel der Schrift ist es, die Planenden für die Belange der Krippenaußengeländegestaltung zu sensibilisieren, Grundwissen zu vermitteln, aber auch Ausführungsbeispiele aufzuzeigen.

Selbstverständlich kann die Broschüre planerisches Geschick nicht ersetzen. Als ergänzende Hilfestellung kann sie jedoch zu einer reflektierten und somit krippengerechten und (hoffentlich) erfolgreichen Außengeländegestaltung beitragen.

Grundsätzlich sollten bei der Neu- oder Umgestaltung eines Außengeländes für Krippenkinder immer das Kitateam und eine erfahrene Planerin bzw. ein erfahrener Planer eingebunden werden.

Im Rahmen der weiteren Ausführungen werden die Krippenkinder unterschieden nach:

- Babys, Alter von Geburt bis ca. dreiviertel Jahr
- Krabbelkindern, Alter von ca. dreiviertel bis eineinhalb Jahren
- Kleinkindern, Alter von ca. eineinhalb bis drei Jahren

Entwicklung und Bedürfnisse von Krippenkindern

Das psychische Grundbedürfnis jedes Kindes ist das Gefühl von Sicherheit und Geborgenheit. Bei Kindern unter drei Jahren entsteht dies durch die Anwesenheit einer vertrauten Bindungsperson wie Mutter, Vater oder Erzieherin, Erzieher und die vertraute Umgebung, in der und von der ausgehend das Kind die Welt erkunden kann.

Je jünger ein Kind ist, desto dichter und enger muss die Nähe zur Bindungsperson sein. Während ein Neugeborenes direkten Körperkontakt braucht, um sich sicher zu fühlen, genügt es einem sechs Monate alten Kind in manchen Situationen, dass es die Eltern sieht oder hört. Ein Einjähriges kann sich über kurze Zeit sicher fühlen und in Ruhe weiter spielen, wenn es z. B. die Mutter im Nebenzimmer weiß. Für die Krippe gilt in Bezug auf die Erzieherinnen und Erzieher als Bindungsperson Vergleichbares.

Die physiologischen Entwicklungsbedürfnisse von Krippenkindern sind Bewegung und Erkundung der Welt mit allen Sinnen. Ein Kind macht in den ersten Lebensjahren so große Entwicklungsschritte wie nie wieder später in seinem Leben.

Es lernt, sich vom Rücken auf den Bauch zu drehen, und richtet sich auf: erst zum Sitzen, dann zum Stand. Es beginnt, sich aus eigener Kraft durch den Raum zu bewegen, erst kriechend, dann krabbelnd und schließlich meistert es den aufrechten Gang. Gleichzeitig entwickelt das Kind gezieltes Greifen.

Durch diesen grob- und feinmotorischen Reifungsprozess erweitert es kontinuierlich seinen Radius der Erkundung der Welt. Seine Intelligenz entfaltet sich in dem Maße, wie es Möglichkeiten zur selbst gesteuerten Bewegung und der eigenständigen Erkundung seiner Umgebung findet.

Außenräume für Krippenkinder

Gestaltungsgrundlagen

Den Außenräumen kommt als Lern- und Erfahrungsort eine große Bedeutung zu. Bei ihrer Planung müssen sowohl die psychischen Grundbedürfnisse des Kindes nach Sicherheit und Geborgenheit als auch seine Entwicklungsbedürfnisse nach Bewegung und Erkundung der Welt mit seinen Sinnen berücksichtigt werden. Dafür ist es bei der Außengestaltung notwendig, nach Alter und Entwicklungsstand der Kinder zu unterscheiden.

Der Krippen-Außenbereich ist dann günstig gelegen, wenn er direkt an den Gruppenraum anschließt, d. h. eine Erweiterung dieses Innenraumes bildet. So können die Krippenkinder gewissermaßen aus der vertrauten Umgebung heraus beginnen, sich die Außenwelt zu erschließen. Der Krippenbereich sollte, wenn möglich, inhaltlich nochmals untergliedert sein: in die Aufenthaltsbereiche für Babys, Krabbelkinder und Kleinkinder. Diese Bereiche sollten durchlässig gestaltet sein, damit die Kleineren auch den Bereich der etwas Größeren in Anspruch nehmen können. Bei der Gestaltung der Außenanlagen ist darauf zu achten, dass die Kleinsten ihren Raum möglichst nahe am Gebäude finden – je älter die Kinder, desto größer kann der Abstand zum Haus sein.

Wenn sich die Gruppe im Außengelände befindet und ein Kind gewickelt werden muss, ist dies problematisch. Die Kinder empfinden Verlassensängste, wenn Erzieherinnen oder Erzieher mit dem zu wickelnden Kind ins Gebäude gehen. Insofern ist es sinnvoll, das Wickeln im Freien zu ermöglichen. Ein Vorschlag hierzu ist eine feste oder mobile Wickelstation mit Rädern, die in das Außengelände geschoben werden kann. Auch ein Sitzbereich wird empfohlen. Ein Wasseranschluss ist sinnvoll – einerseits für Spielzwecke, andererseits für die Pflege und Reinigung.

Je besser die Außenraumgestaltung auch auf die Arbeitsabläufe der Erzieherinnen und Erzieher abgestimmt ist, desto besser kann die Betreuung der Babys erfolgen.

Raumsituation in Kindertagesstätten mit integriertem Krippenbereich

In diesen Einrichtungen sollte ein abgetrennter Rückzugsbereich für die Krippenkinder zur Verfügung stehen. Die Abgrenzung gegenüber dem weiteren Gelände kann durch gestalterische Maßnahmen erfolgen, durch differenzierte Topografie, in Form von dichter Bepflanzung, eines Zauns oder einer mobilen Abtrennung.

Raumsituation in „reinen" Kinderkrippen

Hier steht den Krippenkindern das gesamte Außengelände zur Verfügung. Trotzdem ist es auch hier sinnvoll, den einzelnen Gruppen jeweils einen eigenen Außenbereich zuzuordnen.

Während in gemischten Einrichtungen, also Tagesstätten mit Krippen- und Kindergartenkindern, ein langsames Entwachsen der Krippenwelt und Erobern der Kindergartenwelt möglich ist, verbleiben Kinder in reinen Krippen bis zum Wechsel in den Kindergarten im „Schutzraum der Krippe". Damit sich dies nicht nachteilig auswirkt, sollten bei der Gestaltung reiner Krippenaußengelände auch für dreijährige Kinder entsprechende Herausforderungen (Höhen, Kletteranreize etc.) vorgesehen werden, die sich naturgemäß schon stark von denen des Krabbelkindes unterscheiden.

2 Anwendung der Prüfkörper

Die Prüfung von Geräten mit den Prüfsonden der DIN EN 1176-1 auf unzulässige Öffnungen ergibt für sich allein keine umfassende Sicherheit, wenn man sich nur an den Buchstaben des Normtextes hält.

Selbst bei bestandener Sondenprüfung kann ein Gerät Sicherheitsrisiken enthalten. Ebenso muss bei Nichtbestehen der Sondenprüfung nicht immer eine unsichere Situation vorliegen.

Die Prüfung eines Gerätes enhält auch die gewissenhafte Berücksichtigung der generalisierenden Anforderungen aus dem Normtext.

Eine Geräteprüfung muss mit dem nötigen Sachverstand und Hintergrundwissen durchgeführt werden. Die Prüfsonden selbst stellen keine Anforderungen im Sinne der Norm dar, sondern dienen als Hilfsmittel zur Überprüfung der Anforderungen aus der Norm.

Sicherheit liegt im Sachverstand des Herstellers und des Prüfers.

Es treten Situationen auf, die im Prüfergebnis ein theoretisches „nicht bestanden" ergeben, jedoch aus Sicherheitsaspekten heraus überhaupt kein Risiko darstellen.

Diese Sachverhalte sowie die korrekte und sinnfällige Anwendung der Prüfsonden sind in den nachfolgenden Darstellungen aufgezeigt.

Die Prüfverfahren der DIN EN 1176-1 sind zweistufig aufgebaut. Zunächst wird festgestellt, ob eine Öffnung für den Prüfkörper zugänglich, d.h. der Prüfkörper anwendbar ist. Anschließend wird die Zulässigkeit der Öffnung nach den festgelegten Kriterien überprüft.

DIN EN 1176 verwendet für die Feststellung, ob eine Öffnung zulässig ist oder nicht, keine absoluten Maße, sondern bedient sich bei der Prüfung verschiedener Prüfkörper.

So gibt es für den Finger, den Kopf/Nacken und den Körper diverse Sonden, mit denen Öffnungen überprüft werden können.

Ein Prüfkörper mit Kette und Knebel wird für die Fangstellen von Kleidungsstücken verwendet.

Die Gefahrstellen werden in folgenden Abschnitten der DIN EN 1176-1 behandelt:
- Fangstellen für Kopf und Hals, 4.2.7.2;
- Fangstellen für die Kleidung/Haar, 4.2.7.3;
- Fangstellen für den ganzen Körper, 4.2.7.4;
- Fangstellen für den Fuß oder das Bein, 4.2.7.5;
- Fangstellen für Finger, 4.2.7.6.

Quetsch- und Klemmstellen werden in DIN EN 1176-6, Anhang C behandelt.

Prüfkörper für kritische Kopföffnungen

Fangstellen für Kopf und Hals (DIN EN 1176-1, Abschnitt 4.2.7.2)

Es wird der Gefährdung nach unterschieden zwischen:

a) Vollständig umschlossenen Öffnungen, durch die der Benutzer mit dem Kopf voran oder den Füßen voran rutschen kann.

b) Teilweise umschlossenen und V-förmigen Öffnungen.

c) Scherstellen oder beweglichen Öffnungen.

Die Prüfungsprozedur für diese Fälle ist beschrieben in DIN EN 1176-1, Anhänge D.2.1 und D.2.2.

2.1 Fangstellen für Kopf und Hals (DIN EN 1176-1, Abschnitt 4.2.7.2)

Prüfkörper für vollständig umschlossene Öffnungen

- **Prüfkörper C** (Torso)
- **Prüfkörper D** (großer Kopfprüfkörper)
- **Prüfkörper E** (kleiner Kopf)

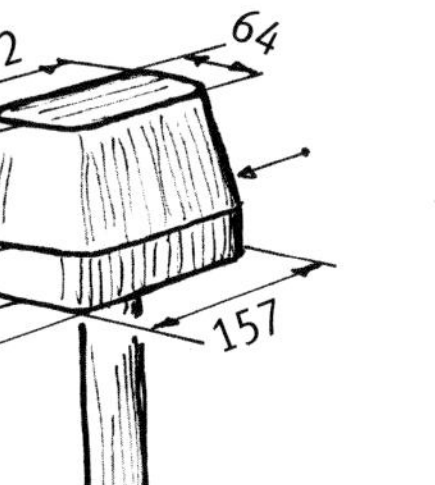

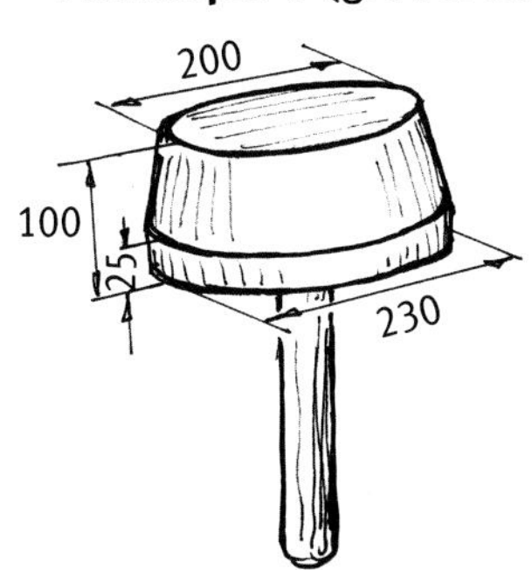

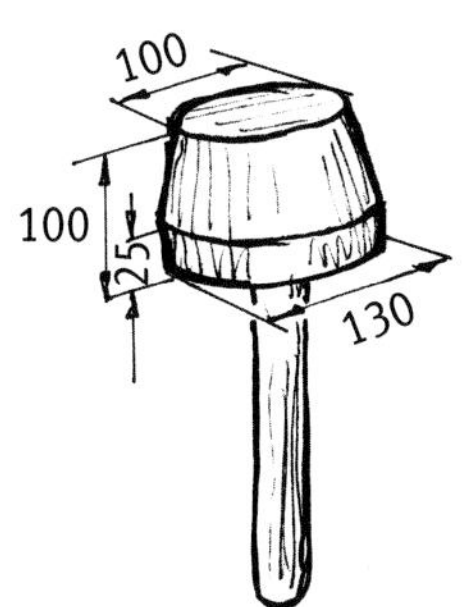

Maße in mm

Prüfmethoden für vollständig umschlossene Öffnungen

Wenn eine Öffnung für Kinder erreichbar ist und sich die untere Kante mehr als 60 cm über dem Boden befindet, darf der kleine Prüfkörper (entweder Prüfkörper C oder E) nicht durch die Öffnung passen (= Zugänglichkeitsprüfung), es sei denn, der große (D) geht auch hindurch (= Zulässigkeitsprüfung).

Der kleine Prüfkörper C beschreibt die kleinste Körperabmessung der vorgesehenen Kindergruppe.

Schutzziel

Wenn ein Kind mit dem Körper durch eine Öffnung passt, die sich mehr als 60 cm über dem Boden befindet, muss auch der Kopf ganz sicher durch diese Öffnung gehen.

Für die Prüfung gilt:

- Zugänglichkeitsprüfung mit Prüfkörpern C und E;
- Zulässigkeitsprüfung mit Prüfkörper D.

Hinweis: Die Verwendung der Prüfkörper C und E wird nicht von einer leichten Zugänglichkeit abhängig gemacht.

Anwendung

Die Prüfkörper dürfen nur senkrecht zur Öffnung eingeführt werden.

- Einfädeln des Prüfkörpers oder schräges Einführen ist nicht zulässig.

Falsche Anwendung

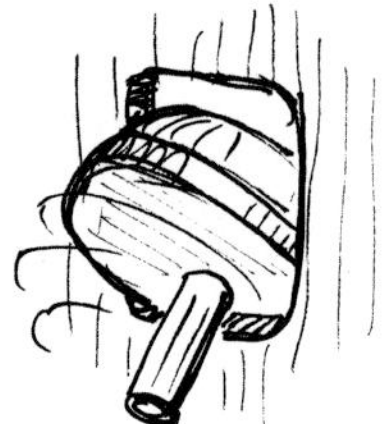

- Prüfkörper müssen senkrecht zur Öffnung eingeführt werden.

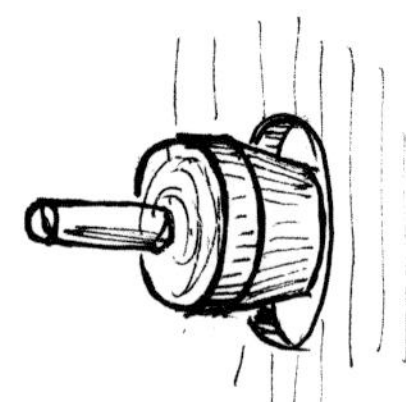

Herkunft der Prüfkörper

Die Prüfkörper wurden von Körpermaßen von Kindern abgeleitet:

– C: kleinster Torsoquerschnitt eines Einjährigen;

  Dabei entsprechen 89 mm in etwa der Brustkorbtiefe eines 12 Monate alten Kindes (5. Percentil, etwa 95 % besitzen einen stärkeren Brustkorb).

  156 mm entsprechen der Hüftbreite eines Einjährigen. (5. Percentil, etwa 95 % besitzen eine breitere Hüfte).

– D: größtes Maß zwischen Kinn und Hinterkopf eines 14-Jährigen;

  Der große Prüfkörper D (⌀ = 230 mm) soll die Diagonale des Kopfes vom Kinn bis zum Hinterkopf darstellen, da dieses Maß nahezu bei allen Vorkommnissen in der Vergangenheit das Hängenbleiben bewirkt hat. (95. Percentil, etwa 5 % besitzen eine größere Diagonale).

  Die Kopfbreite selbst eines Erwachsenen hat praktisch nie eine größere Abmessung als 165 mm!

– E: kleinster Kopf eines Einjährigen.

  Der Prüfkörper E (⌀ = 130 mm) soll die Kopfbreite und Kopftiefe eines Einjährigen darstellen. Allerdings besitzen 95 % aller Kinder mit 12 Monaten bereits eine Kopftiefe von 145 mm!

1996 waren weltweit 37 tödliche Unfälle bekannt, die durch Hängenbleiben mit dem Kopf verursacht wurden.

35 Unfälle fanden mit den Füßen voraus statt, die **Höhe** der Öffnung betrug stets zwischen 13,5 cm und 17,5 cm, die Öffnungsbreite war immer größer als 30 cm.

Die Lage über dem Boden betrug mehr als 60 cm.

Wenn nicht klar ist, welche Bewegung vorliegt (Kopf voraus oder Füße voraus), müssen beide Prüfkörper C und E verwendet werden, um die Zugänglichkeit zu bewerten.

Man ist auf der „sicheren" Seite, wenn man sich am kleinsten Maß orientiert und Öffnungen zwischen 8,9 cm und 23 cm vermeidet. Alle anderen möglichen Öffnungsmaße können nur Kombinationen aus den Prüfkörperabmessungen sein. Sie erlauben es, Öffnungen differenziert zu gestalten, wenn es nicht anders geht.

Die Prüfkörper sollen mit ihrer Achse deckungsgleich zur Achse der Öffnung eingeführt werden, ein „Einfädeln" ist unzulässig.

- Nicht zugänglich – keine weitere Prüfung = zulässige Öffnung.

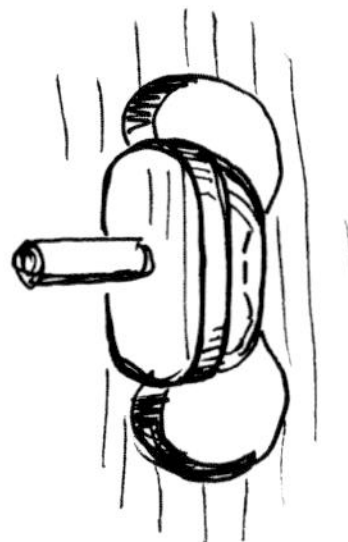

- Nicht zugänglich, da der Prüfkörper nicht mit voller Tiefe eindringen kann – keine weitere Prüfung mit großem Prüfkörper D.

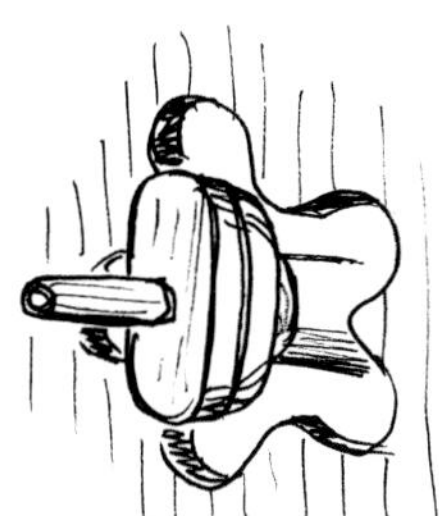

Wenn Prüfkörper C oder E passieren können:

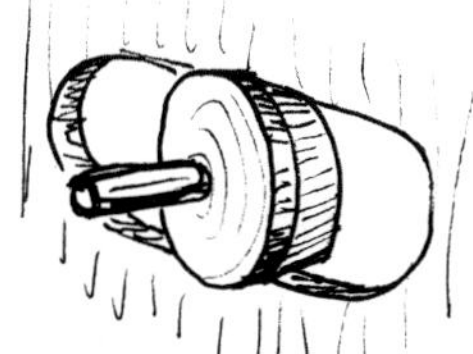
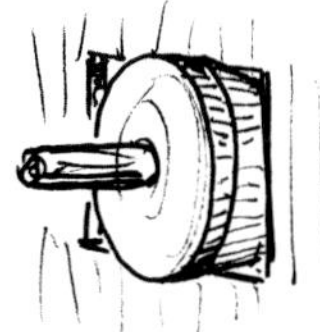

- Großer Prüfkörper D geht **nicht** durch = Prüfung **nicht** bestanden = **unzulässige** Öffnung.

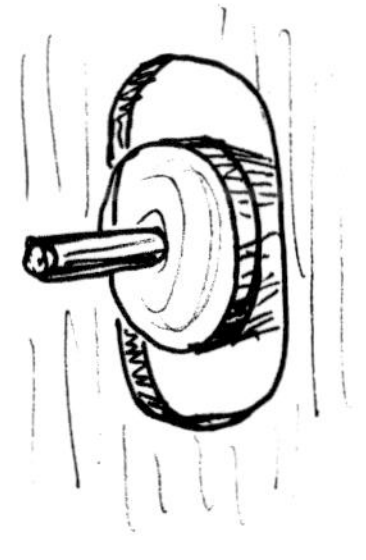

- Großer Prüfkörper D geht durch = Prüfung bestanden = zulässige Öffnung.

- Gefährliche Öffnungen – theoretisch zulässig

Dass bei dem Beispiel dennoch ein Sicherheitsrisiko besteht, liegt auf der Hand. Es muss auch der Prüfkörper für teilweise umschlossene Öffnungen zum Einsatz kommen, obwohl es sich um eine geschlossene Öffnung handelt.

Der Begriff „vollständig umschlossen" darf nicht unbedingt wörtlich ausgelegt werden. Horizontale und vertikale Spalten mit großer Spaltbreite (ohne seitliche Begrenzung) bergen identische Risiken und sind analog mit den entsprechenden Prüfkörpern zu prüfen ①.

Es kann vollständig umschlossene und teilweise umschlossene Öffnungen und V-förmige Spalten geben, bei denen die kombinierte Anwendung aller Prüfkörper erforderlich ist. Die Prüfkörper sollen sinngemäß auch in Kombination benutzt werden ②.

①

②

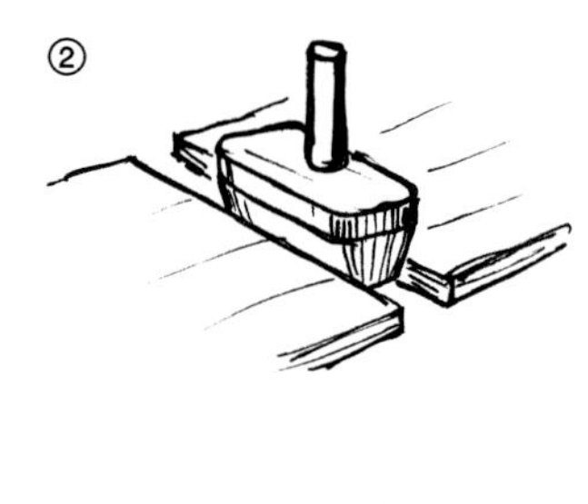

Prüfkörper E (C) darf nicht durchgehen, es sei denn, Prüfkörper D passt auch durch.

Der Prüfkörper muss in der gesamten Tiefe von 10 cm durchgeführt werden können, um eine Zugänglichkeit zu geben, ansonsten ist die Öffnung unzugänglich und damit zulässig.

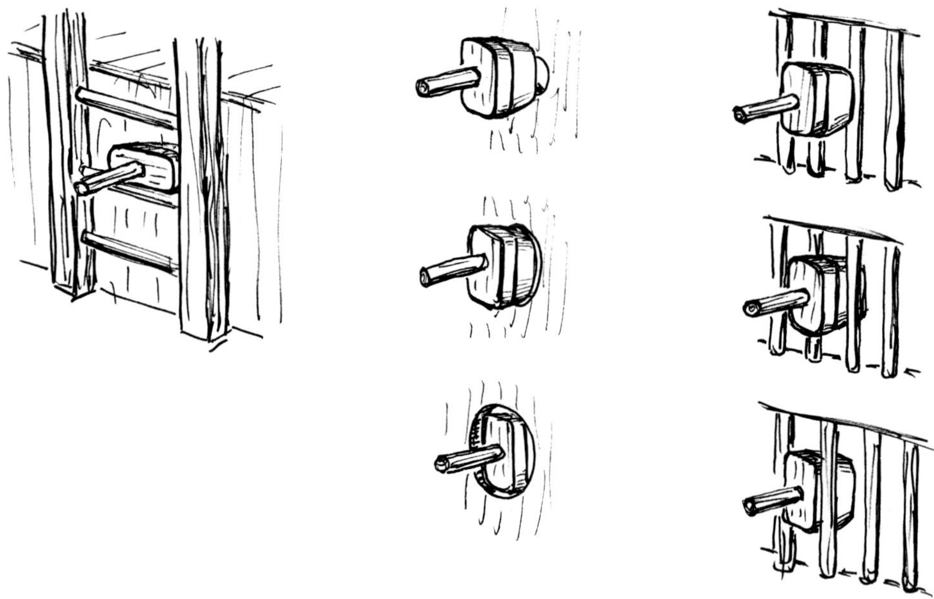

Wenn ein Prüfkörper nicht frei durch eine Öffnung geht, wird eine Kraft von (225 ± 5) N aufgewendet.

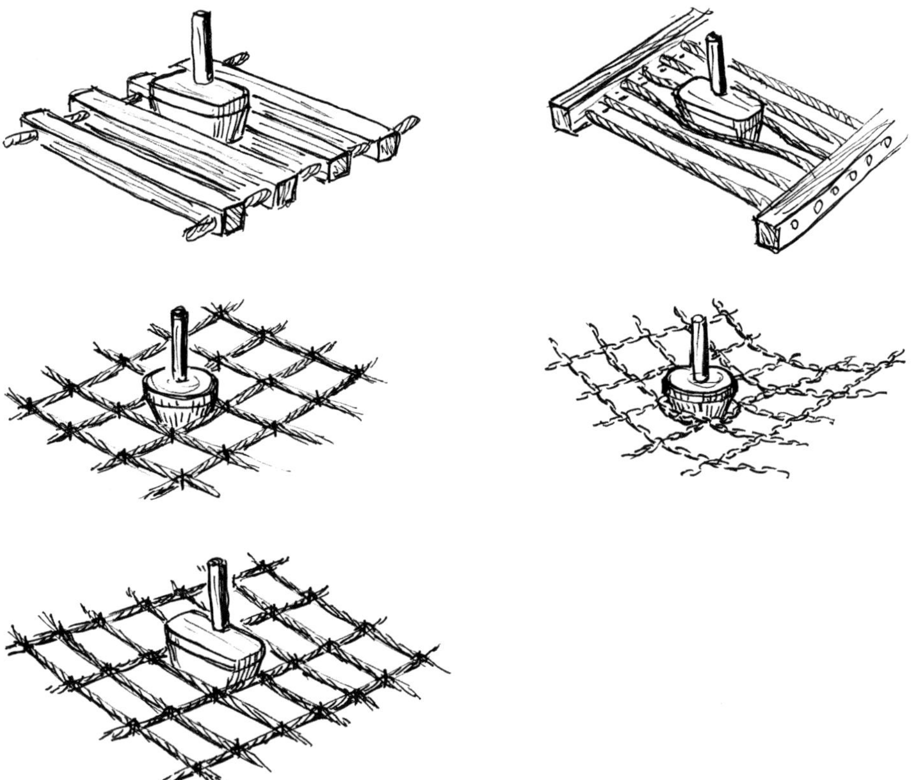

Ob eine Öffnung als vollständig umschlossen oder als teilweise umschlossen gilt, ist für die Beurteilung des Sicherheitsrisikos manchmal ohne Belang.

Es ist immer das Schutzziel im Auge zu behalten.

- Prüfung mit Prüfkörper E
- Prüfung mit Prüfkörper D

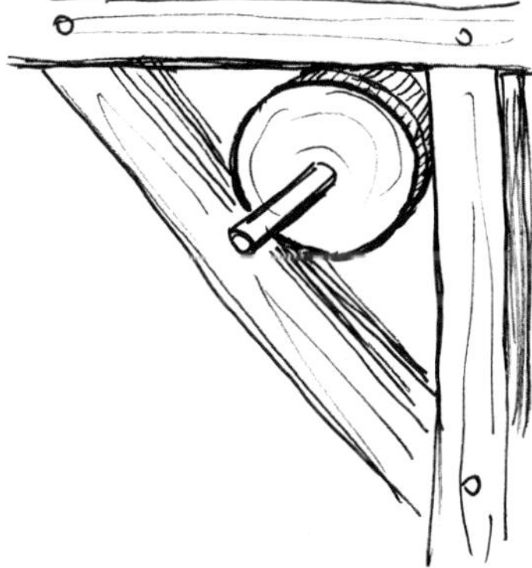

Die rechte Öffnung hätte die Prüfung mit Prüfkörper D bestanden, wäre jedoch bei Prüfung mit dem Prüfkörper für teilweise umschlossene Öffnungen durchgefallen.

Es besteht hier die Frage der Relation der Maßstäbe zueinander.

Die rechte Öffnung ist eine vollständig umschlossene Öffnung, jedoch birgt sie Risiken wie eine teilweise umschlossene Öffnung und ist gleichfalls mit dem Prüfkörper für teilweise umschlossene und V-förmige Öffnungen zu prüfen.

Ein Handlungshinweis wäre:

Geht der Prüfkörper D durch die Öffnung, so müssen spitze Winkel auch mit dem Prüfkörper für teilweise umschlossene Öffnungen geprüft werden.

Geht der Prüfkörper D nicht durch die Öffnung, ist keine weitere Prüfung erforderlich.

Sicherheit liegt im Sachverstand des Prüfers.

Prüfkörper für teilweise umschlossene und V-förmige Öffnungen

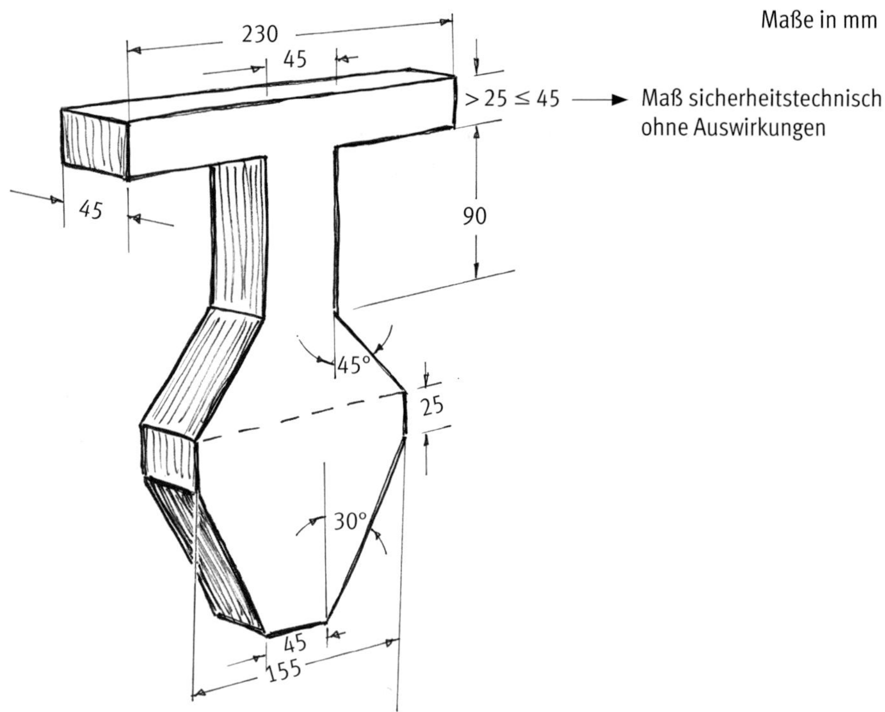

Wenn eine Öffnung zugänglich ist und sich der Eingang der Öffnung mehr als 60 cm über dem Boden befindet, wird der Prüfkörper angewendet.

Der Prüfkörper besteht aus zwei Teilen, die zu einem Prüfkörper kombiniert wurden.

Mit Teil B wird geprüft, ob eine Öffnung zugänglich ist, mit Teil A wird anschließend bei Zugänglichkeit die Zulässigkeit der Öffnung festgestellt.*

Schutzziel:
Wenn ein Kind mit dem Kopf/Hals in eine Öffnung passt, die sich mehr als 60 cm über dem Boden befindet, muss der Kopf/Hals ganz sicher diese Öffnung ohne Hängenbleiben wieder verlassen können.

- Teil B des Prüfkörpers wird horizontal für die Zugänglichkeitsprüfung verwendet.

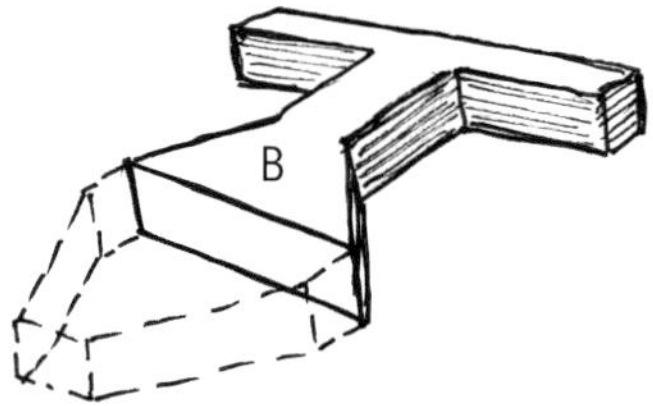

- Teil A des Prüfkörpers wird vertikal für die Zulässigkeitsprüfung verwendet.

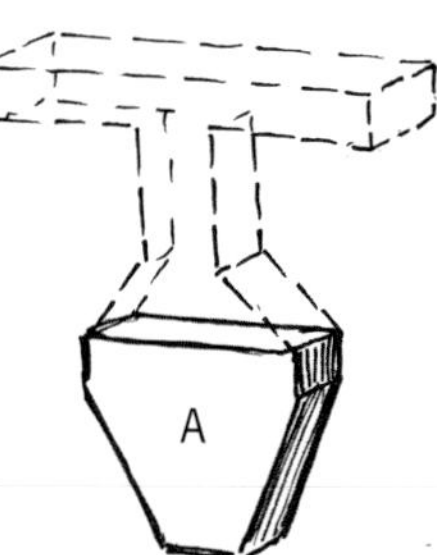

Die Benennenung der beiden Prüfkörperteile in Teil B, mit dem **zuerst** geprüft wird (Zugänglichkeit), und Teil A, der für den **zweiten** Prüfdurchgang auf Zulässigkeit benutzt wird, ist unglücklich.

* Die Abmessungen des Prüfkörpers beruhen ursprünglich auf Annahmen der amerikanischen Norm für Spielplatzgeräte.
Das Maß 155 mm im Teil A stellt die Kopfbreite eines 5-Jährigen dar. (95. Percentil)
Das Maß 45 mm stellt etwa die halbe Halsbreite eines 2-Jährigen dar. (5. Percentil)

Prüfbeispiele

Prüfungsablauf:

Diese Öffnung wird horizontal mit dem B-Teil geprüft.

Öffnung zugänglich, B-Teil passt hinein?

ja

nein

= Öffnung zulässig, Prüfung zu Ende

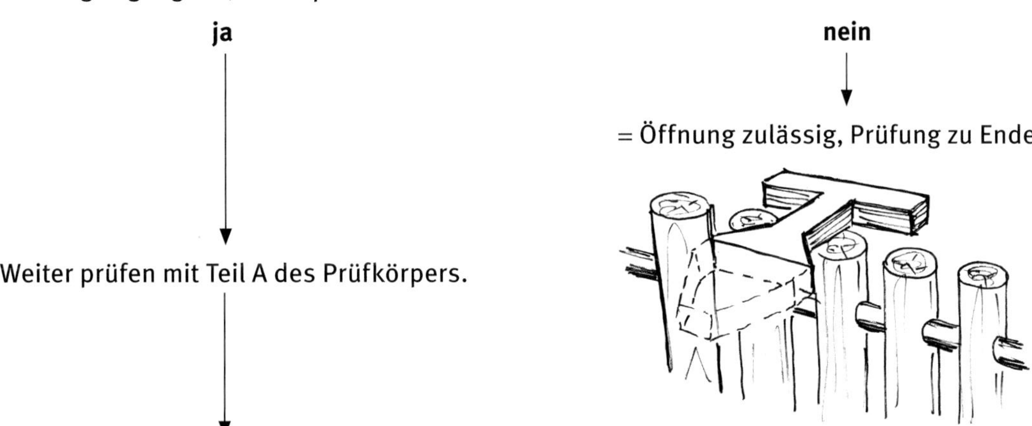

Weiter prüfen mit Teil A des Prüfkörpers.

Prüfkörper berührt mit kurzer Seite von Teil A den Boden der Öffnung?

ja

= zulässige Öffnung
= Prüfung bestanden

nein

= unzulässige Öffnung
= Prüfung nicht bestanden

= zulässige Öffnung
= Prüfung bestanden

= unzulässige Öffnung
= Prüfung nicht bestanden*

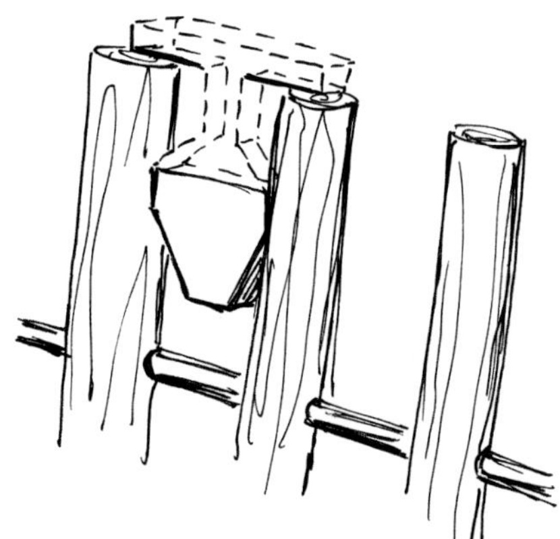

* Tiefere Öffnungen sind seit 2008 nicht mehr zulässig, jedoch sehen wir in der Änderung keinen Gewinn an Sicherheit.

Bis 2008 wurden nur Halsfangstellen betrachtet, die nach oben geöffnet waren.

Seit 2008 werden auch Öffnungen bewertet, die zur Seite geöffnet sind (siehe DIN EN 1176-1, Bild D.6).

Der Hals ist bei den Öffnungen, die eine Neigung zwischen 0° und 45° haben, Hauptgegenstand der Prüfung. Neigungen zwischen 45° und 90° sind wie Kopffangstellen zu prüfen.

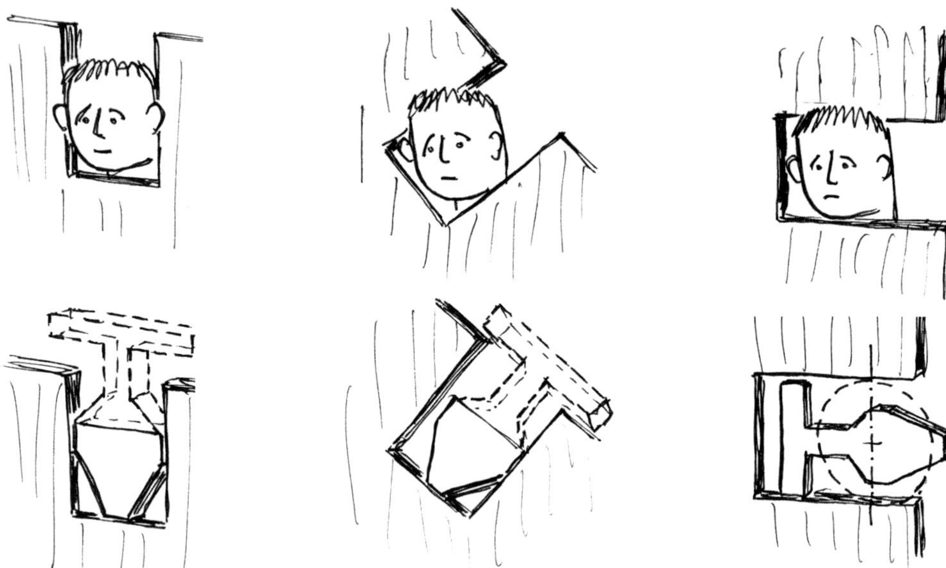

Die Prüfung gilt als bestanden, wenn beide Spitzen des Prüfkörpers an der zu bewertenden Öffnung anliegen.

Hängenbleiben des Halses in flexiblen Spalten erzeugt Strangulation.

Hängenbleiben des Halses in starren Spalten erzeugt Druck auf den Kehlkopf oder die Halsschlagader. Eine solche Fangstelle ist gefährlich, weil durch eine schnell eintretende Bewusstlosigkeit ein selbständiges Befreien nicht mehr möglich wird.

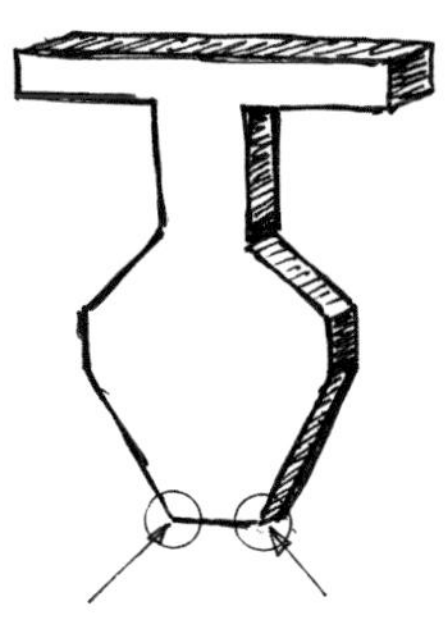

- Spalt ist zulässig, weil die Spitzen der Sonde anliegen.

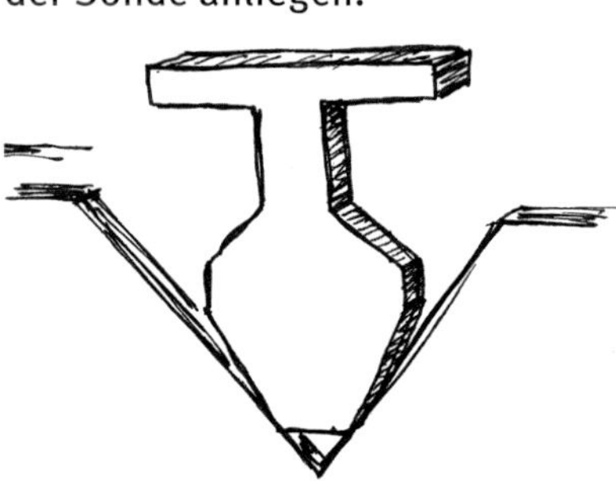

- Spalt ist unzulässig, weil die Spitzen der Sonde nicht anliegen.

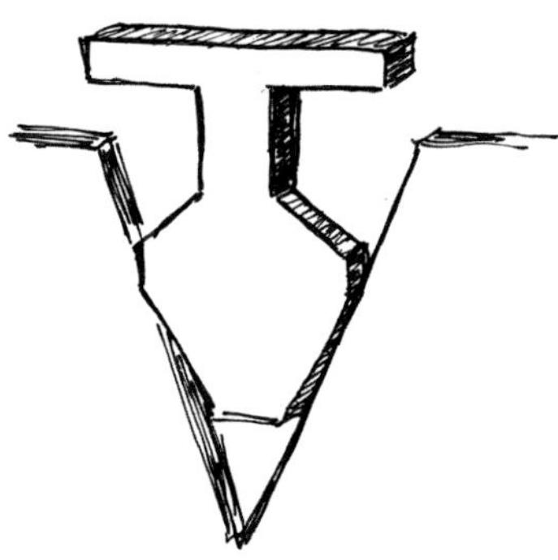

- Öffnung ist unzulässig, aber ungefährlich.

- Prüfung ist bestanden, aber die Öffnung ist gefährlich – Risiko einer Kopffangstelle.

Sicherheit liegt im Sachverstand des Prüfers und nicht im strikten Befolgen der Norm.

Risiko-Bewertung

Die Norm hilft durch die aufgestellten Anforderungen, die nicht akzeptablen Risiken beim Erstellen von Spielangeboten/-geräten zu vermeiden. Manche dieser Anforderungen sind nicht eindeutig.

Für eine kindgerechte Lösung reicht es in der Regel nicht aus, die Norm buchstabengetreu anzuwenden, sondern es muss immer geprüft werden,

- welches Schutzziel vorliegt,
- wie groß das Risiko ist, das diese Anforderung decken soll (sehr hohes Risiko → sehr wichtige Anforderung).

Unter anderem muss zusätzlich geprüft werden, ob das vorhandene Risiko – unabhängig davon, ob Normenkonformität besteht – akzeptabel ist oder nicht. So kann es sehr wohl sein, dass ein Spielplatzgerät risikolos bespielt werden kann, obwohl eine Normenanforderung nicht erfüllt ist.

Besonders dringlich ist eine solche Risiko-Bewertung in den Fällen, in denen die Anforderungen nicht in einer Einzelaussage bestehen (z. B. Sicherheitsabstände), sondern eine Struktur-Anforderung sich an einer Prüfmethode misst, wie z. B. bei der Anwendung der Prüfschablone „Spaten“ D2.

Die Risiken von teilweise umschlossenen Öffnungen, die mit diesem Prüfkörper ermittelt werden, sind ganz unterschiedlich groß: Nach oben geöffnete Konstruktionsteile (senkrecht) haben in der Regel ein viel größeres Risiko als zur Seite hin gekippte Öffnungen (bis zur Waagerechten) – je stärker die Lage der Öffnung waagerechten Charakter hat, desto geringer ist das daraus resultierende Risiko.

Die folgende Grafik soll die Systematik dieses Zusammenhangs deutlich machen.

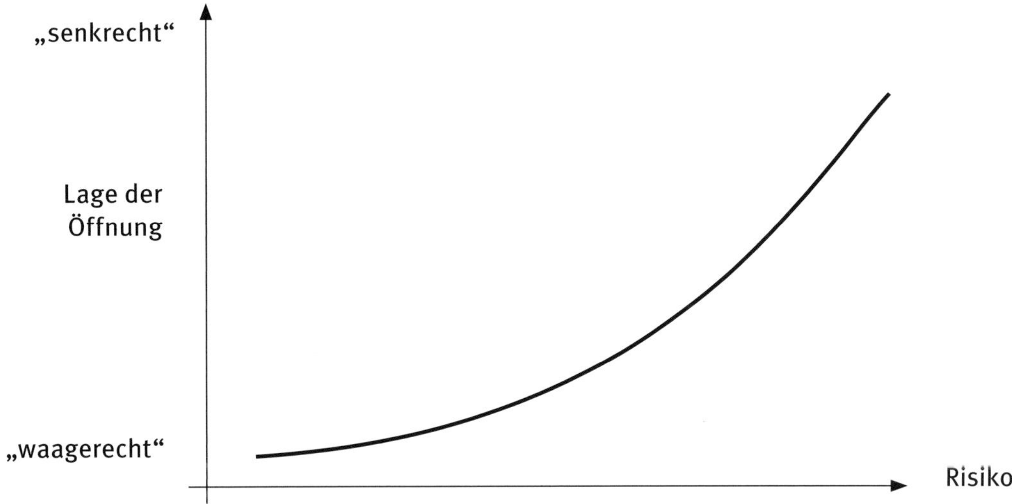

Die Darstellung von Risiken – bei teilweise umschlossenen Öffnungen – in Abhängigkeit von der Lage der Öffnung.

2.2 Fangstellen für Kleidung/Haar (DIN EN 1176-1, Abschnitt 4.2.7.3)

Prüfkörper für alle Arten von Spalten an

- Dächern (erkletterbare Spieldächer),
- Rutschen,
- Kletterstangen,

in denen sich z. B. eine Anorakkordel verfangen könnte.

Die Anwendung der Prüfung auf andere Geräteteile ist unzulässig.

Gefahrstellen an Spielplatzgeräten, in denen sich Kleidungsstücke wie Anorakkordeln oder Ähnliches verfangen können, müssen vermieden werden, wenn das spielende Kind eine zwangsgeführte Bewegung durchführt.

Immer dann, wenn eine Bewegung vom Kind nicht selbst gestoppt werden kann, darf es keine Stellen geben, in denen sich ein Teil der Kleidung verfangen kann.

Das Hängenbleiben mit einer Anorakkordel an einer Rutsche z. B. kann möglicherweise zu einer Strangulation führen und muss ausgeschlossen sein.

Dieser Test ist nur für Dächer, Rutschen und Kletterstangen vorgesehen.

Gemeint sind damit:

- (Spiel)dächer, Nurdachhäuser ①;
- Rutschen im Einsitzbereich und Anschluss an andere Konstruktionen ②;
- Kletterstangen mit Podesten über 60 cm über dem Boden ③.

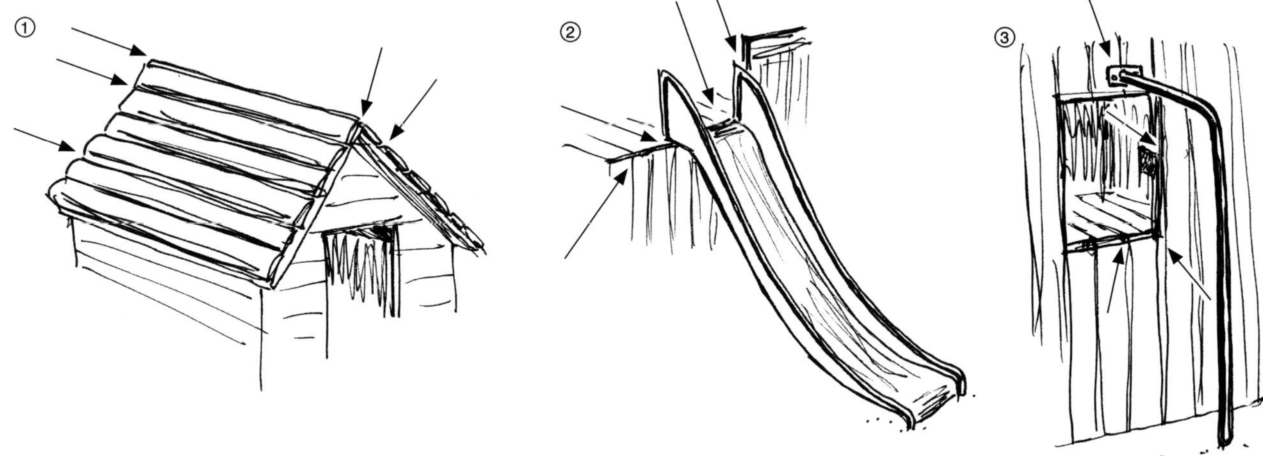

Bei Dächern wird die Kette mit Knebel auf alle erreichbaren Kanten angewandt, ohne dass auf Knebel oder Kette eine zusätzliche Kraft einwirkt (nur Eigengewicht).

Sobald Kette oder Knebel hängen bleibt, ist der Test nicht bestanden.

Für die Prüfung mit der Kette ist es wichtig, dass nur mit dem Eigengewicht des Prüfkörpers untersucht wird, ob ein Spalt zulässig ist oder nicht.

Das Hineinschleudern oder -werfen oder starkes Beschleunigen der Prüfkette wären keine zulässigen Verfahren.

Prüfungen anderer als die zuvor beschriebenen Geräteteile sind ebenfalls unzulässig, ebenso wie Analogschlüsse auf andere Bauteile, die ähnliche Spalten durchaus aufweisen dürfen.

Dennoch gibt es möglicherweise Gefahrenpotenziale an Geräteteilen, die bei einer Prüfung besonders gewürdigt werden müssen.

Hier ist der Sachverstand jedes Prüfers gefordert.

Ohne zusätzliche Kraft auf die Prüfkette aufzubringen, wird diese mit der Vorrichtung entlang einer erzwungenen Bewegung geführt.

Dabei darf der Knebel oder die Kette nicht hängen bleiben.

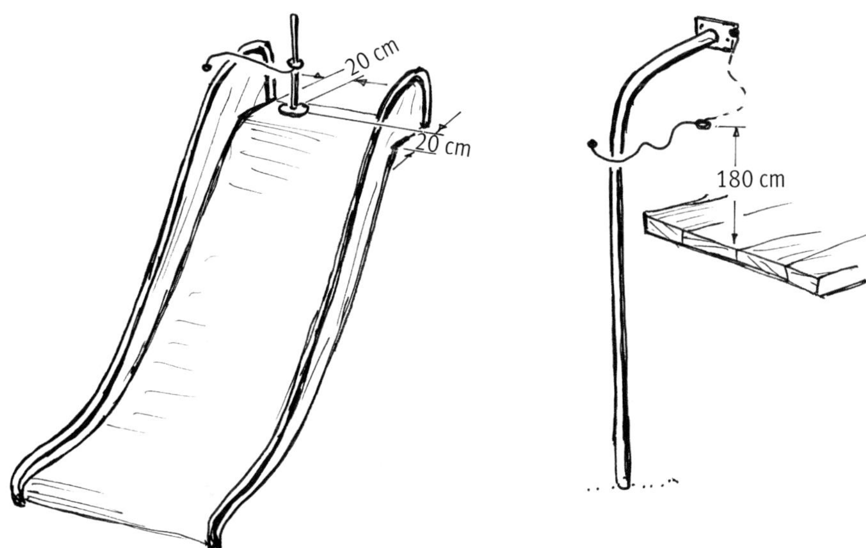

Hinweis: Das Hängenbleiben mit Kleiderkordeln kann nur dann mit hinreichender Sicherheit vermieden werden, wenn der Verursacher (die Kinderbekleidung) entsprechend beschaffen ist! Bereits seit 2003 gibt es die EN 14682 zur Sicherheit von Kinderbekleidung, die Anforderungen an Kordeln und Zugbänder stellt. Daher sollten die Spielplatzgeräte normalerweise kein Risikobereich mehr für das Hängenbleiben mit Kordeln darstellen. Lediglich durch den Gebrauch von Second-Hand-Bekleidung kann es noch zu Risiken kommen.

2.3 Fangstellen für Finger (DIN EN 1176-1, Abschnitt 4.2.7.6)

Prüfkörper für alle Arten von Öffnungen im Freiraum (= erzwungene Bewegung) eines Gerätes, die mehr als 100 cm über einer Standfläche sind sowie von Öffnungen in Rohrenden und veränderlichen Spalten. Die Bewertung von Fingerfangstellen findet nur dort statt, wo eine vorhersehbare Absturzsituation besteht oder eine Zwangsbewegung auftritt.

Bewegung des 8-mm-Prüfkörpers

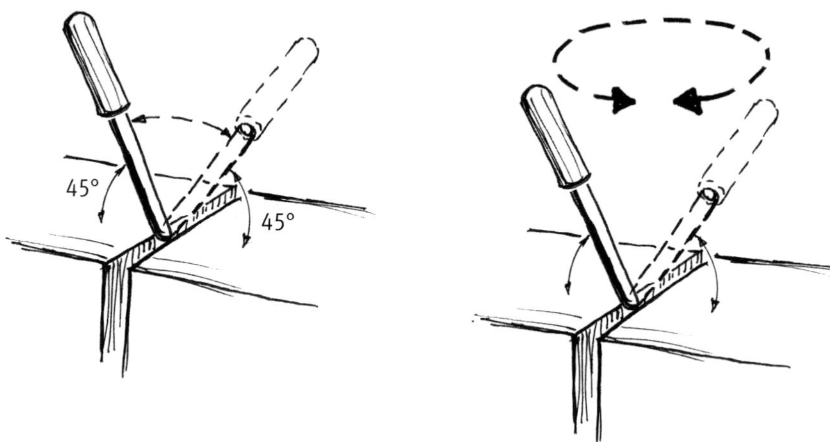

Wenn der kleine 8-mm-Prüfkörper in die Öffnung hineingeht (Zugänglichkeitsprüfung) oder in der Öffnung blockiert, muss der große 25-mm-Prüfkörper durch die Öffnung passen (Zulässigkeitsprüfung).

Wenn der 25-mm-Rundstab nicht in die Öffnung passt, ist die Öffnung unzulässig.

Für die Kettenprüfung beträgt der Durchmesser des Prüfstabs 8,6 mm.

Passt er durch, kann u. U. in der Tiefe der Öffnung eine weitere Fingerfangstelle vorhanden sein, die dann ebenfalls zu prüfen wäre.

Veränderliche Spalten dürfen sich auf nicht weniger als 12 mm schließen.

Hier stellt sich die Frage, aus welcher Öffnungsweite sich ein Spalt schließen darf.

Es ist sicherheitstechnisch nicht sinnvoll, Spalten zuzulassen, die sich oszillierend zwischen z. B. 7 cm und 12 mm bewegen, da hier die gesamten Extremitäten gefährdet sein können.

In DIN EN 1176-6, Anhang C ist die Prüfung von Tragteilen für Wippgeräte beschrieben. Auch hier hat der Prüfkörper einen Durchmesser von 12 mm. Geprüft wird in der jeweiligen Endlage des Gerätes (siehe Abschnitt II, Kapitel 6.3).

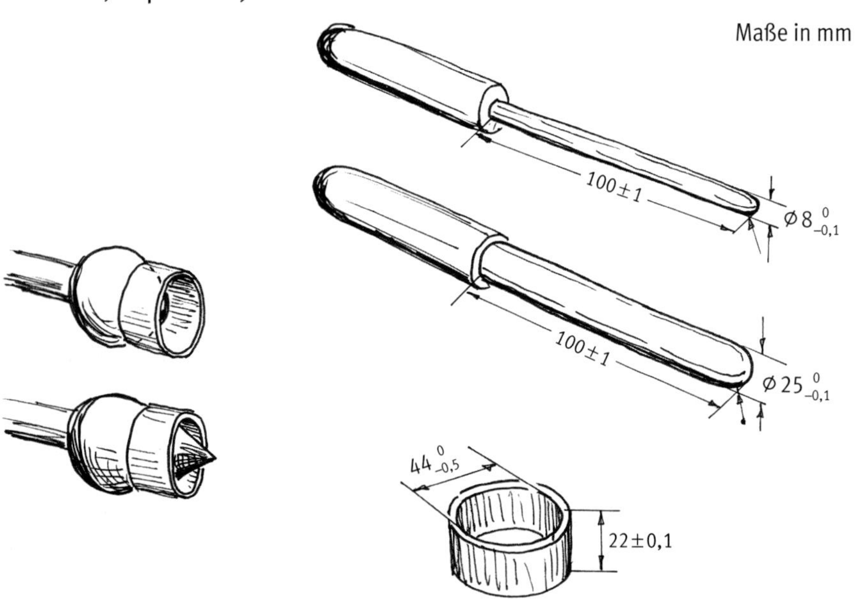

(siehe auch Abschnitt II, Kapitel 1.3, Textabschnitt „Fangstellen für Finger“)

Wenn Rohrenden innen bis zu einer bestimmten Tiefe verschlossen sind, sind die Anforderungen der Norm in Bezug auf das Schutzziel erreicht, auch wenn damit der Norm nicht Rechnung getragen wäre.

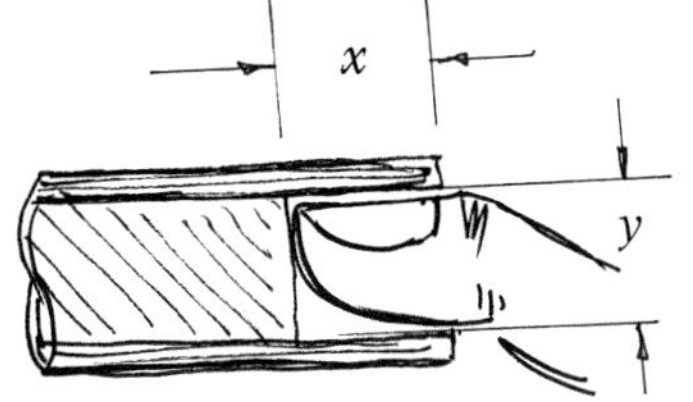

Maße:

x (1. Fingerglied) = ca. 1 cm
y (doppelter Durchmesser Finger) = ca. 1 cm

Ketten, die größere Öffnungsweiten haben als nach Norm zugelassen, können dennoch eingesetzt werden, wenn man z. B. einen Schlauch aus dauerhaftem Material darüberzieht.

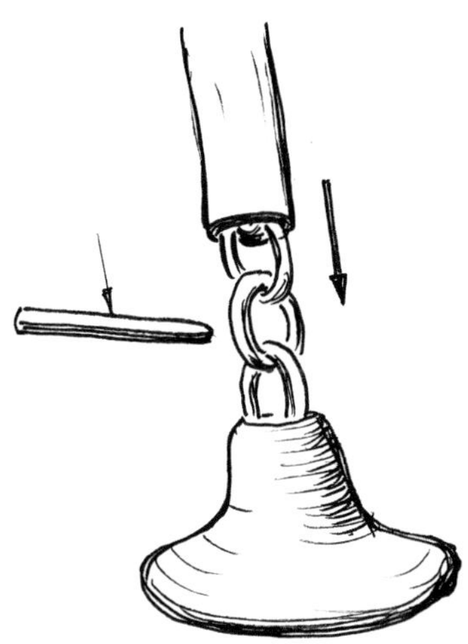

Anhang

Anhang 1: Liste der zitierten und referenzierten Normen

Dokument	Ausgabe	Titel
DIN 18034-1	2020-10	Spielplätze und Freiräume zum Spielen – Teil 1: Anforderungen für Planung, Bau und Betrieb
DIN 33942	2016-04	Barrierefreie Spielplatzgeräte – Sicherheitstechnische Anforderungen und Prüfverfahren
DIN EN 71 (alle Teile)		Sicherheit von Spielzeug
DIN EN 1021-1	2014-10	Möbel; Bewertung der Entzündbarkeit von Polstermöbeln – Teil 1: Glimmende Zigarette als Zündquelle
DIN EN 1021-2	2014-10	Möbel; Bewertung der Entzündbarkeit von Polstermöbeln – Teil 2: Eine einem Streichholz vergleichbare Gasflamme als Zündquelle
DIN EN 1069 (alle Teile)	2017-11	Wasserrutschen
DIN EN 1176-1	2017-12	Spielplatzgeräte und Spielplatzböden – Teil 1: Allgemeine sicherheitstechnische Anforderungen und Prüfverfahren
DIN EN 1176-2	2020-04	Spielplatzgeräte und Spielplatzböden – Teil 2: Zusätzliche besondere sicherheitstechnische Anforderungen und Prüfverfahren für Schaukeln
DIN EN 1176-3	2017-12	Spielplatzgeräte und Spielplatzböden – Teil 3: Zusätzliche besondere sicherheitstechnische Anforderungen und Prüfverfahren für Rutschen
DIN EN 1176-4	2019-05	Spielplatzgeräte und Spielplatzböden – Teil 4: Zusätzliche besondere sicherheitstechnische Anforderungen und Prüfverfahren für Seilbahnen
DIN EN 1176-5	2019-12	Spielplatzgeräte und Spielplatzböden – Teil 5: Zusätzliche besondere sicherheitstechnische Anforderungen und Prüfverfahren für Karussells
DIN EN 1176-6	2019-05	Spielplatzgeräte und Spielplatzböden – Teil 6: Zusätzliche besondere sicherheitstechnische Anforderungen und Prüfverfahren für Wippgeräte
DIN EN 1176-7	2020-06	Spielplatzgeräte und Spielplatzböden – Teil 7: Anleitung für Installation, Inspektion, Wartung und Betrieb
E DIN EN 1176-10	2020-06	Spielplatzgeräte und Spielplatzböden – Teil 10: Zusätzliche besondere sicherheitstechnische Anforderungen und Prüfverfahren für vollständig umschlossene Spielgeräte
DIN EN 1176-11	2014-11	Spielplatzgeräte und Spielplatzböden – Teil 11: Zusätzliche besondere sicherheitstechnische Anforderungen und Prüfverfahren für Raumnetze
Beiblatt 1 DIN EN 1176	2020-12	Spielplatzgeräte und Spielplatzböden – Sicherheitstechnische Anforderungen und Prüfverfahren; Beiblatt 1: Erläuterungen
DIN EN 1177	2018-03	Stoßdämpfende Spielplatzböden – Prüfverfahren zur Bestimmung der Stoßdämpfung
DIN EN 14682	2015-03	Sicherheit von Kinderbekleidung – Kordeln und Zugbänder an Kinderbekleidung – Anforderungen
DIN EN 14960 (alle Teile)		Aufblasbare Spielgeräte
DIN EN ISO 11925-2	2020-07	Prüfungen zum Brandverhalten – Entzündbarkeit von Produkten bei direkter Flammeneinwirkung – Teil 2: Einzelflammentest

Anhang 2: Verzeichnis der verwendeten Abkürzungen

BGB	Bürgerliches Gesetzbuch
CEN	Comitée Européen de Normalisation (Europäisches Normungsinstitut)
DIN	Deutsches Institut für Normung e.V.
DIN xxxx	Kennzeichnung einer in Deutschland gültigen Norm
DIN EN xxxx	Kennzeichnung einer in Europa gültigen Norm, deutsche Ausgabe in Deutschland
EN xxxx	Kennzeichnung einer in Europa gültigen Norm
GS	Prüfzeichen; Kennzeichnung der Geräte mit dem Label „Geprüfte Sicherheit“
GSG	Gerätesicherheitsgesetz
GPSG	Geräte- und Produktsicherheitsgesetz
GTA	Gesetz über technische Arbeitsmittel
GUV	Gemeindeunfallversicherung
HIC	Head Injury Criterion; Messverfahren zur Bestimmung zulässiger Aufprallwerte des Kopfes
NASport	Normenausschuss Sport und Freizeitgerät
ProdSG	Gesetz über die Bereitstellung von Produkten auf dem Markt (ProdSG)
REACH	EU-Chemikalienverordnung (Registration, Evaluation, Authorisation and Restriction of Chemicals
SC 1	Subcommittee 1 = Unterkomitee 1 (des Technical Committee 136/® TC 136) im CEN
TC 136	Technical Committee 136 ® SC 1
TÜV	Technischer Überwachungsverein
VDU	Verband der Unfallkassen ® BAGUV

Stichwortverzeichnis

S

T

U

V

W

Z

Inserentenverzeichnis

Die inserierenden Firmen und die Aussagen in Inseraten stehen nicht notwendigerweise in einem Zusammenhang mit den in diesem Buch abgedruckten Normen. Aus dem Nebeneinander von Inseraten und redaktionellem Teil kann weder auf die Normgerechtheit der beworbenen Produkte oder Verfahren geschlossen werden, noch stehen die Inserenten notwendigerweise in einem besonderen Zusammenhang mit den wiedergegebenen Normen. Die Inserenten dieses Buches müssen auch nicht Mitarbeiter eines Normenausschusses oder Mitglied von DIN sein. Inhalt und Gestaltung der Inserate liegen außerhalb der Verantwortung von DIN.

Richter Spielgeräte GmbH, 83112 Frasdorf — 2. und 4. Umschlagseite

Zuschriften bezüglich des Anzeigenteils werden erbeten an:

Beuth Verlag GmbH
Anzeigenverwaltung
Am DIN-Platz
Burggrafenstraße 6
10787 Berlin